ANTHROPOLOGICAL STUDIES IN CHINA

人类学研究 第十三卷

阮云星　主编

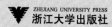
ZHEJIANG UNIVERSITY PRESS
浙江大学出版社

浙江大学社会科学研究院资助

《人类学研究》编委会

目 录

赛博格隐喻检视与当代中国信息社会研究 ❶

阮云星　高英策　贺　曦

摘要： 赛博格最初是一个技术构想，后来成了一种有关人之本体论反思。这一概念不能被简单地理解为"人—机复合"，它隐喻的是人作为"控制论主体"的性质；而正是在此意义上，自然—人造的二分法被消融，赛博格与部分控制论机器获得了相似的主体性。赛博格与控制论机器的新型社会关系塑造了当代赛博格社会。此种社会样态的凸显受益于信息技术，而又蕴含着当代社会文化的转型逻辑。学者应针对其开展理论与经验研究以及相应的认识论、方法论反思。

关键词： 赛博格；控制论；信息技术；信息社会；哈拉维

赛博格是英语单词 cyborg 的中文音译，其由英语词组 cybernetic organism，即"控制论有机体"一词合成而来。在中国，赛博格又译作赛博、赛博人、电子人、生化人、半机械人等，目前尚未有统一的译法。作为一个 20 世纪 90 年代开始流行的概念，赛博格是信息科学、生物科学知识与人文社科研究理念混成的产物，这种学科交叉的背景赋予了赛博格新异的后现代气质。它对高科技渗入当代社会后的人之本体论等问题提出了大胆的质疑，使其在当代西方人文社科研究领域中获得了一席之地。受现代化语境和我国社科研究整体范式偏好之影响，赛博格在中国人文社科领域并未得到充分关注。然而，在 21 世纪的今天，置身于一个在先进科学技术的驱动下日趋多样化的社会，中国社会与文化研究又须及时革新其研究范式，以求更为恰切地认识日益迈向后现代情境的当代社会运作逻辑——正是在这一过程中，赛博格概念可能起到重要的启发与推进作用。文章将从赛博格概念的双重性出发，讨论学者在人文社科研究中对赛博格

❶　本文原载于《社会科学战线》2020 年第 1 期。文章系浙江大学"双脑计划"交叉创新团队项目"赛博格人类学：人工智能与智识生产"阶段性成果，并受浙江大学文科教师教学科研发展专项项目"赛博文化时代的人类学研究"资助。

概念的应用及其内生的诸问题，并基于控制论背景，进一步讨论赛博格隐喻之新解，及其视域中当代信息技术与社会文化转型之问题。

一、赛博格概念的双重属性

赛博格是一个晦涩的概念。为了正确地把握这一词语的内涵，我们必须认识到赛博格在人文社科研究领域中的双重属性：它最初只是一个航天技术领域的构想，随后经女性主义学者唐娜·哈拉维（Donna Haraway）的处理，发展为一个针对当代人—机关系乃至人之主体性问题的隐喻。

作为技术构想的赛博格概念，来自1960年《航天学》（*Astronautics*）杂志上的一篇名为《赛博格与空间》（"Cyborgs and Space"）的论文。❶ 在这篇文章中，曼弗雷德·克莱因斯（Manfred Clynes）与内森·克莱恩（Nathan Kline）两位作者指出，为了解决宇航员在严酷的太空环境中的生存问题，人们可以通过植入外源性设备等科技方式改变宇航员的身体机能，以使其身体和设备构成"自主调节的（self-regulating）人机系统"，即赛博格。就此，两位作者将赛博格界定为"作为无自觉的整合性自体平衡系统而实现功能的，外源性扩展与组织化的复合体"。❷简单地说，赛博格就是一种生物（比如人）改进和机器的复合体，这个复合体可以在生物体不自察的情况下自主工作，赋予生物体某些新的机能。

作为一种技术构想，20世纪60年代提出的赛博格概念与人文学科本可无涉，直到哈拉维在1985年发表著名论文《赛博格宣言：科学、技术与二十世纪晚期的社会主义女性主义》（"A Cyborg Manifesto: Science, Technology, and Socialist-Feminism in the Late Twentieth Century"，下文简称《宣言》），这一概念才正式被引入人文社科研究领域。❸在这一过程中，赛博格概念被做了隐喻化处理，而这使其获得了第二重属性。哈拉维认为，在20世纪晚期，机器与有机体之间已不存在本体论的根本区别：每个人都是赛博格，即有机体与机器的混种（hybrids），而赛博格亦成了我

---

❶ Chris Hables Gray, et al., "Cyborgology: Constructing the Knowledge of Cybernetic Organisms", in Chris Hables Gray, ed., *The Cyborg Handbook*, Cambridge, New York & London: Routledge, 1995, pp. 1-14.

❷ Nathan Kline & Manfred Clynes, "Cyborgs and space", *Astronautics* (September 1960), pp. 26-27, 74-76.

❸ Chris Hables Gray, et al., "Cyborgology: Constructing the Knowledge of Cybernetic Organisms", in Chris Hables Gray, ed., *The Cyborg Handbook*, Cambridge, New York & London: Routledge, 1995, pp.1-14.

们的本体论。● 简而言之，赛博格技术构想原本脱胎于过往，这里所言的赛博格是人—机器、自然—人造等根深蒂固的二元论在当代技术的冲击下边界日趋模糊乃至融合而成的，成为关于人之主体性问题的本体论隐喻。

应和了当时欧美 STS 研究（Science, Technology and Society；即"科学、技术与社会"研究 ●）的建构主义转向和文化研究（Cultural Studies）的展开，《宣言》的发表产生了较大的学术影响，获得了里程碑式的地位。●从作为技术构想的赛博格到作为主体性隐喻的赛博格，赛博格的内涵在其间有着明显的转换——后者是前者的隐喻化，而前者为后者提供了喻体。然而，不同于前者清晰的概念界定，哈拉维在《宣言》中并没有就赛博格隐喻对人之新本体论的论断做出足够明确的解释。即便是《宣言》中就此问题展开的为数不多的讨论，也都分散在了全文生涩复杂的文本中，看起来缺乏系统性论证，不易于读者理解。这一缺陷或是因为《宣言》当时主要拟解决后现代女性主义的社会性别解构问题，或是因为作者写作的文风晦涩。无论如何，赛博格隐喻富有诗意却模棱两可的精神意蕴，为日后的研究带来了一定的障碍——我们将在下文回应这一问题。

二、国内人文社科研究中的赛博格

在我国偏重现代性话语的人文社科领域中，赛博格及相关理论尚是小众的研究主题，主要分布在两个领域：其一，作为一种针对人之本体论以及信息社会人—技术之关系的后现代反思，赛博格研究顺理成章地集中在STS 研究主题下的科技哲学及传媒学等社会与文化研究领域，其在过去十余年里每年有零星文章发表；其二，鉴于赛博格是科幻作品中的常客，其"人—机复合意象"与"赛博朋克"（cyberpunk）的艺术形式有着深厚关系，故在有关文学与影视作品的艺术研究领域中，我们也能看到赛博格的身影。后一领域的研究主要以艺术作品分析为主，主要出现在 2017 年之后。整体看来，赛博格研究在国内学术界数量不多，讨论呈零散的小众化、边缘化特征，但由于文艺领域中赛博格研究的出现，赛博格研究近几

● Donna Haraway, *Simians, Cyborgs and Women: The Reinvention of Nature*, New York & London: Routledge, 1991, pp.149−181.

● 有关 STS 缘起的科技视角背景的小史，参阅冈本正志编集、東徹など共著：《科学技術の歩み——STS の諸問題とその起源》，東京：建帛社，2000 年。

● N. Katherine Hayles, "Unfinished Work: From Cyborg to Cognisphere", *Theory, Culture & Society*, Vol. 23, No. 7−8, 2006, pp.159−166.

年在数量上的抬头趋势仍是明显的。

考虑到本文的研究主旨，我们在此暂不讨论赛博格在文艺领域研究中的展开，而主要着眼于其在哲学与社会文化研究中的体现。首先，鉴于赛博格概念是由哈拉维的《宣言》引入人文社科领域，且其内涵从技术构想到主体性反思的嬗变亦是在此文之中完成的，不少国内学者专门撰文就《宣言》中的概念之提起、主要内容，及其在后现代女性主义领域的效应进行了介绍和拓展分析，其中较有代表性的包括李芳芳、武田田、戴雪红等学者的作品。❶同时，对《宣言》内容及其赛博格意象的解析，有时也作为一些立论更为宽泛的论文的部分内容而呈现，其中较为突出的研究成果包括李建会与苏湛、金惠敏、陈静、赵柔柔等学者的文论。❷当然，在理论层面对赛博格概念的思考并不一定都从哈拉维的思想出发，例如冉聃和蔡仲、吴冠军对赛博格的研究，便是直接生发于作为技术构想的赛博格概念。❸但是，对接哈拉维及《宣言》的内容与思想讨论赛博格，却是国内既有的赛博格理论探讨中的典型进路。这些研究展现出了一些学者在国内赛博格研究方面奠基性的努力。他们是哈拉维思想的诠释、深化与推进者。

除了上述更具抽象理论探讨色彩的研究之外，赛博格的概念也被应用于一些更为具体且以当代社会现象为导向的讨论，而这也是本文颇为关注的文献类型。早在 2004 年，黄少华便在论文中直接提起了赛博格的概念。他认为，网络重塑了知识主体，"网络书写行为"凸显了人与电脑或网络的界限之模糊，这消解了笛卡尔式的理性主体，凸显出了作为赛博格的破碎而不确定的新知识主体。❹2017 年，赵睿与喻国明在讨论互联网上的

第十三卷

4

❶ 李芳芳：《赛博格与女性联合体的重组》，载《科学技术哲学研究》2012 年第 4 期；武田田：《赛博格与生态女性主义》，载《科学与社会》2016 年第 1 期；戴雪红：《科学、技术与性别的博弈——论唐娜·哈拉维女性主义认识论的当代价值》，载《科学技术哲学研究》2018 年第 2 期。

❷ 李建会，苏湛：《哈拉维及其"赛博格"神话》，载《自然辩证法研究》2005 年第 3 期；金惠敏：《消费·赛博客·解域化——自然与文化问题的新语境》，载《中国社会科学院研究生院学报》2007 年第 5 期；陈静：《大众叙事与社会批判——赛博格神话的建构》，载《社会科学家》2009 年第 7 期；赵柔柔：《斯芬克斯的觉醒：何谓"后人类主义"》，载《读书》2015 年第 10 期。

❸ 冉聃，蔡仲：《赛博与后人类主义》，载《自然辩证法研究》2012 年第 10 期；吴冠军：《神圣人、机器人与"人类学机器"——20 世纪大屠杀与当代人工智能讨论的政治哲学反思》，载《上海师范大学学报（哲学社会科学版）》2018 年第 6 期。

❹ 黄少华：《论网络书写行为的后现代特性》，载《自然辩证法研究》2004 年第 2 期。

"对话机器人"（Bot）时，将其理解为赛博格的一种应用形式。他们认为，赛博格是"广义上人机协同的代名词"，其正在改变传媒业的信息生产传播模式。❶孙玮在其 2018 年的研究中指出，当代的传播主体已不再是"掌握工具的自然人"，因为"技术与人的融合"使得媒介成了身体本身而不是外在的工具；作者将这种新的"技术嵌入身体"的传播主体称为"赛博人"。❷而与孙玮类似，吴倩在其 2019 年的一篇讨论"具身阅读"的论文中也指出，随着可穿戴设备、仿生技术、人工智能、虚拟现实等一系列新技术的发展，传播主体已从生物人变成了"技术与人体互嵌"的赛博格。❸

上述材料着力讨论了在数码 / 互联网生活方式普遍铺开的今天，当代人的新主体性。这一研究路径较好地代表了赛博格概念在我国学者针对具体社会现象的研究中常见的应用方式。这种方式并非中国所独有，在一些英文文献中，我们亦能看到这一理路。例如，晚近有学者运用赛博格概念，将智能手机阐释为年轻人的感官与大脑的延伸；❹有研究将人们使用信息技术存储内容以"增强大脑"的过程理解为所有人的赛博格化；❺而 2011 年雪莉·图克尔（Sherry Turkle）在其论著中也有类似的强调，将赛博格的概念诠释为个人与通信设备复合以实现在线化生存的主体。❻总之，将人体与信息技术拼装复合或高度配合共生的技术结果理解为赛博格。上述研究对赛博格概念的应用是清晰直观的，它使用了赛博格在"人—机复合"方面的外在形象，也不同程度地直接或间接回应了赛博格隐喻背后关于人之主体性在高新技术背景下转变的逻辑，故其能够给予读者较大的启发。

然而遗憾的是，尤其是在跨学科、跨学派的交流之中，上述应用方式有时会面临一种批评：为什么我们一定要将人与技术的紧密合作关系，理

---

❶ 赵睿，喻国明：《"赛博格时代"的新闻模式：理论逻辑与行动路线图——基于对话机器人在传媒业应用的现状考察与未来分析》，载《当代传播》2017 年第 2 期。

❷ 孙玮：《赛博人：后人类时代的媒介融合》，载《新闻记者》2018 年第 6 期。

❸ 吴倩：《从意识沉浸到知觉沉浸：赛博人的具身阅读转向》，载《编辑之友》2019 年第 1 期。

❹ Anton, R. R., "Smartphones As an Extension of the Human Cyborg: the Case of the Youth from Aragon", *Analisi-Quaderns De Comunicacio I Cultura,* Issue. 56 (2017), pp. 101–115.

❺ Amber Case, *An Illustrated Dictionary of Cyborg Anthropology*, Charleston, SC: CreateSpace Independent Publishing Platform, 2014, p.7.

❻ Sherry Turkle, *Alone Together: Why We Expect More From Technology and Less From Each Other*, New York: Basic Books, 2011, p.152.

解为一种新的人之主体形态，而不继续遵照传统思路，将其理解为"使用—被使用"关系？对于当代任何一个有"常识"的人而言，找到人与外部技术的边界似乎都不是一件困难的事情。只要技术还没有发展到允许人类用硅基的机械置换掉我们每一毫克碳基的躯体，在当前与可见的未来的人类技术条件下，再紧密的人—机复合都仅仅能够被理解为一次庸常而了无新意的工具使用与技术升级，而不是能够冲击人之本体论乃至塑造新主体的"人—机合而为一"。

这种批评是现代理论与后现代思潮之冲突的直观结果，是有其合理性的。纵然我们可以忽略此处的观念分歧，但这并不利于赛博格理论拓展应用和主流化；而且更为关键的是，它的确让赛博格概念所强调的，哈拉维意义上的人之本体论问题的提起变得可疑，而这限制了该理论继续深化发展的可能性——解决这个问题，是开展赛博格研究颇为关键的前置事项。如果我们要批判现代主义理解的局限性，并提出一种对不少人而言，是违背其基于人本主义的"直觉"的概念，我们就有责任为后一种理解提供更坚实的基础，以避免其被指责为学术界无甚意义的文字游戏。

三、控制论主体观下的赛博格隐喻

对上述批评的回应必须回归到如何理解赛博格概念的问题上。通常而言，在各类赛博格相关研究中，赛博格都会被直观地理解为个人与高新技术的拼装合并关系——这大致符合赛博格概念的基本意向。而正是这个作为研讨起点的理解方式，使得进一步认识该概念的深意出现了问题。具体而言，将赛博格等同于"人—机复合"，其实是将其概念更多地放置在作为技术构想的赛博格之概念上，或者说放置在作为主体性隐喻的赛博格之概念的喻体上。可是，这种赛博格概念只是一种工程学意义上的考量，而非本体论反思意义上的考量。对于克莱因斯与克莱恩而言，他们不过是将赛博格作为一种概念上的"打包工具"，使他们可以称呼人与机器拼装在一起的复合体——在这个取向下，赛博格概念并未具备直接深入讨论人之主体性问题的良好契机。

诚然，如果完全遵照赛博格作为技术构想的严格界定❶，本体论问题还是可以进行一定程度的讨论。因为这个界定有两项十分重要的内容，以将

❶ 即本文第一部分援引的作为技术构想的赛博格的定义。

赛博格意义上的"人—机复合"与普通意义上的工具使用相分离，它要求个人与机器的拼合必须达到"自体平衡"（homeostatic）和"无自觉"（unconsciously）的高水平，即机器中要真的变成个人无须调动高级神经活动关注与操作的，是人的一部分。如果学者希望在"忒修斯之船"的意义上研究戴心脏起搏器，或使用自动胰岛素泵的病人作为人的主体性问题，那么这个概念一定程度上是合适的——虽然它是过于超前的，以至于仍然无法逃离上文对赛博格概念的现代主义批评，毕竟我们很难将使用心脏起搏器的人理解为和我们不同的新主体。可是事实上，在赛博格概念的应用中，研究者们却更侧重于使用其讨论当代日益发展的信息技术与人类之间的关系。个人与电脑、手机乃至各类软件的互动关系显然尚未达到赛博格的技术定义，这种关系只是隐喻化的"人—机复合"。于是，当研究者希望在这样的逻辑中探讨人的本体论问题时，相关裂痕便不可避免地出现了。

　　赛博格概念之所以能够出现在人文社科领域，提出对人的本体论思考并产生影响，是因为其在哈拉维手上实现了隐喻化，即赛博格技术构想中的"人—机复合"观，只是赛博格隐喻的喻体而非其本体。因此在人文社科研究中，仅以赛博格隐喻的喻体理解这一概念有关人之本体论的内涵，显然是不能形成哈拉维基于其概念之本体而得出的理论观点的。这正是赛博格概念出现上文所论及之问题的关键原因。就此，我们必须深入理解哈拉维意义上的赛博格隐喻之本体究竟为何物。可正如前文所述，遗憾的是，《宣言》的文本组织形式使其对相关重要内容缺乏清晰有力的论述（这恐怕也是众多学者忽略赛博格隐喻之本体的直接原因），而这使得对《宣言》内涵的解读，成为一项具有挑战性的工作。

　　为了实现对赛博格隐喻的充分理解，我们考虑了赛博格（cyborg）作为"控制论有机体"（cybernetic organism）之合成词的原始含义，主要围绕其背后的控制论思想，结合《宣言》文本及相关旁证材料展开分析。在做出进一步解释之前，我们首先需要借用控制论（cybernetics）创始人之一，诺伯特·维纳（Norbert Wiener）的三个定义，对熵、信息与控制论的概念略作介绍。（1）熵（entropy）是其中最重要的概念，它是一种对某系统的去组织化程度的度量。❶简言之，熵越增，意味着该系统越无序，

---

❶ Norbert Wiener, *The Human Use of Human Beings: Cybernetics and Society*, London: Free Association Books, 1989, p.21.

赛博格隐喻检视与当代中国信息社会研究

7

即组织化程度越低；反之则组织化程度越高，越有序。熵是一种有着独特魅力的概念，因为物理世界几乎所有对象都可看作一种系统或曰组织性的东西，故其都有着熵的内在属性。（2）所谓信息（information）是指"我们和外部世界交换的内容。我们据此调节自身，又通过它使调节被外部感知" ❶。（3）所谓控制论，则是一门研究生物或机器的控制及通信过程的学科。❷ 其中的通信主要是指主体收取以及发送信息的过程，而控制则是该主体处理信息以使自身做出相应应答的过程。

基于上述概念，本文能够对控制论思想下的主体观略作简述。通信与控制乍听起来是一个与工程学高度相关的概念。的确，这两种活动可广泛见于当今世界的许多人造产品——既包括晚近备受关注的电子设备或程序，也包括传统意义上的机械装置。然而事实上，通信与控制过程并不局限于这一范围内，而在地球上更大范围地普遍存在着，因为所有的地球生物都在从新陈代谢中获得维持系统运转的能量，以开展这一过程，即应激性是生物的基本特征，是其得以生存的关键。而在此意义上，所有的生物与部分的机器便拥有了获得某种本体论上的类同性的可能：它们都是控制论意义上的通信与控制的主体；通信与控制不仅是它们的功能，更是它们能够作为生物或机器存在，而不至于丧失掉其作为一种系统的有序性的基础。换言之，通信与控制能力是生物和部分机器所共有的基础特征。因此，在控制论的关切中，生物—机器在本体论上的二元对立被打破了，两者拥有了一种相同的本体论。维纳使用"反馈"（feedback）概念，对此问题做出过更为准确的界定。他认为，根据热力学第二定律，所有孤立系统都具有熵增加（即组织度降低）的自然趋势；然而在控制论的视角之下，生命体和一部分机器却可以在世界整体走向熵增的局面中实现局部的暂时的熵减，即遏制住自己丧失组织性的趋势——这一过程依靠的便是反馈，即"机器基于其实际表现（actual performance）而非预期表现（expected performance）开展的控制" ❸。通俗地说，拥有反馈控制能力的主体能够收集其上一次行为作用于外部之后的结果信息，也就是其上一次行为的"实

❶ Norbert Wiener, *The Human Use of Human Beings: Cybernetics and Society*, London: Free Association Books, 1989, p.17.

❷ Norbert Wiener, *Cybernetics: or Control and Communication in the Animal and the Machine*, Cambridge: The MIT Press, 1961, p.11.

❸ Norbert Wiener, *The Human Use of Human Beings: Cybernetics and Society*, London: Free Association Books, 1989, pp.12−28.

际表现"的结果信息，并根据这一信息有针对性地规划并执行下一个动作。这看似是一个简单的通信—控制机制，却使行为主体能够面对不断变化的外部环境，不断调整和优化自身的行为——无论是生物还是机器，只要具有此种反馈能力，他们便能在世界整体的熵增过程中，暂时而局部地抵抗这一趋势，逆转自身的去组织化过程。就此，维纳指出，"生物体的生理（physical）机能和部分较新型的通信机器的运作，在他们通过反馈控制熵的类似企图中是完全相当的"❶。

正是这种理解赋予了人文社科研究者挑战传统上人与机器的使用与被使用、主体与客体的既有关系，以反思人与机器相似之主体性的能力。于是，我们将赛博格隐喻理解为有关"作为控制论主体的有机体（即生物）"的隐喻，即回到了赛博格在变成合成词之前的原初意涵。这一概念与"作为控制论主体的机器"，即拥有反馈能力的机器相对应，两者构成了控制论的分析对象。在这种含义中，作为隐喻的赛博格出色地完成了哈拉维在《宣言》中为其赋予的诸多使命，即颠覆了自然与人造、生物与机械的二元论，不是通过强调"人—机复合"，而是强调了两者之间共同作为控制论主体的可类比的属性，最终形成了一种本体论陈述——我们正是在这层含义中实现了哈拉维所言的"我们都是赛博格"❷。正如哈拉维本人所指出的：成为赛博格"不在于拥有植入物"❸。

必须承认，受《宣言》表述方式的影响，我们不能断言哈拉维在二十余年前对赛博格隐喻的思考逻辑，与本文对其思考的辨析逻辑是否完全一致；但是，本文基于控制论思想的理解方式的确与《宣言》的文本内容及哈拉维在别处的陈述相当协调，而过去看来较费解的内容，亦能在此处变得清晰合理。我们认为，既是人文学者又是生物学者的哈拉维，其赛博格隐喻正是在控制论思想中产生的（这一点哈拉维在接受学术访谈时亦有承认❹），而这种理解方式绕开了将赛博格等同于"人—机复合"所导致的研究陷阱。且更关键的是，它为赛博格研究打开了一条更具文理学科大跨度

❶ Norbert Wiener, *The Human Use of Human Beings: Cybernetics and Society*, London: Free Association Books, 1989, p.26.

❷ Donna Haraway, *Simians, Cyborgs and Women: The Reinvention of Nature*, New York & London: Routledge, 1991, pp.149–181.

❸ Nicholas Gane, "When We Have Never Been Human, What Is to Be Done?: Interview with Donna Haraway", *Theory, Culture & Society*, Vol. 23, No. 7–8, 2006, pp.135–158.

❹ 同前。

的信息社会研究思路，使我们能够探索人文社科领域的某种研究范式转型。

四、赛博格社会与信息技术的社会研究逻辑

在现阶段，当本研究考虑赛博格概念在人类社会中的应用时，赛博格更多指代的还是人而非其他生物，其处理的是人与其他同为控制论主体那部分机器的关系。● 在赛博格隐喻中，作为控制论主体的人，是关乎信息接收处理及通过反馈控制自身行为的主体。人的更"高级"属性，亦建立在这一基础属性之上。这种属性隐喻对于当代社会与文化研究的关键性，在于它声明了一种晚近的全球社会关系，即赛博格与赛博格、赛博格与控制论机器，以及控制论机器之间互相勾连形成的信息网络关系，这构成了人机"互联互通"的赛博格社会。这里的"互联互通"不是泛泛之意，而是基于控制论技术意义的，即信息收取、处理、再发送意义上的联系。

这种社会关系将作为赛博格的人，以及作为控制论主体的机器放置到同一个平面，它是赛博格隐喻有关二元论破溃而挑战人之主体性的内容在社会实践上的体现。它不是一种人文社科研究中的刻意之举，事实上，当我们在控制论视角下，以信息为轴考虑两者之间的互动时，这种理解就顺理成章地产生了。这种关系是晚近的产物，毕竟拥有反馈能力的机器在历史上出现的时间并不长。而这种关系变得凸显，则还是信息技术在 21 世纪突飞猛进，以至于控制论机器的反馈能力显著提升之后的事情——基于信息技术设计的当代设备，很多都是有较高水平的控制论机器。在今天的中国，外卖员与网约车司机在自动运行的算法指挥下有序劳动，行人在电子地图自动生成的路线规划与交通预测下安排出行，年轻人的线上自我呈现及其审美观念在美颜软件的中介和干预下不断被修正和重塑，网民的认知与他们上网接触的新闻资讯在个性化推送的调整中不断互构。我们认为，赛博格与控制论机器在信息处理意义上平行的主体性质表征是明显的。

赛博格社会形态在当代中国的凸显，其背后至少存在着两条当代信息技术发展的脉络。第一条是人工智能（Artificial Intelligence，AI）技术及其商业化应用的发展。其实，自 1956 年达特茅斯（Dartmouth）会议定义

● 当然，在未来的研究或面向其他主题的 STS 研究中，如果能将作为赛博格的动植物乃至其他生物体纳入讨论范围，则可能产生出别开生面的知识。

了原初和广义的人工智能概念❶，即使用机器模仿人类智能之时起，所有关于开发人工智能的努力，即试图通过电子技术制造更高水平的控制论机器的努力，都在深远地推动着社会的赛博格化。而这一推动作用随着近年来神经网络、机器学习（Machine Learning，ML）等人工智能算法的长足发展，以及人工智能在图像识别、场景分析、内容推荐等方面的广泛应用而变得更为强劲。控制论机器变得越来越"聪明"了，这使其逐渐能够在更深入、更广泛的领域与人类互动，赛博格社会的状态因此加深。第二条是移动互联技术及其商业化应用的发展，这背后包含着通信基础设施的建设和发展（例如5G技术）、终端设备的研发（例如手机）及相关商业化应用软件（例如微信）的开发。移动互联技术实现了个人与赛博格社会之信息网络的持续性联结（continuous contact），即信息即时性的、超越地理局限的收取和发布。它在当代的深远发展，使得信息交互的载体日趋丰富，速度日趋提高而成本日趋降低，这进一步提高了持续性联结的水平，故而也进一步推动了社会的赛博格化。虽然这两条脉络只是赛博格社会在今日得到凸显的重要原因而非全部原因，不过，可以呈现出赛博格社会形态与当代信息技术之间的紧密关系。

赛博格社会的凸显是一次深远的社会与文化转型。当人类的社会网络迎来了不属于进化论之子嗣，却又能和人类在信息意义上组网互动的新主体时——虽然这些新主体的机能有的还处于较为粗糙的阶段——从宏观结构到微观的日常生活，人类社会的诸多机制都被深远地改变了。这一转型过程的典型特征，借哈拉维之言，在于"没有物件、空间或身体本身是神圣的；如果能够建立起恰当的标准或编码，以在同一种语言中处理信号，任何一个组件都能与其他组件接合"，世界被转化成了一个编码的问题。❷在赛博格社会中，赛博格和控制论机器在共同组成信息网络的过程中，都变成了属性相当的信息处理系统。而作为赛博格的人在其运行过程中，其诸多特性，以及他所接受、处理和发布的诸多信息，都在被数据化地度量，因为这正是信息维度下对人类及其行为顺理成章的理解方式。由此，

❶ 谢诺夫斯基：《深度学习：智能时代的核心驱动力量》，姜悦兵译，北京：中信出版集团，2019年。与此相关的、更加全面的，尤其关注图灵等人工智能先驱的探索性、奠基性贡献的著述，参阅尼克：《人工智能简史》，北京：中国工信出版集团，人民邮电出版社，2017年。
❷ Donna Haraway, *Simians, Cyborgs and Women: The Reinvention of Nature*, New York & London: Routledge, 1991, pp.149–181.

从个体到世界的多样性与复杂性，正在逐步向通过量化的测度而建构的一致性与可比性滑动，这展示出了"万物皆可量化"的社会发展取向。这一情形正如王天一在一本科普作品中所指出的："人和物的一切状态和行为都能数据化"，地图类应用数据化了地理场景，电商平台之商品数据化了现实物品，微博和论坛数据化了思想，转化和点赞数据化了传播……● 进一步地，这种社会事实也伴随着群体的"数据信仰"式的文化景观——正如尤瓦尔·赫拉利（Yuval Harari）所指出的，人文主义的"聆听内心的声音"变成了数据主义（dataism）的"聆听算法的意见"。● 这种社会与文化过程的叠加效应，正在进一步加深人在高新科技作用下身体被规训、意义被简化的程度；即其使人愈发脱离人本主义概念下的"人"，而变成控制论意义上的赛博格，一种信息处理系统。这些变化过程需要被学者敏锐捕捉和审慎探讨、反思。

总之，当我们应用赛博格隐喻引导今日的社会与文化研究时，我们需要着眼于上文所讨论的，赛博格社会所呈现的控制论主体间信息化的关系；以赛博格、赛博格与控制论机器组网形成的赛博格社会，以及赛博格社会凸显所带来的社会与文化转型为重要的研究方向。赛博格概念的应用关键，在于使其处理人与控制论机器的关系，并分析关系背后的复杂社会文化现象。因为正是控制论机器映衬出了人作为赛博格的属性。这种属性是人在开发控制论机器的过程中对自身性质的反思。赛博格概念是为了处理人与控制论机器的关系而诞生的，没有控制论机器，赛博格的概念也许不可能也不需要存在。

五、结论

本文开始于对赛博格双重属性的辨析，它最初是一个技术构想，而后在哈拉维的《宣言》中实现了隐喻化，成了一种关于人之本体论的反思。由于作为隐喻的赛博格在其理论应用上面临着一种现代主义话语的质疑，为此，我们不能将其仅仅简单地理解为"人—机复合"工程带来的人之主体性的嬗变，而应回归到其作为"控制论有机体"背后的控制论思想中，定位赛博格隐喻的学理内涵。研究认为，赛博格所隐喻的是作为控制论主

● 王天一：《人工智能革命：历史、当下与未来》，北京：北京时代华文书局，2017年，第114—115页。

● 赫拉利：《未来简史：从智人到智神》，林俊宏译，北京：中信出版集团，2017年，第354页。

体的人，即通过通信—反馈控制而局部暂时抵抗熵增自然趋势的主体。正是在这一意义上，它与那部分控制论机器获得了共同的本体论，而这种理解实现了对人本主义的"人"之主体观念的挑战，亦可消解传统意义上的自然—人造、有机—无机、人—非人的二元论，"人—机复合"只是在这一逻辑下人和控制论机器的新关系的表征。对人之赛博格主体性的理解与控制论机器的当代发展息息相关，在与日趋演进的控制论机器组成信息交互网络时，两者间新型的社会关系塑造了当代全球社会作为赛博格社会的新样态。赛博格社会在当代的凸显，受益于以人工智能和移动互联技术为代表的信息技术在当今的深度发展（当然，生物科学与医学等学科的当代进展，也对赛博格社会的当代凸显做出了颇为重要的贡献，这些贡献的部分亦与人工智能等科技的发展交织缠绕，但本文暂且不展开探讨），而这一演化发展脉络中又蕴含着深远的社会与文化转型逻辑。赛博格隐喻为我国的人文社科研究指引了一种潜在的后现代背景下的范式转换可能。而未来社会的相关研究也离不开基于有关赛博格与赛博格社会的本体论、知识论及方法论的前瞻思考和建构，一方面，它探讨当代语境下有关人之本体论的理论问题❶；另一方面，它探索赛博格社会中的经验现象、内生机制及新智识生产❷。

赛博格隐喻检视与当代中国信息社会研究

---

❶ 基于东方传统智慧视角的对接与讨论，参阅三宅陽一郎编著：《人工知能のための哲学塾・東洋哲学篇》，東京：BNN，2018 年。

❷ 基于法学视角的研究与探索新作，参阅平野晋：《ロボット法：AI とヒトの共生にむけて》，東京：弘文堂，2017 年。

The Cyborg Metaphor and the Information Society of Contemporary China

Yunxing Ruan   Yingce Gao   Xi He

Abstract: Cyborg was originally a technical design, but later became a reflection on the ontology of human. This concept cannot be simply understood as "human−machine assemblage", it is a metaphor for the nature of human beings as "cybernetics subject". In this sense, nature−artificiality dualism is dissolved, the cyborg and some cybernetic machines acquire a similar subjectivity. The new relationship between cyborg and cybernetic machines has shaped the modern cybernetic society. The building of such a social state benefits from information and communications technology, and it also contains the transformation logic of contemporary society as well as culture. Scholars should conduct theoretical and empirical research for it, and reflecting on the epistemology and methodology.

Keywords: cyborg; cybernetics; information and communications technology; information society; Donna Haraway

人工智能威胁论溯因

——技术奇点理论和对它的驳斥 ❶

李恒威　王昊晟

摘要：近些年来，史蒂芬·霍金、伊隆·马斯克、比尔·盖茨等科技意见领袖一再表达对人工智能威胁的担忧，许多从事人工智能研究的学者也多有附议。虽然以现有的路线是否能实现真正意义上的强人工智能，仍存在一些根本的理论问题尚未澄清，但人工智能领域的发展可谓日新月异，一些智能程序或智能装置所展现出的炫目智力迫使人们不得不正视有关人工智能超越人类的论断和预言的可能性。2015 年，在波多黎各召开的人工智能安全会议上，诸多专家预测与人类同等水平的智能体将会在 2060 年之前诞生。而 2016 年横空出世的 AlphaGo 更是将这种预测演变为社会对于超级智能的忧虑乃至恐惧。然而，本文认为，当前这种所谓超越乃至控制和奴役人类的"人工智能威胁论"是一种理据不充分的过度忧虑，因为支持这种观点的主要理论基础或前提，即加速回报定律和作为其结果的技术奇点理论，是不充分的。为此，本文探讨和分析了加速回报定律（The Law of Accelerating Returns）和作为其结果的技术奇点理论（technological singularity）的来龙去脉，概括了驳斥该理论的若干视角，从而形成了一条釜底抽薪的反驳路线。

关键词：人工智能威胁论；加速回报定律；技术奇点；递归自我改进

史蒂芬·霍金在其遗作《大问题简答》（*Brief Answers to the Big Questions*）的第九章"人工智能会比我们聪明吗"（*Will Artificial Intelligence Outsmart Us?*）专题谈论了他关于人工智能，尤其是人工智能之于人类社会的看法。他认为，虽然创造人工智能是人类历史上最重大的

---

❶ 本文原载于《浙江学刊》2019 年第 2 期。本研究得到国家社科规划基金重大项目（14ZDA029）、"中央高校基本科研业务费专项资金"的资助。

事件之一，但如果我们不学会如何避免其带来的风险，那么人工智能可能将是人类的最后一次创造，"人工智能的出现将是人类有史以来最好或最糟糕的事情"[❶]。"最糟糕的事情"就是指他在很多场合所忧虑的"人工智能威胁"，也就是我们在《人工智能威胁与心智考古学》一文中所论述的人工智能带来的"Ⅳ型：生存性威胁"[❷]。需要指出的是，霍金并非唯一一个认为人工智能会带来生存性威胁，并为之深感忧虑的人，但他的言论可以被视作这类观点的典型代表。从霍金散见于各处的陈说中，我们能够抽绎出其所说的生存性威胁意义上的人工智能威胁论的前提和基本内容。

对于霍金而言，人工智能之所以能够威胁人类，其核心的前提假设是人脑以至于人等价于计算机。在霍金看来，"蚯蚓的脑如何工作与计算机如何计算之间没有显著差异……因此，从原理上讲，计算机可以模拟人类智能"[❸]。并且，就二者可以实现的目标而言，计算机甚至更胜一筹。

基于这一假设的前提，霍金认为，无论是从短期还是长期来看，人工智能都势必会对人类构成威胁。霍金指出：从近期看，各国军队已经开始了基于人工智能的自主武器系统（autonomous weapon system）的军备竞赛。如果这种拥有自主选择消灭目标能力的人工智能武器被研发并量产，那么一旦它们落入罪犯、恐怖分子或独裁者的手中，就势必对公众、国防甚至全球安全构成严重威胁，这类武器系统将会成为"少数人压迫多数人的新手段"[❹]。从中远期看，由于具有超级智能的机器可以不断地快速改进并完善自身的设计，而人类则受限于生物演化的缓慢节奏，这最终会使机器智能超越人类智能，而且它们还有可能以我们无法理解的方式征服或消灭人类。霍金在 2014 年 12 月接受 BBC 采访时就表示："完整人工智能的发展可能意味着人类的终结……它会以不断增长的速度重新设计自己。而人类受制于生物演化的缓慢性，将无法与其竞争，并

❶ Stephen Hawking, *Brief answers to the big questions*, New York: Random House Large Print, 2018, p.102.

❷ 李恒威、王昊晟：《人工智能威胁与心智考古学》，载《西南民族大学学报（人文社科版）》2017 年第 12 期，第 76—83 页。

❸ Stephen Hawking, *Brief answers to the big questions*, New York: Random House Large Print, 2018, p.100.

❹ "'The best or worst thing to happen to humanity' – Stephen Hawking launches Centre for the Future of Intelligence", 2016, https://www.cam.ac.uk/research/news/the-best-or-worst-thing-to-happen-to-humanity-stephen-hawking-launches-centre-for-the-future-of.

将会被取代。"●霍金的观点代表了当前诸多科技意见领袖和一些学者对于人工智能的看法，再加之当前媒体、影视和文学创作的渲染，人工智能似乎真的成了一种让人忧虑甚至恐惧的生存性威胁。

然而，从霍金的表述中不难看出，生存性人工智能威胁论的根源在于担忧人工智能的发展速度超过人类智能，以及随之而来的能力上的全面超越。因此本文尝试从支持该观点的主要前提和驱动力——技术奇点理论——入手，抽绎出它的立论基础，并从不同角度对其合理性进行驳斥，从而瓦解人工智能威胁论的根源，由此阐明"人工智能威胁论"是一种理据不充分的论断，对人工智能过度忧虑是不必要的。

一、人工智能的迷雾

回溯人工智能的发展历程，"人工智能"概念本身始终处于动荡变化之中。从 1956 年达特茅斯会议召开伊始，人工智能既经历过辉煌的"黄金十年"，也曾遭遇过乏人问津的"AI 凛冬"。近四分之三世纪的发展让人工智能领域产生了革命性变化，同时也使人们对"人工智能"概念本身的理解变得相当多样和含混。"人工智能"概念变得多样和含混主要源自两种转变：内涵的转变和外延的转变。

从内涵上看，"人工智能"概念与最初诞生时相比已出现了根本差异。20 世纪 50 年代，当"人工智能"概念首次被提出时，研究者指的是通过软硬件来实现与人类智能相媲美的智能体（artificial agent）。人工智能可以分为弱人工智能（weak artificial intelligence 或 artificial narrow intelligence）与强人工智能（strong artificial intelligence 或 artificial general intelligence）两类●。弱人工智能是指在某些方面可以比人类更好地执行任务，而在其他任务方面存在严重缺陷或不足的人造智能。强人工智能则是指具有与人类一样心智的系统，而这也是当时研究人员力求实现的隐含目标。但在经历了数十载的发展后，强人工智能仍只存在于理论假设和科幻作品之中。因此，今天的"人工智能"更多地转向了各个领域内相对"局限智能"的开

● Rory Cellan-Jones，"Hawking: AI could end human race"，2014，http://www.bbc.com/news/technology-30290540.

● 事实上，"强人工智能"与"通用人工智能"（AGI）的含义是有所差别的，前者强调人工智能非功能主义或非模拟意义上的全同性，即具有与人类同样的感受、思维和意识等能力；后者侧重人工智能在功能上的全面性，即人工智能能模拟解决人类智能所能解决的任何问题，而不是某一类特定问题。

发。正如加州大学伯克利分校教授迈克尔·乔丹（Michael Jordan）所言，"当前大部分所谓的'人工智能'，尤其是在公众领域，实际上是指'机器学习'"❶。按照亚瑟·塞缪尔（Arthur Samuel）的定义，机器学习是指"使计算机拥有在没有被明确编程的情况下学习的能力"❷。这种学习指利用算法对数据进行分析加工，进而获得某种结果并以此进行推测或者判断。从"强人工智能"到"机器学习"，代表着人工智能领域研究意图和方向的转变。但遗憾的是，大众并没有区分这些概念，甚至在使用时将它们混为一谈，这无疑大大增加了人们在理解人工智能究竟能达到什么程度时的不确定性。

从外延上看，"人工智能"概念在某种意义上是自相矛盾的。这种矛盾被称作"人工智能效应"（AI Effect），即只要某个问题被人工智能成功解决，那么该问题就不再是人工智能的一部分。帕梅拉·麦考克（Pamela McCorduck）将其称作"奇怪的悖论"，她指出，"人工智能一旦成为实际上实现了某种智能行为的计算程序，它就很快被其他应用领域吸收……人工智能的研究人员只负责处理'失败'，即那些尚未被攻克的难题"❸。Deep Blue 就是一个很好的例证。1997 年，IBM 的国际象棋程序 Deep Blue 成功击败国际象棋大师卡斯帕罗夫（Kasparov）。之后，当人们认识到该程序是用"暴力穷举法"实现这一点时，便批评它实际上并没有表现出"智能"。这也使得人工智能的支持者经常面对这样一个问题，"当我们知道机器如何做一些'聪明的事情'时，它就不再被认为是聪明的"❹。侯道仁（Douglas Hofstadter）也曾简洁地描述过人工智能效应："人工智能是任何尚未完成的事情。"❺

这两种转变导致人们既无法清晰地界定"人工智能"的内涵，也无法明确究竟有哪些应用属于"人工智能"，因此，无论是理论层面还是应用

❶ Michael Jordan, "Artificial Intelligence — The Revolution Hasn't Happened Yet", 2018, https://medium.com/@mijordan3/artificial-intelligence-the-revolution-hasnt-happened-yet-5e1d5812e1e7.

❷ A. L. Samuel, "Some Studies in Machine Learning Using the Game of Checkers", *IBM Journal of Research and Development*, 3(3), 1959, pp.210-229.

❸ Pamela McCorduck, *Machines Who Think: A Personal Inquiry into the History and Prospects of Artificial Intelligence*. Natick, Mass: A.K. Peters, 2004, p.423.

❹ "Promise of AI not so bright", 2006, https://www.washingtontimes.com/news/2006/apr/13/20060413-105217-7645r/.

❺ Douglas Hofstadter, *Gödel, Escher, Bach: An Eternal Golden Braid*, New York: Vintage, 1980, p.601.

层面，人工智能都颇如一团迷雾。

另一个导致"人工智能"概念充满误导性的因素是企业、媒体以及文学作品。它们因其内在的行为方式或基于各自利益的考虑，都或多或少地夸大或扭曲了人工智能的实际能力，并赋予人工智能超过其本身的特征和属性。由于无法清晰准确地理解人工智能的实现机理，加之人工智能带来的道德规范、安全威胁、失业、社会不平等问题，这更加剧了公众对人工智能的负面看法，甚至使公众也产生了对"人工智能威胁论"的惶惑、忧虑乃至恐惧。

二、人工智能威胁论的根源：从加速回报定律到技术奇点理论

无论人工智能威胁论的表现形式如何，当前人们对人工智能表现出紧张情绪的关键在于担忧人工智能的发展速度超过人类自身，甚至以人类无法理解的速度和方式继续发展，并最终取代人类。支持这种观点的主要驱动力是加速回报定律和作为其结果的技术奇点理论。

（一）加速回报定律

雷·库兹韦尔（Ray Kurzweil）提出的加速回报定律源自半导体行业的摩尔定律（Moore's Law）。1965 年，英特尔公司创始人之一戈登·摩尔（Gordon Moore）提出了摩尔定律的原始版本，即半导体芯片上集成的晶体管和电阻数量将每年增加一倍，并预计这种增长速度将会持续至少十年。[1]1975 年，摩尔在 IEEE 国际电子组件大会上修正了摩尔定律，将"每年增加一倍"修改为"每两年增加一倍"[2]。时任英特尔首席执行官大卫·豪斯（David House）则以此预测，这些变化将导致计算机性能每十八个月翻一番。

需要指出的是，摩尔定律是通过对历史数据进行观察和分析后的预测，并非物理或自然规律。但是从摩尔定律提出后半导体行业发展的实际情况来看，从 20 世纪 70 年代至今，该定律的预测大致是正确的，并且该定律也被半导体行业作为指导长期规划和设定研究开发目标的参照。

库兹韦尔的加速回报定律则彻底改变了摩尔定律的适用范围，它将摩

---

[1] Gordon Moore, *Cramming More Components onto Integrated Circuits*, New York: McGraw–Hill, 1965.

[2] Gordon Moore, "Progress in digital integrated electronics", *SPIE Milestone Series,* 178, 2004, pp.179–181.

尔定律应用于所有形式的技术预测。1999年，他在《精神机器时代——当计算机超越人类智能》一书中首次提出了"加速回报"（accelerated return）的概念，认为系统演化的变化速率（包括但不仅限于技术）呈指数增长。[1]2001年，他正式提出了摩尔定律的扩展定律，即"加速回报定律"。[2]

正反馈适用于演化，因为演化过程中某个阶段产生的更有力的方法将被用于创造下一个阶段。因此，随着时间的推移，演化过程的速率呈指数增长。并且，嵌入在演化过程中的信息的"秩序"（order）（例如，衡量信息如何与目的相匹配）同样随着时间增长。与上述观察相关的是，一个演化过程的"回报"（例如，速度、成本－效益或者某个过程的整体"力量"）亦随着时间的推移呈指数增长。在另一种正反馈回路中，随着某种特定的演化过程（例如，计算）而变得更加有效（例如，成本效益），更多的资源将会倾向于这种过程，促进其进一步发展。这将导致次级的指数增长，即指数增长率本身也呈指数增长。生物演化就是这样一种演化过程，技术演化同样是这样一种演化过程。事实上，第一种技术创造物种的出现导致了技术的全新演化过程。因此，技术演化是生物演化的产物，同时也是生物演化的延续。某种特定范式将持续指数增长，直到该方法耗尽其潜力。当这种情况发生时，范式将发生转变，从而继续维持指数增长。[3]

库兹韦尔认为，基于错误的"直觉的线性观"（intuitive linear view），而不是"历史的指数观"（historical exponential view），我们对技术进步的理解出现了严重偏差。人们会直观地假设当前的技术发展速度会在未来的一段时间内持续下去，并以此推断未来十年或一百年的技术进步。而事实上，技术变革是指数级的。并且，这种增长不是简单的指数增长，而是"双重"指数增长，即是说，指数增长率本身也呈指数增长。库兹韦尔指出，这种指数增长不仅仅发生在适用于摩尔定律的半导体领域，而且是发

[1] Ray Kurzweil, *The Age of Spiritual Machines: When Computers Exceed Human Intelligence*, New York: Viking, 1999.

[2] Ray Kurzweil, "The Law of Accelerating Returns", 2001, http://www.kurzweilai.net/the-law-of-accelerating-returns.

[3] Ray Kurzweil, "The Law of Accelerating Returns", 2001, http://www.kurzweilai.net/the-law-of-accelerating-returns.

生在从电子技术到生物医学的各种技术领域。❶

库兹韦尔强调，单一的技术无法维持这样的指数增长。当呈指数增长的技术接近某种障碍或瓶颈时，将会出现一种新的技术跨越这种障碍或瓶颈，从而保证整体上仍维持指数增长。这种范式转换的技术跃迁在计算机领域得到了印证。从打卡式机械计算机、电磁继电式计算机，到真空管、晶体管计算机，再到早期集成电路计算机，以至现代超大规模集成电路计算机，每当某种计算机发展到瓶颈时，总会有新的计算机设计与技术出现来保证这种指数增长维持下去。

（二）技术奇点理论

技术的加速回报将带来技术奇点。所谓技术奇点，简而言之是指能够进行自我改进的人造智能体超越人类智能的时刻。这一概念可以追溯到人工智能发展的初期。1958 年，斯坦尼斯瓦夫·乌拉姆（Stanislaw Ulam）在纪念冯·诺依曼的文章中写道，"在（与冯·诺依曼的）一次谈话中，我们集中讨论了技术的不断加速发展与人类生活方式的变化……这在人类历史中接近了一些关键的奇点，正如我们所知，人类事务将无法继续下去"❷。

I. G. 古德（I. G. Good）在 1965 年提出了"智能爆炸"（intelligence explosion）的观点，用更为具体的方式对"奇点"进行了描述："我们将超智能机器定义为这样一种机器，它可以远超任何人类的任何智能活动。由于机器设计本身就是智能活动之一，那么一台超智能机器将可以设计更好的机器；毫无疑问，这将会是一次智能爆炸，人类智能将远远落后。因此，第一台超智能机器将会是人类的最后一项发明。"❸

1986 年，弗诺·文奇（Vernor Vinge）在其科幻小说《实时放逐》中首次描写了一种快速临近的技术"奇点"。1993 年，文奇在 NASA 组织的"Vision-21"研讨会上撰文预测："在三十年之内，我们将会具有创造超

❶ 雷·库兹韦尔：《人工智能的未来：揭示人类思维的奥秘》，盛杨燕译，杭州：浙江人民出版社，2016 年，第 243、245 页。

❷ Stanislaw Ulam, "John von Neumann 1903—1957", *Bulletin of the American Mathematical Society*, 64(3), 1958, pp.1-50.

❸ I. G. Good, "Speculations concerning the first ultraintelligent machine", In F. Alt & M. Ruminoff, eds., *Advances in Computers, volume 6,* Cambridge, Massachusetts: Academic Press, 1965.

人智能的技术手段。随之，人类时代将会结束。"❶

2006年，库兹韦尔在《奇点临近》一书中将"技术奇点"阐发为"技术奇点理论"，他认为，依据加速回报定律，技术的范式转换将会变得越来越普遍，"对技术史的分析表明，技术变革是指数性的，与常识性的'直觉的线性观'相反。所以我们在21世纪将不会经历一百年的进步——它将更像是两万年的进步（以今天的速度）。芯片速度和成本效益之类的'回报'也呈指数增长……几十年内，机器智能将超越人类智能，并导致技术奇点的来临——技术变化如此迅速而深刻，代表了人类历史结构的破裂，其含义包括了生物和非生物智能的合并，基于软件的不朽人类，以及以光速在宇宙中向外扩张的超高水平智能"❷。根据库兹韦尔的观点，这种技术奇点将在21世纪中期，大约2045年时发生。

基于技术奇点理论，许多评论家甚至科技界人士开始对人工智能可能带来的威胁表示担忧。除了前文所述的霍金之外，马斯克、盖茨等人也在公开场合表达过对人工智能相关问题的忧虑。诸多意见领袖的警告或者预言显然触动了大众恐惧的神经，人工智能威胁论逐渐上升为一种生存危机（existential crisis），被视作对人类的发展甚至存在构成了实质性的威胁。

三、对技术奇点理论的驳斥

事实上，技术奇点理论引发的人工智能威胁论的支持者大多来自主流人工智能和计算机领域之外。即使不乏科技人士和意见领袖，但这些人工智能威胁论的拥趸通常默认了技术奇点理论的合理性和可实现性，认为技术确实将会以超越人类理解能力的速度进步，不能预警且无法避免。在这样的前提下，人工智能威胁的到来似乎已成定局，人们的担忧也看似符合情理。然而，当下的讨论大多忽视或回避了一个基本而重要的核心问题，即我们是否如技术奇点理论所言的那样，能设计并开发一种智能以指数方式快速增长，从而远超人类智能并威胁人类生存的机器。如果技术奇点理论的这一前提不能成立，那么建立在其基础之上的人工智能威胁也将随之消弭。近年来，人工智能学界和其他领域的学者对于技术奇点理论的核心

❶ Vernor Vinge, "The Coming Technological Singularity: How to Survive in the Post-human Era", In Howard Rheingold ed., *Whole Earth Review*, 1993.

❷ Ray Kurzweil, "The Law of Accelerating Returns", 2001, http://www.kurzweilai.net/the-law-of-accelerating-returns.

论断提出了诸多批评和反驳。总结来看，以技术奇点理论的两个核心要素——技术进步与智能为出发点，这些批评和反驳可以分为以下几类：（1）否认技术进步与智能提升的相关性或二者仅弱相关；（2）承认技术进步与智能提升的相关性，否认后者可以满足加速回报定律；（3）承认技术进步与智能提升的相关性，否认前者可以满足加速回报定律；（4）承认技术进步与智能提升的相关性，否认智能可以形成威胁。这些批评和反驳不仅在于瓦解了技术奇点理论所推崇的指数增长假设，同时意在表明纯粹计算速度的增长并不能带来智能的提升，更无法让人工智能具备主动威胁人类的动机和意图。❶

（一）计算速度与智能

托比·沃尔什（Toby Walsh）认为，支撑技术奇点理论的一个重要论点是，作为硬件的硅相较于人脑的湿件（wetware）❷具有显著的速度优势。并且，根据摩尔定律，这种优势随着时间的推移将呈指数增长。但在沃尔什看来，技术奇点论者忽略了十分重要的一点：计算速度的提升并不等同于智能的提升。沃尔什指出，"技术奇点论者最大的问题在于混淆了执行任务的能力与提升'执行任务的能力'的能力之间的区别"❸，前者对应于计算速度，而后者则是指智能。

如果只是单纯地提升计算速度，按照文奇的观点，这只不过类似于一只"快速思考"（fast thinking）的狗，"想象一下，如果狗的大脑以非常高的速度运行，那么一千年的狗的经历是否能够比拟人类的洞见？"❹文奇认为显然是不可能的，无论狗的思维有多么快速，它永远不会懂得下棋。这种计算速度的提升只不过是一种"弱"智能提升，与到达技术奇点所需要的全方位的"强"智能提升相去甚远。也正如史蒂芬·平克（Steven Pinker）所说："我们没有任何理由相信奇点将会到来。你可以想象一种未来，但它并不一定具备实现的可能性。当我还是一个孩子时，人们就想象

---

❶ 李恒威、王昊晟：《人工智能威胁与心智考古学》，载《西南民族大学学报（人文社科版）》2017年第12期，第76—83页。

❷ 湿件用于描述人体中与计算机的硬件（hardware）和软件（software）相对应的要素，尤其是指中枢神经系统和心智。之所以称之为"湿"（wet），是因为与计算机软硬件需要"干燥"的环境不同，生物体中包含了大量水，这显然是一个对比的隐喻说法。

❸ Toby Walsh, "The Singularity May Never Be Near", *AI Magazine*, 38(3), 2017, pp.58-62.

❹ Vernor Vinge, "The Coming Technological Singularity: How to Survive in the Post-human Era", In Howard Rheingold ed., *Whole Earth Review*, 1993.

过圆顶城市、喷气式通勤工具、水下城市、超高建筑、核动力汽车等，这些未来式的幻想至今尚未实现。单纯的加工能力并非一种魔法尘埃，它无法神奇地解决你所有的问题。"[1]

对于智能的提升，大卫·查莫斯（David Chalmers）曾进行过如下阐述："如果我们通过机器学习创造了 AI，那么我们很可能可以改进学习算法并延长学习过程，进而创造 AI+。"[2]查莫斯通过逻辑和数学方法推理认为，如果 AI_0 系统能够产生比起本身能力更强（哪怕只有很微小的提升）的 AI_1 系统，那么经过 n 次迭代后的 AI_n 系统就可以实现超级智能。

在查莫斯的推理论证中，智能的提升以至超级智能的实现都取决于两个关键点，一是学习过程的延长，二是学习算法的改进。就目前技术而言，这两个问题的解决，前者依赖于提升硬件处理能力，后者需要实现机器学习的自动化。但就实现超级智能这一目标而言，两者面临着各自的困难。因为延长学习过程并非是真正意义上智能的提升。基于深度学习算法的人工智能系统在近些年取得了令人瞩目的成就，在语音识别、计算机视觉、推理、自然语言处理等领域实现了突破性进展。但这些进步依赖于更大的数据和更深层次的神经网络，正如燕乐存（Yann LeCun）所指出的，神经网络之所以能够打破连续语音识别的纪录，只是因为它们变得足够大而已。[3]由此可见，在语音、图像等领域的进展并没有实现深度学习算法的改善和真正智能的提升，这只是硬件提升和数据量增大带来的规模效应而已。由于这些进步不是来自对智能机制的理解，只是来自能力更强大的芯片和更丰富的数据，因此它们总是会存在相对的极限。计算机科学家拉米兹·那姆（Ramez Naam）提出这样的思想假设："想象你是一个运行在某种微处理器上、拥有超级智能的 AI。突然，你想要设计一个更快、更强大的处理器应用于你的运行……你现在必须生产这种处理器。而生产工厂的运转需要巨大的能量，它需要从周围环境中获取原材料，需要严格控制内部环境……所有这些工作都要花费时间和能量。现实世界是你螺旋式自我迭代的最大障碍。"[4]

[1] Steven Pinker, "Tech Luminaries Address Singularity", *IEEE Spectrum*, 2008.

[2] David Chalmers, "The Singularity: A Philosophical Analysis", *Journal of Consciousness Studies,* 17, 2010.

[3] Chris Edwards, "Growing Pains for Deep Learning", *Communications of the ACM,* 58(7), 2015, pp.14–16.

[4] Ramez Naam, "Top Five Reasons 'The Singularity' Is A Misnomer", 2010, http://hplusmagazine. com/2010/11/11/top-five-reasons-singularity-misnomer/.

罗曼·亚姆波斯基（Roman Yampolskiy）认为，虽然几乎所有系统的性能都可以通过分配更多的内存、更快的处理器或更强大的网络来进行提升，但这种线性缩放显然与指数型增长不相符合。同时，单纯的硬件叠加并不能使系统更好地改进自身，"一般而言，硬件提升可能会使系统加速，但软件提升（新算法）才是实现元提升（meta-improvements）所必需的"❶。鉴于算法对于智能提升的必要性，人们设想通过学习的自动化来实现算法的改进，即用一个算法指导另一个算法进行学习，让算法不断迭代升级，实现一种递归式的自我改进（recursively self-improving）。但是，这种自我改进在实现上却面临着通用性的难题。举例而言，AlphaGo 的终极版本 AlphaGo Zero 正是基于这种设想的产物，它不依赖于人类棋谱和知识，仅仅凭借最简单的围棋规则，通过短时间（大约四十天）自我学习就可以战胜人类顶尖棋手以及 AlphaGo 的其他任何版本。虽然 AlphaGo Zero 在学习自动化方面的结果令人欣喜，但需要指出的是，无论围棋看上去如何复杂，它始终是一种具有固定规则和有限可能构型的游戏，而真正的学习自动化所面临的开放式的领域和问题往往并不具有像围棋这样清晰的规则和条件。因此，通过 AlphaGo Zero 获得的学习自动化成果想要推广到更广泛的领域，实现由特殊向普遍的扩展仍存在着目前难以跨越的障碍。

（二）线性输出与收益递减

技术奇点理论预设了智力改进的速率是一个相对固定的乘数，从而会导致人工智能每一代都比上一代拥有显著的提升，使智能整体呈现指数增长，并最终导致"智能爆炸"。在这一点上，技术奇点理论支持者最有力的证据来自计算机计算能力的增长。在过去的几十年中，计算机的计算能力基本保持着每十八个月倍增的速率，这使得当前的计算机与最初相比，计算能力获得了大约百亿倍的提升。但正如前文所述，这种计算能力的提升只不过是一种基础输入能力（input）的指数增长，而作为最终结果的智能输出（output）仍呈现出线性增长的趋势。

例如，根据 20 世纪 80 年代至今计算机国际象棋的表现来看，虽然在最开始的一段时间中，计算机的 ELO 等级分❷增长迅速，但就三十余年的

---

❶ Roman Yampolskiy, "The Singularity May Be Near", *Information*, 9(8), 2018, p.190.

❷ ELO，衡量各类对弈活动水平的评价方法，以其创始人阿帕德·埃洛（Arpad Elo）的名字命名。它是一种以数值表示的评级系统，将等级差别转化为分数或取胜概率。

整体趋势而言，计算机的等级提升呈现出接近线性的趋势。换言之，计算机国际象棋输入能力的指数改进只带来了计算机国际象棋输出水平的线性改善。

图 2.1　计算机国际象棋 ELO 等级分

深度学习框架"Keras"的创建者弗朗索瓦·乔乐特（François Chollet）进一步阐明了这种指数输入与线性输出的关系。他认为，当前人工智能威胁论产生的技术前提——智能爆炸根本不会发生，人工智能的发展是线性的，而非指数的。在乔乐特看来，智能是基于环境的，人脑是更广泛系统的一部分，后者包括人的身体、其所处的环境、他人以及整个环境本身。由于任何单独的智能体都受其所处环境的限定或限制，因此，人类智能的发展并非单独受限于人脑，我们所在的环境才是智能发展的瓶颈。智能的进步来源于（生物的或数字的）脑、感知运动功能、环境和文化的共同演化，并不能通过简单地调整缸中之脑的几个齿轮来独立完成。这种共同演化已经经过了无数时间，并将会随着智能转向数字化而继续。"智能爆炸"不会发生，因为这个过程将以接近线性的速度前进。

由于输入的指数增长与输出的线性提升间的不对称关系，各种类型的人工智能系统在数十年来的实际发展中都经历着收益递减的过程。在研究初期，人工智能系统通常可以快速提升，甚至在某些时刻超越技术奇点理论所设想的指数增长速度，但随着完善度和复杂度的增加，人工智能系统往往会遭遇各类难以改进或跨越的瓶颈，导致无法维持固定的改进速率。

微软的联合创始人保罗·艾伦（Paul Allen）将这一现象称作"复杂性刹车"（complexity brake），"随着对自然系统不断加深的理解，我们通常会发现，我们需要更多且更加专业的知识对其进行描述，并且不得不用愈加复杂的方法来持续扩展我们的科学理论……我们相信，我们对自然的理解正由于复杂性刹车而减慢"❶。

　　乔乐特通过类比物理学、数学、医学等其他科学的发展速度指出，即使是在不断投入更多的科研人员并使用有更快计算速度的计算机的情况下，上述各科学领域的发展也远远达不到技术奇点理论所设想的指数增长，甚至无法维持稳定的线性提升。乔乐特认为，限制科学提升速度的主要原因包括：首先，既定领域内科学研究的难度会随着时间的推移而增加，任意领域的开创者都可以取得突破性的成果，而后续研究者想要实现相同的进展，就需要付出成倍的努力；其次，研究人员之间的合作共享随着该领域研究的扩张而呈几何式增长，其结果导致前沿领域的论文发表愈发困难；再次，随着人类科学知识体系的不断扩张，我们在教育培训上投入的时间和精力不断增加，对于每个研究者而言，可以探索的方向却变得越来越狭窄。❷

　　（三）递归自我改进系统的限制

　　通常情况下，我们可以将人类自身视作一种递归自我改进系统（recursively self-improving system），即人们可以通过学习获得知识，再通过已有知识改进学习效率，如此循环，使人们不断变得更加聪明。这一点正如庄子所言："以其知之所知以养其知之所不知。"❸于是，从人工智能领域的最早期开始，就有研究者希望设计出一种自我改进的智能系统，以实现真正的人工智能。图灵在《计算机器与智能》（*Computing Machinery and Intelligence*）中就曾写道："与其尝试编程模拟成年人的脑，为何不尝试模拟儿童的脑？只要儿童的脑接受适当的教育，那么就可以获得成年人的脑。儿童的脑大致就像刚刚买到的笔记本，只包含简单的机制和许多白纸。我们希望儿童的脑中有足够少的机制，以至于我们可以容易地编程。

---

❶　Paul Allen, "Paul Allen: The Singularity Isn't Near", 2011, https://www.technologyreview.com/s/425733/paul-allen-the-singularity-isnt-near/.

❷　François Chollet, "The Impossibility of Intelligence Explosion", 2017, https://medium.com/@francois.chollet/the-impossibility-of-intelligence-explosion-5be4a9eda6ec.

❸　庄子：《庄子·大宗师》，方勇译注，北京：中华书局，2010 年，第 94 页。

我们可以假设对机器进行教育的工作量与教育人类儿童的工作量大致相同。"[1] 奇点支持论者认为，递归自我改进系统是实现技术奇点的有效途径。在上文中，我们已经述及这种自我改进系统在实现上存在的通用性难题。从更根本上而言，递归自我改进系统本身也存在着相当多的限制，通过这条路径实现技术奇点困难重重。

亚姆波斯基具体描述了这种限制，"任何软件系统的实现都依赖于存储、通信和信息处理等硬件，即使我们假设存在一种非冯·诺依曼（量子）结构可以运行这一软件。这就给计算带来了严格的理论限制，尽管摩尔定律预言了硬件的进步，但未来任何硬件范式都无法克服这一限制"[2]。

就现实而言，当下人工智能系统的物理实现都依赖于冯·诺伊曼结构，超越该架构的量子结构尚有待进一步完善。而在冯·诺伊曼结构下，人工智能面临着更多的限制。为了解决计算机的运行可靠性和效率问题，冯·诺依曼提出了将存储设备与中央处理器相分离的概念，而正是这一点，导致了冯·诺伊曼瓶颈（von Neumann Bottleneck）的出现：CPU 与存储器之间的数据传输能力远远小于存储器的容量，同时也远远小于 CPU 的计算能力，因此，数据传输能力在某些情况下就严重限制了计算机整体的效率。CPU 在数据输入或输出存储器时会处于闲置状态。同时，在技术改进层面，CPU 的提升要远远快于存储器的优化，这样一来，瓶颈问题随着时间的推移愈加严重。冯·诺伊曼瓶颈不仅限制着计算机效率的提升，同样掣肘着人工智能的发展。

除了硬件上的限制，递归自我改进系统在自我指涉（self-reference）方面也存在着严峻的挑战。亚姆波斯基认为："很有可能的是，成为一个递归自我改进系统所需要的最低复杂度高于系统自身能够理解的最高复杂度。"[3] 这种情况经常出现在智能水平较低的生物上。例如，一只松鼠并不具有理解其自身的脑如何运作的心智能力。此外，即使是一个能够进行完全自我分析的系统，随着自我改进的不断发生，该系统也可能会丧失这种自我分析能力。因为，系统复杂程度的不断提升，将导致理解自身所需要

[1] Alan Turing, "Computing Machinery and Intelligence", *Mind*, LIX(236), 1950, p.457.

[2] Roman Yampolskiy, "From Seed AI to Technological Singularity via Recursively Self-Improving Software", *arXiv preprint arXiv:1502.06512*, 2015.

[3] Roman Yampolskiy, "From Seed AI to Technological Singularity via Recursively Self-Improving Software", *arXiv preprint arXiv:1502.06512*, 2015.

的智能也不断提升，并且后者提升的速度可能比前者更快。

亚姆波斯基还提出，在系统递归自我改进的过程中会累积错误（errors），这种错误类似于生物演化过程中的突变（mutations）。最初，这些错误（突变）对于系统（生物体）没有损害，并且难以被检测（察觉）。但随着其数量的不断累积，当这些错误到达临界值时，就会导致系统的运行出现错误，从而影响递归自我改进的质量，甚至导致整个系统完全崩溃。

（四）智能的局限性

对于许多技术奇点论者而言，"智能"是至关重要甚至唯一的标尺。人类智能被视作这个标尺上的一个里程碑式的节点，一旦人工智能跨越了这个节点，技术奇点就将到来，威胁也随之降临。正如尼克·博斯特罗姆（Nick Bostrom）所说，"人类级别的人工智能很快就会产生比人类更高级的智能……人类与机器智能相匹敌的时间可能很短暂。此后不久，人类将无法在智能上与人工智能相竞争"[❶]。这种对智能的盲目推崇使技术奇点论的支持者们错误地将智能提升等同于威胁产生。事实上，形成"威胁论"的关键恰恰是智能之外的其他要素，例如情绪、感受等。

杰夫·霍金斯（Jeff Hawkins）指出："人们之所以有这样的担忧是因为他们将智能（即新皮层的算法）与人脑的情感因素（诸如恐惧、多疑和欲望等）归并起来了。智能机器是不具备这些能力的。它们既不会有野心和渴望财富，也不会寻求社会认同以及性满足。它们没有食欲、嗜好，也不会出现情绪不稳定的情况。智能机器不会有任何类似人类情感的东西，除非我们刻意把它们设计成那样。"[❷]也就是说，实现智能并不等于同时赋予它意图、动机、情感等价值成分和规范成分。事实上，智力或智能在生物的演化中始终是服务于生命内在的生物价值（biological value）的。价值才是生存和演化的方向，才是驱动力。"生存的概念以及引申出来的生物价值的概念可适用于各种生物体，从分子和基因到整个有机体。"[❸]平克同样认为，"人们对 AI 的误解在于，混淆了智能与动机——也即是对于欲

❶ Nick Bostrom, "When Machines Outsmart Humans", *Futures*, 35(7), 2003, pp.759-764.

❷ 杰夫·霍金斯，桑德拉·布拉克斯莉：《人工智能的未来》，贺俊杰等译，西安：陕西科学技术出版社，2006年，第224页。

❸ Antonio Damasio, *Self Comes to Mind: Constructing the Conscious Brain*. New York: Pantheon Books, 2010, p.45.

望的感受、对于目标的追求、对于需求的满足——之间的区别"❶。在平克看来，"智能是一种利用新工具来实现目标的能力，但目标本身是与智能无关的：聪明与想要获得某个东西并非是同一件事"❷。人们之所以会认为智能与动机密不可分，是因为按照达尔文的演化理论，智人的智能是自然选择的产物，是物竞天择这一过程的结果。因此，在人脑中，智能与压制竞争对手、攫取资源等目标天然地产生了关联。而人工智能是人工设计的产物，并不是自然演化的结果，人工智能不会也不需要将二者混淆在一起。

四、结语

从上述的论证来看，技术奇点论在理论和实践上都存在严重的困难和局限，因此基于此推导出的人工智能威胁论也缺乏坚实可靠的根基。在实际中，人工智能学科当前的关注重点也往往是追求在特定问题上取得突破或进步，大多数研究人员并不主张或鼓励进行强人工智能研究，人工智能在通往"超级智能"的路途上尚存在诸多理论和实践上的鸿沟。综上而言，由技术奇点论引发的人工智能威胁论是一种有点过度的情绪性反应。当然，这并不意味着基于其他路线的人工智能不具有最终达到甚至超越人类智力水平的可能性，对于此，我们始终持一种开放的态度。

着眼当下，我们必须认识到，由于人工智能仍处在快速发展时期，出现种种问题与困难符合新事物的发展规律。因此，关注人工智能在经济、政治、文化、军事等领域内的发展，探讨其衍生出的法律、伦理问题，才是真正解决人工智能潜在"威胁"的有效途径。我们始终坚信，人工智能的发展对于人类的自我提升，对人类文明的演进，都大有裨益。

---

❶ Steven Pinker, "We're told to fear robots. But why do we think they'll turn on us?", 2018, https://www. popsci.com/robot-uprising-enlightenment-now.

❷ Steven Pinker, "We're told to fear robots. But why do we think they'll turn on us?", 2018, https://www. popsci.com/robot-uprising-enlightenment-now.

Reasons for the Threat of Artificial Intelligence:
The Technological Singularity Theory and Refutation of It

Hengwei Li   Haosheng Wang

Abstract: In recent years, technology opinion leaders such as Stephen Hawking, Elon Musk and Bill Gates have repeatedly expressed their concerns about the threat of artificial intelligence, and many scholars of artificial intelligence have also supported them. Although there are still some fundamental theoretical questions about whether the real strong artificial intelligence can be realized, the development of artificial intelligence is extremely rapid. The level of intelligence shown by some intelligent programs or devices forces people to face up to the judgment and prediction that artificial intelligence surpasses human beings. In 2015, at the AI safety conference held in Puerto Rico, many experts predicted that agents with the same level of intelligence as human beings would be born before 2060. In 2016, AlphaGo's birth transformed this prediction into a society's worries and even fears about super intelligence. However, this paper argues that the current so-called "Threat of Artificial Intelligence" is an over anxiety with insufficient justification. Because the main theoretical basis or premise supporting this view, that is, the Law of Accelerating Returns and the Technological Singularity is not sufficient. This paper discusses and analyzes the origin and development of the Law of Accelerating Returns and the Technological Singularity, summarizes several views of refuting the theory, and thus forms a radical refutation route.

Keywords: threat of artificial intelligence; the law of accelerating returns; technological singularity; recursively self-improving

Endogenetic Structure of Filter Bubble in Social Networks❶

Yong Min, Tingjun Jiang, Cheng Jin, Qu Li and Xiaogang Jin

Abstract: The filter bubble is an intermediate structure to provoke polarization and echo chamber in social network, and it has become one of the most urgent issues for social media of the time. Previous studies usually equated filter bubbles with community structures and emphasized this exogenous isolation effect, but there is a lack of full discussion of the internal organization of filter bubbles. Here, we design an experiment for analyzing filter bubbles taking advantage of social bots. We deployed 128 bots to Weibo (the largest microblogging network in China), and each bot consumed a specific topic (entertainment or sci−tech) and ran for at least two months. In total, we recorded about 1.3 million messages exposed to these bots and their social networks. By analyzing the text received by the bots and motifs in their social networks, we found that a filter bubble is not only a dense community of users with the same preferences but also presents an endogenetic unidirectional star−like structure. The structure could spontaneously exclude non−preferred information and cause polarization. Moreover, our work proved that the felicitous use of artificial intelligence technology could provide an useful experimental approach that combines privacy protection and controllability in studying social media.

Keywords: social network; polarization; echo chamber; controlled experiment; privacy protection

❶ 本文原载于 *Royal Society Open Science* 第 6 卷第 11 期，2019 年出版（MIN Y, JIANG T J, JIN C, et al. 2019. "Endogenetic Structure of Filter Bubble in Social Networks". *Royal Society Open Science*, 6［11］）。

1. Introduction

With the growing popularity of social media, especially microblogging platforms, the way people obtain information and form opinions has undergone substantial change. A recent study found that social media has become the primary source for over 60% of users to obtain news [1]. These users are selectively exposed to more personalized information, which is considered to limit the diversity of content they consume and give rise to filter bubbles [2–4]. News consumption on social media has been extensively studied to determine what factors lead to polarization [5,6]. Recent works suggest that confirmation bias or selective exposure plays a significant role in online social dynamics [5,7]. That is, online users tend to select messages or information sources supporting their existing beliefs or cohering with their preferences and hence to form filter bubbles [4]. However, polarization process, especially the features of filter bubbles, still need further clarification.

In collective and individual levels, the term "polarization" has two possible meanings. One is that like−minded people form exclusive clubs sharing similar opinions and ignoring dissenting views, i.e., opinion polarization [5]; the other is that an individual is exposed to less diverse content and is limited by a narrow set of information, i.e., information polarization [6]. For this paper, we focus on information polarization on social media.

The formation mechanism of polarization and the method of restraining polarization are the most pressing issues in the field of information polarization [2,4,7,8]. Many studies have suggested that selective exposure, both self−selection, and pre−selection, limit people's exposure to diverse content (i.e. filter bubble) and increases polarization [9]. Self−selection is the tendency for users to consume content or build new relationships that confirm their existing beliefs and preferences. Pre−selection depends on computer algorithms to personalize content for users without any conscious user choice. The present research generally agreed that self−selection is the primary cause of information polarization [7].

In the chain from selective exposure to information polarization, the

33

formation and evolution of filter bubbles play a role as a critical role as the amplifier [3,10]. Therefore, quantifying and measuring filter bubbles has become a central issue in studying polarization [11,12]. From the perspective of opinion polarization, filter bubbles are usually considered equivalent to the community structure (densely connected internally) and are measured by modularity coefficient or community boundaries [10,13]. However, the community structure reflects more relationship between a filter bubble and the external network, rather than the internal organization of the filter bubble. By analyzing news consumption on Facebook, the internal structural features of filter bubbles have been discovered, for example, users in filter bubbles are usually only concerned with a few information sources [6]. However, the details of filter bubbles still need further research.

At present, research about online social networks relies mainly on observational methods [6,7], which means that researchers cannot intervene in the study object but can only process and analyze the passively acquired data. However, the big open data contains great noise [14] and the risk of revealing privacy [15]. To overcome the shortcomings of a purely observational study, some researchers have ingeniously adopted the method of natural experiments or quasi- experiments to make comparative analyses and causal inferences from the available datasets [14,16–18]. Nevertheless, the uncontrolled approach limits the freedom of research. Recently, controlled experiments on social networks have deepened our understanding about information sharing and diffusion, behavior spreading, voting and political mobilization, and cooperation [14,19–23]. Moreover, compared to the big data approach, controlled experiments can effectively control the impact factors, resulting in a causal relationship using a relatively small set of samples.

Performing experiments on real−world social networks, while actively promoting innovation of sociology and communication studies, also bring about some serious problems [24]. For instance, the political voter mobilization experiment conducted by Robert et al. on Facebook was sharply criticized by a considerable number of scholars, who argued that scientific research should not interfere with national politics or users' voting behavior [22]. Therefore, the inappropriate design on actual large–scale social networks is likely to cause social injustice or infringe on the privacy of users.

In this paper, we report an experimental approach for studying the polarization process by using social bots [25]. We deploy 128 social bots to Weibo (NASDAQ: WB, the most famous Chinese Twitter–like service, and having 430 million active monthly users). By analyzing the data generated by these bots, we try to clarify the route from selective exposure to polarization, especially, the structure and effect of filter bubbles. Most importantly, our approach is limited to using the data generated by the bots themselves, without any data about the natural person; therefore it is a privacy–friendly approach.

2. Method

(a) Social bot design

A social bot is a computer algorithm that automatically interacts with social network environment [25]. Social bots are generally considered to be harmful, although some of them are benign and, in principle, innocuous or even helpful. Therefore, social bots are often the subject of research that needs to be eliminated [26], but researchers have yet to recognize their potential value as a powerful tool in social network analysis [25,27]. The social bot in our experiment is designed to imitate similarity–based relationship formation, which reflects the selective exposure of information and relationships depending on one's preferred topics.

The social bot is based on two well–known hypotheses. The first is triadic closure [28]. Triadic closure suggests that among three people, A, B, and C, if a link exists between A and B, and A and C, then there is a high probability of a link between B and C. The hypothesis reflects the tendency of a friend of a friend to become a friend and is a useful simplification of reality that can be used to understand and predict the evolution of social networks. Because the relationships embedded in Weibo should be modelled by a directed graph, the bots use directed triadic closure to expand their followings (Figure 3.1) [29]. The second hypothesis is homophily [5], i.e., people who are similar have a

higher chance of becoming connected. In online social networks, for example, an individual creating her new homepage tends to link it to sites that are close to her interests (i.e., preferences).

Based on the two hypotheses, the workflow of the bots includes five steps (Figure 3.1). (1) Initially, each bot is assigned 2 or 3 default followings, who mostly post or repost messages consistent with the topic of the bot. (2) A bot will periodically awaken from idleness at a uniformly random time interval. When the bot awakened, it can view the latest messages posted or reposted by its followings. As well known, not all unread information can be exposed to users of social networks. A bot can assess only the latest 50 messages (i.e., the maximum amount in the one page on Weibo) after waking up. Please note that we exclude the influence of algorithmic ranking and recommendation systems on the information exposure by re-ranking all possible messages according to the descending order of posting time. (3) After viewing the exposed messages, the bot selects only the messages consistent with the topic. In this step, we first run the FastText text classification algorithm [30] to get preliminary classification results. To ensure the accuracy and correctness of classification, the results from the FastText algorithm were further voted by at least three experimenters. Although manual supervision is required, this algorithm can help us filter out a large number of inconsistent messages. (4) If there are reposted messages in selected messages, according to directed triadic closure, the bot randomly selects a reposted message and follows the direct source of the reposted message. Please note that Weibo limits direct access to the information about the followings and followers of a user; thus, bots must find new followings through reposting behavior. (5) If the following number reaches the upper limit, the bot stops running; otherwise, the bot becomes idle and waits to wake up again. The upper limit of followings for each bot is 150, according to the Dunbar number, which is a suggested cognitive limit to the number of people with whom one can maintain stable social relationships [31]. To avoid legal and moral hazards, the bots in the experiment do not produce, modify, or repost any information.

第十三卷

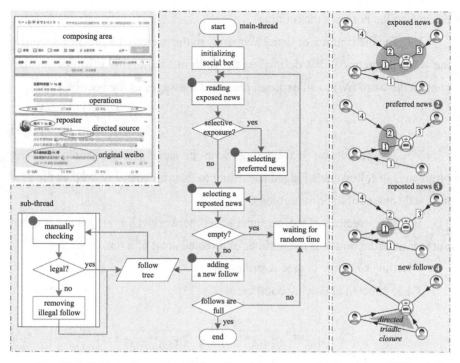

Figure 3.1 Design of neutral social bot. Based on the operating interface of Weibo (left), we use the flowchart (middle) and the schematic diagram (right) to illustrate the main workflow of the social robot, including the automated process (1−4) and the manual assistant process (5).

(b) Experiment design

We are interested in exploring the following overarching question: how selective exposure leads to polarization? Based on the above neutral social bots, we designed a controlled experiment to help us observe the news consumption and the evolution of personal social networks of the bots with a specific topic. For each bot, we mainly measured the following response variables:

V1: The probability that the bot is exposed to the preferred topic. For a given time t, the probability can be quantified by the preferred topic ratio (R), which is the ratio of the amount of information matching the topic to the total amount of information from 0 to t. Since the running of each bot is not completely synchronized, we normalize the time scale from 0 to 1, where $t = 0$ represents the initial state after given the initial user, and $t = 1$ represents the

time when the bot ends the running.

V2: The distribution of word frequency in the preferred topic. For a word i, the word frequency (F) is defined as the ratio of the number of messages that contain the word (Ni) to all exposed preferred messages of the bot (N_t):

$$F_i = \frac{N_i}{N_t} \qquad (2.1)$$

V3: The proportion of followings with the same preferred topic (P). The preference of followers is judged according to their nickname as well as the user tags and content of their microblogs.

V4: The structure of the personal social network (G[n, m], where n is the number of nodes and m is the number of directed arcs) of a bot, including:

V4.1: in− and out−degree distribution.

V4.2: directed clustering coefficient (C) [32] :

$$Cx = \frac{T(x)}{\deg^{tot}(x)[\deg^{tot}(x) - 1] - 2\deg^{\leftrightarrow}(x)} \qquad (2.2)$$

and

$$C = \overline{Cx} \text{ for all node } x, \qquad (2.3)$$

where $T(x)$ is the number of directed triangles involved node x, $\deg^{tot}(x)$ is the sum of in−degree ($\deg^{in}$) and out−degree ($\deg^{out}$) of x and $\deg^{\leftrightarrow}(x)$ is the reciprocal degree of x.

V4.3: Connection density (D):

$$D = \frac{m}{n(n-1)} \qquad (2.4)$$

V4.4: The dyadic and triadic motifs. Motifs are the special sub−structures indicate connecting patterns and functions in complex networks [33,34]. Motif has been applied to detect and measure controversy on Twitter [35]. In calculating motifs, we also consider the centrality (i.e., $\deg^{in}$) of nodes in personal social networks.

For V1 to V3, we can quantify the extent of the diversity of new consumption. For V4, we can detect the structure of filter bubbles for causing polarization.

We consider two most active "soft" topics in Weibo: entertainment and science/technology (sci-tech). Entertainment topic includes celebrity gossip, fashion, movies, TV shows, music, etc., and sci-tech topic involves nature, scientific theory, engineering, technological advance, digital products, Internet, and so on. Compared with other topics, the two topics can be freely diffused in Weibo, have low overlap in content, and possess different user characteristics (gender, age, education level, etc.) [36,37]. For each topic, we designed two experimental treatments: topic group and random group. In the topic group, bots select preferred content to expand their social networks, but in the random group, bots randomly choose new information source in all exposed content disregarding preferred topic. As a result, we have four experimental bot groups: topic environment group (EG), topic sci-tech group (STG), random entertainment group (REG), and random sci-tech group (RSTG). Each treatment contained 30—34 bots who operated on the Weibo between 13 March and 28 September 2018. The initial followings come from a large enough user pool, which contained at least 100 candidates for each preference. For each topic, all bots in the topic and the random group have the same initial followings. The idle period of all bots was 2—4 hours.

Compared with the conventional method, our design is characterized by using social bots as the agents to conduct experiments in a real online social media. The approach can be seen as a Monte Carlo simulation in a real-world environment by adopting an artificial intelligence algorithm. These bots act entirely on predefined hypotheses and algorithms. Therefore, our experiment can be regarded as a type of randomized assignment.

(c) Standard for preference classification

The most significant feature of the social bots is that they can autonomously identify whether information matches their preferred topic. Therefore, the criteria of text classification are fundamental. We defined a classification standard for the two topics in our experiment (Table 3.1). The classification criteria shown in Table 3.1 were used to select initial followings, prepare the training corpus of the FastText classifier, manually verify, and result

analysis. The unified standard can ensure consistency in the judgment of topic and the classification of text.

Table 3.1 The criteria of preference classification

Standard	Entertainment	Sci–Tech
Accept	(1) celebrity gossip, fashion, movies, TV shows, and pop music; (2) Explicitly containing the name, account or abbreviation of entertainers.	(1)nature, scientific theory, engineering, technological advances, digital products, and Internet; (2) technical company and university.
Common reject	(1)commercial advertisement; (2) less than 5 Chinese characters.	
Specific reject	(1)ACG content (i.e., animation, comic, and digital game); (2) art, literature, and personal feeling; (3) simple lyrics and lines; (4) personal leisure activities.	(1)financial or business report of technical or Internet company;(2)price of digital products;(3) military equipment; (4) daily skills;(5)constellations and divination;(6) weather forecast; (7) environmental conservation; (8) documentary with irrelevant content.

3. Results and Discussion

(a) Topic drives polarization

In social media, selective exposure of information source and information has been considered the primary mechanism of polarization. By comparing the preferred topic ratio in four experimental treatments, we can reveal the link between selective exposure and information polarization.

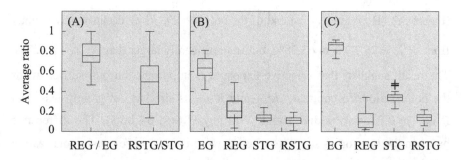

Figure 3.2 The polarization of exposed content and followings. (A) The preferred topic ratio in the initial state (R^0). Because the topic group and the random group have the same initial followings, they also have the same R^0 for each topic. (B) The preferred topic ratio in the final state R^1. (C) Proportion of followings with the same preferred topic (P) in four treatments.

For two topics, since the initial users have been set as the users who mainly post or repost the corresponding topic, the initial ($t = 0$) preferred topic ratio can be as high as $\overline{R^0_{EG}} = 76.77\%$ for EG and REG and $\overline{R^0_{STG}} = 50.00\%$ for STG and RSTG on average (Figure 3.2 [A]). Because the topic group and the random group have the same initial followings, they also have the same initial R for each topic. That is, most of the messages exposed to four groups are concentrated in the corresponding topics. Even so, entertainment topic is more polarized than sci-tech topic initially. The $\overline{R^0_{EG}}$ is higher than 50% of $\overline{R^0_{STG}}$ ($p < 0.01$, two-sided Mann–Whitney U test, 34 bots). Importantly, no matter how many different topics exposed to it after a random wake-up, the bots in topic groups only select a message consistent with its preference and follow the direct source of the selected news. It means that the initial ($t = 0$) preferred topic ratio does not affect the primary experimental process of choosing messages and following users of the bots. Finally, the initial difference between EG and STG provides a baseline for our further analysis.

Compared to the initial state, we are more concerned about the diversity of messages consumed by social bots after their social networks have formed

(Figure 3.2 [B]). First, at the end of the bots ($t = 1$), $\overline{R^1}_{EG}$ declines only slightly

from $\overline{R^0}_{EG} = 76.77\%$ to 63.78%, but is significantly larger than $R^1_{REG}= 19.23\%$.

The result suggests that selective exposure is important but not sufficient for

the polarization. In contrast, R^1_{STG} and R^1_{RSTG} is similar, but greatly less than

R^0_{STG} ($p<0.01$, two−sided Mann−Whitney U test, 34 bots). The difference

between the two topics suggests whether selective exposure causes polarization

to be dependent on the topic.

The followings of a bot are the direct source of its news consumption. Our

results showed that for entertainment topic, the average proportion of nodes

with the preferred topic $\overline{R_{EG}}$ = 85.32% (up to 92.14% and down to 73.47%)

(Figure 3.2 [C]); however, $\overline{P_{REG}}$ is only 15.27% without selective exposure.

The large difference between P_{EG} and P_{REG} suggests that selective exposure can

effectively filter the information source, making most of the information sources

consistent with the preferred topic and thus resulting in a filter bubble. For sci−

tech topic, however, $\overline{P_{STG}}$ = 35.33% (up to 47.86% and down to 23.12%), and

$\overline{P_{RSTG}}$ = 14.51% (Figure 3.2 [B]). Based on the information diffusion

mechanism of Weibo and the design of social bots, a low proportion indicates

that users preferring sci−tech topic have a high possibility of following users

liking other topics, and diverse users diffuse the sci−tech content. The overlap

of topics can suppress the effect of selective exposure in forming filter bubbles.

The polarization is also reflected on the semantic level. In both EG and

STG treatments, the word frequency of the preferred topic exposed to the social

bots presents a power−law distribution (Figure 3.3 [A]). The power−law

distribution ($y{\sim}x^{-\alpha}$) indicates that there are some dominant words with high

word frequency in the text. Moreover, the dominance of a few words is more

severe in EG than in STG (α = 2.23 for EG and α = 4.74 for STG). In the EG

treatment, the maximum frequency of a word can be up to 0.4 on average,

which means that the same word can be found in 40% of messages on average.

However, in the STG treatment, the maximum word frequency is no more than

0.15 (Figure 3.3 [B]). Even among the top 10 words of EG, the first and

second words are more dominant than other words. By analyzing the top 10

第十三卷

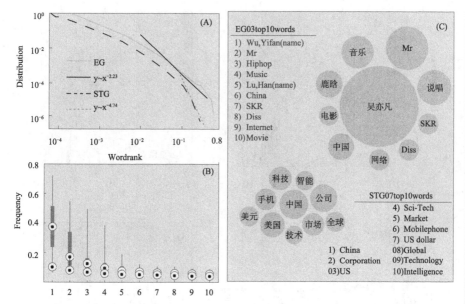

Figure 3.3 Semantic analysis of exposed contents. (A) Inverse cumulative distribution of word frequency F (log−log plot). The EG has a longer tail than the STG; i.e., EG has more higher−frequency words. (B) Box plots of the frequency of top 10 words in both the EG and STG. (C) Demonstration of top 10 words in exposing messages from EG 03 bot and STG 07 bot. The size of the bubble indicates F.

high−frequency words of the two treatments, we find that the high−frequency words of EG are usually the names of certain entertainment celebrities and related specific words, while the high−frequency words of STG are some common words, such as "China", "America", "technology", "market", and "company" (Figure 3.3 [C]).

(b) The personal social networks

From the results in the previous section, we found that EG and STG treatments exhibit different levels of polarization. Therefore, by comparing the differences between EG and STG personal social networks, the structural characteristics of the filter bubbles can be found, which may be one of the mechanisms that cause polarization.

(i) Statistical properties of networks

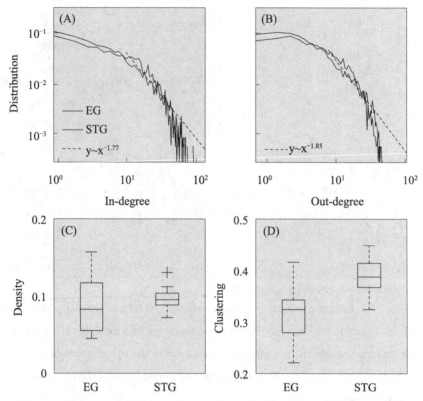

Figure 3.4 Structural features of personal social networks. (A) Mean of the inverse cumulative distribution of in−degree (log−log plot). (B) Mean of the inverse cumulative distribution of out−degree (log−log plot). (C) Connection density D. (D) Clustering coefficient C.

By roughly comparing the in− and out−degree distributions of EG and STG's personal social networks, we find that both present power−law distributions ($\alpha = 1.766$ for in−degrees and $\alpha = 1.847$ for out−degrees) and are almost identical (Figure 3.4 [A] and [B]). Moreover, the two groups of networks also have similar connection densities (Figure 3.4 [C]). Interestingly, Figure 3.4 [D] shows that the average clustering coefficient of STG networks is 35% higher than that of EG networks ($p < 0.01$, two−sided Mann−Whitney U Test, 34 networks). Given the low level of information polarization in STG, this is a counterintuitive result, as a dense community spreads diverse information.

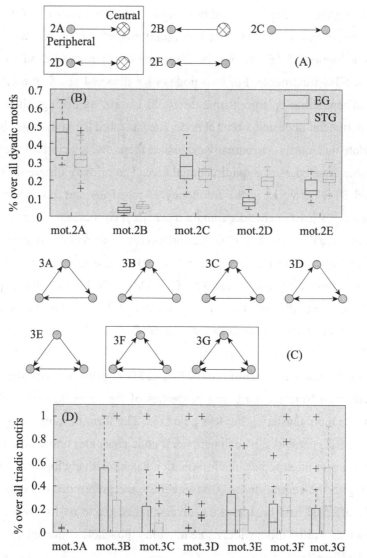

Figure 3.5 Motifs of personal social networks. For dyadic motifs, we distinguish between the central and the peripheral node. The boxes indicate the key motifs to distinguish filter bubbles.

(ii) Motifs

The previous counterintuitive phenomenon can be attributed to differences in the connection pattern of personal social networks. First, we consider all possible motifs between two nodes (i.e., followings of bots) in the networks. By

considering the in–degree centrality of nodes (i.e., the number of followers of the node), there are five possible configurations, which are shown in Figure 3.5〔A〕. Figure 3.5〔B〕shows the frequency distribution of dyadic motifs in EG and STG treatments. For two nodes of a directed arc, if the difference between centralities is larger than a threshold T = 10, we distinguish two nodes into a peripheral node and a central node, such as motif 2A and 2B in Figure 3.5〔A〕. Note that motifs are mutually exclusive; therefore, a reciprocal arc will not be double counted as two unidirectional arcs. The primary difference between EG and STG networks is the frequency of motif 2A and 2D. According to Figure 3.5〔B〕, EG networks contain more nonreciprocal arcs from peripheral nodes to central nodes, but STG networks have more reciprocal arcs between peripheral and central nodes. Second, we also consider 3–node motifs, in particular closed triangles (Figure 3.5〔C〕). Due to the high number of possible motifs, we do not distinguish centrality in calculating triadic motifs. Figure 3.5〔D〕shows, comparing with EG networks, STG networks contain more closed triangles with at least two reciprocal arcs.

The abundance of motifs 2D, 3F, and 3G confirm the counterintuitive result derived from the statistical properties of the network, that is, the STG network is more clustering but less polarized. The form of motifs explains this result. In STG networks, if each peripheral node consumes only a small number of messages of other topics, the information has a relatively high probability of exposing to the central nodes. Consequently, the preference of central nodes may be affected, and broadcast the diverse messages to its followers, making various information more widely spread within the whole community.

(iii) Visualization

The visualization analysis also shows similar results. If all nonreciprocal arcs are removed, we find that the STG networks still have a high connection density, and the original central nodes are still maintained, while EG networks are the opposite, with the sparse connection, and the original central nodes degenerate into peripheral nodes (Figure 3.6). Based on the above results, an EG network tends to be a unidirectional star–like structure with a few high–degree nodes, while an STG network tends to be a bidirectional clustering structure. The unidirectional star like structure means selecting one or several central nodes to play the role of broadcasters to send information to all other nodes with few interactions between them. However, the diffusion path of this structure is mainly dependent on the selected central node. If the central nodes in the star−like structure produce only a narrow set of news, the others will be limited to a lower diversity of content. This selection effect of central nodes tends to enlarge the polarization of the content [38]. In the bidirectional clustering structure, all nodes are placed in a clustering group, and most connections are bidirectional. Those nodes can efficiently exchange information and realize a complementary effect with their friends with distinct preferences. The complementary effect can promote the diversity of information [38].

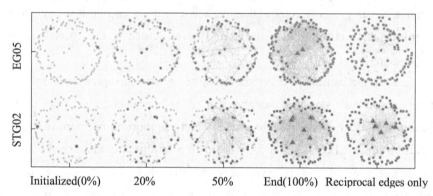

Initialized(0%)　　20%　　50%　　End(100%)　Reciprocal edges only

Figure 3.6 Visualization of the evolution of personal social networks. In this demonstration, Social bot 05 in EG (EG05) and bot 02 in STG (STG02) display a similar growth process from initialized two followings to the end of running. However, STG02 obtains more reciprocal edges than EG05. The triangles represent the nodes with high in−degree, that is, the corresponding users have a large number of followers. The visualization is based on the radial layout with in−degree centrality; thus the node with higher in−degree is closer to the center of the plot.

Furthermore, our results may confirm the basic structure and behavior of the scientific community. The bidirectional scale−free structure of scientific collaboration networks has long been recognized [39,40]. Our results show that the scientific community forms a similar interactive center−periphery structure, both in formal collaborations and in daily life (even in a unidirectional

relationship-based social environment, e.g., microblogging). In Wu et al., 2019, the researchers found an interactive pattern of large teams at the center of the scientific community and small teams at the periphery of the scientific community [41]. In the pattern, small teams make disruptive innovation, while large teams further develop and spread such innovation. The pattern has a similar connotation to the bidirectional structure we found. Peripheric users in the scientific community are responsible for providing novel information, while the central user is responsible for further disseminating the information. As a result, the coupling of the scale-free structure and bidirectional information dissemination forms a positive feedback loop that stimulates scientific innovation. At the same time, the bidirectional structure of the scientific community can promote communication between users and limit the spread of misinformation compared to the star-like structure of the entertainment community.

In sum, the controlled experiments based on neutral social bots help us to reveal the two basic structural characteristics of the filter bubbles in microblogging platforms. First, the filter bubble contains high-proportion users preferring an exclusive topic. Second, filter bubbles have a unidirectional star-like social structure, in which the central nodes play only the role of the information source, and rarely receives information from other nodes. The combination of two characteristics leads to the emergence of information polarization.

4. Conclusion

In this paper, we report a new controlled experiment approach to study polarization in social media. This method can be seen as a real-time Monte Carlo simulation on real-world social networks using the computer and artificial intelligence technology. (1) Compared with the experimental method based on volunteers [42], social bots use artificial intelligence technologies (e.g., natural language processing) to simulate specific actions (e.g., selective exposure). The approach not only improves the freedom of the experimenters but also reduces the cost of the experiments on real-world social networks. Unlike volunteers, the behavior of social bots can be effectively controlled;

therefore, the consistency and randomness of experiment processes can be ensured, such as activity frequency and content judgment criteria. (2) Compared with the experimental method based on artificial social networks [19, 20], social bots can work directly on real−world social networks and acquire timely feedback with the instantaneous online environment. (3) Compared with the experimental method of directly altering the real−world social network [22], this method can limit the interference to real−world social networks to a lower level. In our experiment, all social bots we deploy have no direct interaction with the existing users except following on them. The bots do not produce, forward, or modify any news content, and all data collected is directly exposed to them and publicly accessible. All network connections are restricted within bots and their direct followings, and we do not use the entire social relationship of all followings. That is, our experiment does not interfere with users' behavior or disturb information dissemination, and all the data used is publicly visible. Therefore, the approach avoids the risk of violating the privacy of users. However, limited by the current technical conditions, this method can intelligently simulate only relatively simple actions. How to simulate complex user behaviors (especially initiative feedback such as comment and chatting) is still a technical challenge.

Taking advantage of the approach, we can compare the consumption of different topics. Previous studies focus on the dissemination of different opinions in response to particular content, such as political news[6, 10, 43, 44]. In this case, users are actually in the same media environment, and the differences in topics can be ignored. Second, the rise of pre−selection technologies (e.g., recommendation systems) makes people more attentive to the comparison of pre−selection and self−selection than to the impact of the media environment [7]. However, our research uses the same benchmark to compare the consumption of different news topics, thus revealing the internal structure of filter bubbles in microblogging platforms. We found that the inside of the filter bubble exhibits a power−law distribution (both in− and out− degree), which is consistent with previous research results, that is, users in the filter bubble usually pay attention to a few sources of information. For the

directed graph structure of microblogs, we find that the reciprocal link between the central nodes and the peripheral nodes plays an important role in the polarization process. For filter bubbles, peripheral nodes usually unidirectionally follow the central node, while for non-polarized communities, the central nodes tend to interact with others bidirectionally. The difference can be quantified by particular dyadic and triadic motifs (Figure 3.5). The result provides an alter way to measure and minimize polarization in social media.

Data Accessibility. The Java code to repeat the experiment and the Weibo data involved in this paper can be found in Electronic supplementary material or downloaded from our website: www.socialbot.top.

Authors' Contributions. Yong Min designed the experiment, coded the social bots, and drafted the manuscript; Tingjun Jiang carried out the statistical analyses; Chen Jin participated in experiment design and critically revised the manuscript; Qu Li and Xiaogang Jin helped draft the manuscript. All authors gave final approval for publication and agree to be held accountable for the work performed therein.

Funding. This work was supported by the National Natural Science Foundation of China (Grant Nos. 71303217, 31370354 and 31270377) and the Zhejiang Provincial Natural Science Foundation of China (Grant Nos. LY17G030030, LGF18D010001, LGF18D010002).

Acknowledgements. We thank Professor Jie Chang and Professor Ying Ge (Zhejiang University) for their guidance on the diversity theory. We thank Haidan Yang for her introduction to the theory of communication. We thank Aizhu Liu, Chenyi Fang, Conger Yuan, Fan Li, Hao Li, Hao Wu, Haochen Hou, Hengji Wang, Jian Zhou, Jiaye Zhang, Jinmeng Wang, Junhao Xu, Lingjian Jin, Longzhong Lu, Lu Chen, Luchen Zhang, Qiuhai Zheng, Qiuya Ji, Renyuan Yao, Ruonan Zhang, Shang Gao, Shicong Han, Songyi Huang, Ting Xu, Wei Fang, Wei Zhang, Xingfan Zhang, Yijing Wang, Yingjie Feng, Yinting Chen, Yiqi Ning, Yujie Bao, Yuying Zhou, Zheyu Li, Ziyu Liu for their contribution to the manual text classification.

References

[1] Newman N, Levy D, Nielsen RK. 2015. Reuters institute digital news report 2015. SSRN Scholarly Paper ID 2619576 Social Science Research Network Rochester, NY.

[2] Pariser E. 2011. *The filter Bubble: How the new personalized web is changing what we read and how we think.* Penguin.

[3] Flaxman S, Goel S, Rao JM. 2016. Filter bubbles, echo chambers, and online news consumption. *Public Opinion Quarterly* 80, 298–320.

[4] Zuiderveen Borgesius F, Trilling D, Moller J, et al. 2016. Should we worry about filter bubbles?. *Internet Policy Review* 5.

[5] Dandekar P, Goel A, Lee DT. 2013. Biased assimilation, homophily, and the dynamics of polarization. *Proceedings of the National Academy of Sciences* 110, 5791–5796.

[6] Schmidt AL, Zollo F, Vicario MD, et al. 2017. Anatomy of news consumption on Facebook. *Proceedings of the National Academy of Sciences* 114, 3035–3039.

[7] Bakshy E, Messing S, Adamic LA. 2015. Exposure to ideologically diverse news and opinion on Facebook. *Science* 348, 1130–1132.

[8] Stroud NJ. 2010. Polarization and partisan selective exposure. *Journal of Communication* 60, 556–576.

[9] Kakiuchi K, Toriumi F, Takano M, et al. 2018. Influence of selective exposure to viewing contents diversity. *Arxiv* p. 1807.08744.

[10] Conover MD, Ratkiewicz J, Francisco M, et al. 2011. Political polarization on Twitter. In *Fifth International AAAI Conference on Weblogs and Social Media*.

[11] Esteban JM, Ray D. 1994. On the measurement of polarization. *Econometrica: Journal of the Econometric Society* pp. 819–851.

[12] Nikolov D, Oliveira DF, Flammini A, Menczer F. 2015. Measuring online social bubbles. *PeerJ Computer Science* 1, e38.

[13] Guerra PHC, Meira Jr W, Cardie C, et al. 2013. A Measure of Polarization

on Social Media Networks Based on Community Boundaries. In *ICWSM*.

[14] Aral S, Walker D. 2014. Tie strength, embeddedness, and social influence: A large-scale networked experiment. *Management Science* 60, 1352–1370.

[15] Xu L, Jiang C, Wang J, et al. 2014. Information security in big data: privacy and data mining. *IEEE Access* 2, 1149–1176.

[16] Chen Y, Wang Q, Xie J. 2011. Online social interactions: A natural experiment on word of mouth versus observational learning. *Journal of Marketing Research* 48, 238–254.

[]17. Phan TQ, Airoldi EM. 2015. A natural experiment of social network formation and dynamics. *Proceedings of the National Academy of Sciences* 112, 6595–6600.

[18] Vosoughi S, Roy D, Aral S. 2018. The spread of true and false news online. *Science* 359, 1146– 1151.

[19] Centola D. 2010. The spread of behavior in an online social network experiment. *Science* 329, 1194–1197.

[20] Centola D. 2011. An experimental study of homophily in the adoption of health behavior. *Science* 334, 1269–1272.

[21] Rand DG, Arbesman S, Christakis NA. 2011. Dynamic social networks promote cooperation in experiments with humans. *Proceedings of the National Academy of Sciences* 108, 19193–19198.

[22] Bond RM, Kramer ADI, Marlow C, et al. 2012. A 61-million-person experiment in social influence and political mobilization. *Nature* 489, 295– 298.

[23] Kramer ADI, Guillory JE, Hancock JT. 2014. Experimental evidence of massive-scale emotional contagion through social networks. *Proceedings of the National Academy of Sciences* p. 201320040.

[24] Reips UD. 2002. Standards for internet-based experimenting. *Experimental Psychology* 49, 243–256.

[25] Ferrara E, Varol O, Davis C, et al. 2016. The rise of social bots. *Communications of the ACM* 59, 96–104.

[26] Paradise A, Puzis R, Shabtai A. 2014. Anti-reconnaissance tools: Detecting targeted socialbots. *IEEE Internet Computing* 18, 11–19.

[27] Abokhodair N, Yoo D, McDonald DW. 2015. Dissecting a social botnet: Growth, content and influence in Twitter. In *Proceedings of the 18th ACM Conference on Computer Supported Cooperative Work & Social Computing* pp. 839–851. ACM.

[28] Bianconi G, Darst RK, Iacovacci J, et al. 2014. Triadic closure as a basic generating mechanism of communities in complex networks. *Physical Review E* 90, 042806.

[29].Romero DM, Kleinberg JM. 2010. The directed closure process in hybrid social-information networks, with an analysis of link formation on Twitter. In *Proceedings of the Fourth International AAAI Conference on Weblogs and Social Media*.

[30] Joulin A, Grave E, Bojanowski P, et al. 2016. Bag of Tricks for Efficient Text Classification. *arXiv preprint arXiv:1607.01759*.

[31] Dunbar R, Dunbar RIM. 1998. *Grooming, gossip, and the evolution of language*. Harvard University Press.

[32] Fagiolo G. 2007. Clustering in complex directed networks. *Physical Review E* 76, 026107.

[33] Milo R, Shen-Orr S, Itzkovitz S, et al. 2002. Network motifs: simple building blocks of complex networks. *Science* 298, 824–827.

[34] Benson AR, Gleich DF, Leskovec J. 2016. Higher-order organization of complex networks. *Science* 353, 163–166.

[35] Coletto M, Garimella K, Gionis A, et al. 2017. Automatic controversy detection in social media: A content-independent motif-based approach. *Online Social Networks and Media* 3, 22– 31.

[36] Sina. 2010. Analysis of user characteristics of Sina's main channel. Technical report.

[37] Weibo. 2019. Weibo user development report 2018. Technical report.

[38] Loreau M, Hector A. 2001. Partitioning selection and complementarity in biodiversity experiments. *Nature* 412, 72.

[39] Barabasi AL, Jeong H, Neda Z, et al. 2002. Evolution of the social network of scientific collaborations. *Physica A* 311, 590–614.

[40] Newman MEJ. 2004. Coauthorship networks and patterns of scientific

collaboration. *P. Natl. Acad. Sci. USA* 101, 5200–5205.

[41] Wu L, Wang D, Evans JA. 2019. Large teams develop and small teams disrupt science and technology. *Nature* 566, 378–382.

[42] Haim M, Graefe A, Brosius HB. 2018. Burst of the filter bubble? Effects of personalization on the diversity of Google News. *Digit. Journal.* 6, 330–343.

[43] Prior M. 2013. Media and political polarization. *Annual Review of Political Science* 16, 101–127.

[44] Narayanan V, Barash V, Kelly J, et al. 2018. Polarization, partisanship and junk news consumption over social media in the US.

社交网络中过滤泡的内生结构

闵勇　江婷君　金诚　李曲　金小刚

摘要： 过滤泡（filter bubble）是在社交网络中引起信息极化和回音室（echo chamber）效应的中间结构，它已成为当今社交媒体环境中最紧迫的问题之一。之前的研究通常将过滤泡与网络社团结构等同起来，并强调了这种外生的隔离效应，但对过滤泡的内部组织缺乏充分的讨论。本文中，作者设计了一个利用社交机器人分析过滤泡的实验。在微博（中国最大的微博客网络）上我们部署了 128 个社交机器人程序，每个机器人都消费一个特定的主题（娱乐或科学技术），并且运行了至少两个月。实验共记录到了这些机器人消费的大约 130 万条消息。通过分析机器人的新闻消费和信息消费，我们发现过滤泡不仅是一个具有相同偏好的用户社团，而且还呈现出内生的单向星形结构。该结构可能会自发地排除非偏好信息并导致信息极化。此外，我们的工作还表明，人工智能技术的合理使用可以提供一种新的社会学实验研究方法，该方法结合了隐私保护和可控性，可以用于研究社交媒体。

关键词： 社交网络；极化；回音室效应；控制实验；隐私保护

Endogenetic Structure of Filter Bubble in Social Networks

网游社区政治学

——规训与抗拒的 "M 网游" 个案研究

孙雨乐

摘要： 随着互联网的发展与普及，网络游戏社区应运而生，日渐成为玩家生活的重要组成部分和学界关注的研究对象。本文以福柯的微观权力理论为分析视角，通过参与式观察与定性访谈的研究方法对 "M 网游" 开展个案研究，关注其网游社区中的权力规训。首先，网游社区中随处充斥着施加于玩家身上的规训策略和手段；其次，玩家面对施加给自己的规训，会充分发挥能动性，选择显性或隐性的抗拒行为；最后，规训者与被规训者之间存在动态的权力博弈。

关键词： 网游社区；微观权力理论；规训；抗拒；虚拟政治民族志

一、前言

自从 1969 年人类在计算机的基础上发展出互联网，到 21 世纪的今天，网络应用以巨大的威力冲击着人类社会生活的方方面面，全面影响并改变着我们的生存观念与生活方式。

社会学家一般认为，处于社会中的个人，大多存在相同的生活方式，他们会选择加入不同规模、类型的组织。● 在互联网高度发达的当下，网络社区应运而生。和现实社区大多都是以业缘、地缘、血缘等关系产生不同，这种基于网缘关系而存在的网络社区有自身独特的优点，它的虚拟、超越时空、广泛等特性吸引着越来越多的人加入其中。

作为网络社区的一个具体形式，网游社区凭借着网络游戏行业的迅速发展逐渐受到学界关注。游戏公司以其技术手段为人们创造了一个个无边界、开放、自由、匿名的网络游戏社区（下文简称为"网游社区"），人们

● 徐琦：《社区社会学》，北京：中国社会出版社，2004 年。

能够在其中进行角色扮演、冒险、竞争、人际互动等社会行为。❶然而，网游社区真的像理想中那样开放、自由吗？事实上，为了维护网游社区中的秩序，游戏管理者有意或者无意地对玩家施行某些规制策略，权力的身影在这个虚拟世界中同样无处不在。

本文尝试从福柯的微观权力理论出发，运用其在政治学领域中的相关研究，通过参与式观察和定性访谈的研究方法，拟对网游社区中的权力运作进行研究，为拓展经典政治学理论的个案研究添砖加瓦。

二、网游社区研究的理论视角：福柯的微观权力理论

在《规训与惩罚》一书中，福柯沿袭了英国哲学家杰里米·边沁（Jeremy Bentham）关于"全景敞视"（panopticon，又译为"圆形监狱"）的分析路径，并将其发展成一种权力规训的完美工具。

福柯认为，全景敞视建筑一改以往人们对犯人采用的幽闭、暗无天日的监视环境，而是在光亮、透明的情境里实施监视。全景敞视建筑看似是对监狱的改进，然而根本上是进一步的规训。因为在这种光亮、透明的环境里，权力的极端分化致使被规训者完全处于对信息的无知状态，也无从表达自身的真实想法，而规训者却可以洞察被规训者的一切，对其制定严苛的规则。不仅如此，这更是一种内在的、心理的规训。虽然被规训者并不会时刻被监视，但全景敞视建筑的特别之处正是被规训者对是否正在被监视、如何被监视处于无知状态，使得规训者不用全力监视，却仍能达到权力规训的效果。被规训者在心理上易产生一种自我监督的状态，即使实际上并未被监视，他们也会由于信息缺乏而始终按照规则行事。可见，通过作为完美规训机制的全景敞视建筑可以实现对被规训者持久而有效的规训。同时，全景敞视不仅约束了被规训者的表现，同时也约束了规训者的监视行为。由此，整个全景敞视建筑中层层递进的监视网络就像一个金字塔：一方面在纵向上，较低等级的监视者被更高层级的监视者监视；另一方面在横向上，同层级监视者之间也存在着相互监视。在这种情况下，权力不再是被占有的物或者可转让的实体，而是作为整个机制的一部分发挥着作用。❷

全景敞视的设计结构及理念除了一般情况下所说的可用于改造犯人、

网游社区政治学

❶ 徐小龙、王方华：《虚拟社区研究前沿探析》，载《外国经济与管理》2007年第9期。

❷ 福柯：《规训与惩罚》，刘北成、杨远婴译，上海：上海三联书店，2000年。

治疗患者、监督学生等，它在社会日常管理中也能以各种变换形式的方式被广泛应用。如今互联网技术发达，规训也渗透到了社会的方方面面，网络中的监视、个人私密信息与权力规训的联系也适用于全景敞视的理念。现代主义学者波斯特将互联网的发展与全景敞视相结合，在《第二媒介时代》中大胆提出了对"超级全景敞视"的新颖构想，认为其更加突破了三维和四维的限制，指出现代社会已经变成了一个时时充满监视、处处包含规训的复杂权力关系网络。的确，当今信息时代强大的电子监控机制使得政府、企业能够通过互联网操控每一个个体的信息生活。规训以最小的成本维持了社会的正常秩序并使其能够良好运转。❶

三、M 网游社区中的权力博弈：规训与抗拒

（一）走入田野：M 网游的具体呈现

互联网的迅速发展使得网络游戏受到了越来越多人的关注，也吸引着更多的玩家选择接触网络游戏，加入网游社区。网游业繁荣的同时带来的一系列对现实生活的影响也引发了社会和学界的关注，需要更多的研究者去深入了解，而人类学民族志所强调的参与式观察无疑是最合适的研究方法。基于此，笔者跟诸多玩家一样，注册了 M 网游账号，同 M 网游中的其他玩家一样活动，观察在这个网游社区中每位所接触过的玩家的言行举止，记录 M 网游中显性和隐性的规则，并根据访谈提纲与玩家"闲聊"，对收集到的资料进行整理和分析，从而阐释网游社区中的微观权力运行机制。

1. M 网游简介

M 网游是一款由我国 W 公司自行开发并运营的大型多人在线角色扮演类游戏。从 2003 年发行至今，M 网游拥有的注册用户超 3.1 亿，最高同时在线人数达 271 万（2012 年 8 月 5 日 14 时 45 分），是当时中国大陆最受欢迎的网络游戏之一。❷也正是因为 M 网游具有运营时间久、参与玩家人数多、系统开发完善等特点，能够代表同类网游社区，这为我们全面审视网游社区中的微观权力运作机制提供了便利条件。

2. M 网游的组织管理情况

M 网游的组织管理结构可以分为大小两个金字塔，如图 4.1 所示。

---

❶　波斯特：《第二媒介时代》，范静哗译，南京：南京大学出版社，2000 年，第 237 页。
❷　数据来源于 W 公司 M 网游官方网站对 M 网游的介绍。

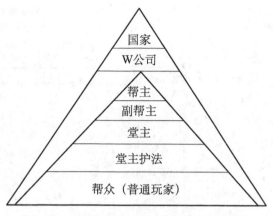

图 4.1　M 网游的组织管理结构示意图

　　大金字塔代表了整个游戏社区，小金字塔为游戏社区中最基本的虚拟社群单位——帮派。在大金字塔中，"国家"是指与网络游戏相关的国家管理部门，包括文化部、工信部等。国家的管理主要体现在 W 公司在制定游戏规则时须遵守国家相关法律法规与政府文件，国家并没有直接参与整个网游社区的权力运作机制。W 公司是开发、运营 M 网游的公司，其管理权力主要在于游戏世界观的构造、游戏规则的制定与执行、维持游戏秩序等方面，通常以游戏客服的角色作为代表出现在网游社区中，且所有玩家都是其权力的直接作用对象。

　　虚拟社群是大型多人在线角色扮演类游戏的主要特征之一。在 M 网游中，帮派是最基础的虚拟社群单位，即图 4.1 所示的小金字塔。每个帮派都有自己的集会场所和帮派频道，帮派的集会场所和聊天频道都是独立的。每位帮派成员都可以回到自己的帮派，利用自己的帮派频道和帮派内的人互通消息；帮派成员可以在帮中学到各种辅助技能，如打造技巧、烹饪技巧、炼金术、强身术等等，这些技能可以帮助玩家提高自己在游戏中的生存能力；帮派成员可以通过完成帮派任务获得经验值奖励；帮派中还为帮众提供了各种福利，如领取帮派技能、帮派修炼、帮派分红、购买药品等。

　　帮派内部采用了较为严格的科层制管理法，对维护内部日常秩序和玩家情绪进行组织管理。帮主身处帮派活动的权力金字塔顶端，权力最大。为了实现对广泛普通玩家的切实管理，帮主通过将部分权力下放给副帮主、堂主、护法的方式，组织着帮派内部的权力结构。普通玩家在小金字

图 4.2　M 网游中的帮派成员页面图

塔中虽然处于被管理的底层，但并不意味着其毫无权力。M 网游的帮派中普通玩家对帮派管理者有监督、弹劾的权力，也就是说，若帮众对管理者不满可以选择弹劾帮主（如图 4.2），但实质上弹劾成功的难度非常大。这种微观权力运作维护了游戏社区的内部秩序。

　　需要强调的是，在大金字塔中，国家政策指导下的 W 公司与包括帮派管理层玩家（即帮主、副帮主、堂主、堂主护法四个职位）在内的所有游戏玩家都有一定的管理、控制权力。因此，笔者在下文的写作中把除普通玩家（最底层帮众）之外的其他有管理权力的主体统称为"游戏管理者"，将帮主、副帮主、堂主和堂主护法四类仅在帮派内部有管理权的玩家统称为"帮派管理者"，且在下文具体分析权力规训时常将大小金字塔区分对待，各自分析，以期更为完整地呈现整个网游社区的权力面貌。

　　3. M 网游社区中的日常活动

　　通过参与式观察与访谈，笔者认为 M 网游社区中玩家的主要日常活动内容可以分为升级类活动与休闲类活动两种。

　　（1）升级类活动：经验与金钱

　　在 M 网游社区中，升级类活动指的是为了获得玩家升级所需要的经验值、金钱而设定的活动。通常可以分为日常活动与特殊活动两类。具体结构如图 4.3 所示：

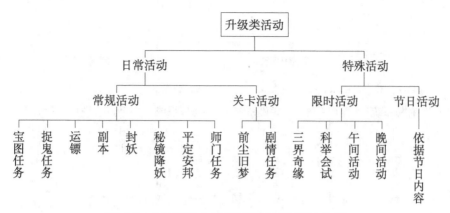

图 4.3　M 网游中升级类活动设置结构图

日常活动可再细分为每天重复出现的常规性活动与随着等级变化而出现的关卡活动两种。常规性活动每天只有一次完成的机会，第二天会重复出现。不同的常规活动设定了不同的游戏内容，包含挖宝、运镖、打怪等，同时也规定了固定的游戏地点，比如运镖任务只能去长安城找到郑镖头（NPC）来完成，且不同任务对玩家的人数要求也有强制规定。而关卡活动的开放和常规活动以天为单位，频率不同，它完全按照玩家的等级进行开放。剧情任务以每十级为一个单位刷新，也就是说玩家在10 级、20 级、30 级的时候会自动解锁新的剧情任务。从中可以看出，日常活动虽然多种多样，但都对游戏的地点、时间、玩家等级有所规定和限制。

特殊活动同样可以分为两类：一是以一周为单位安排的限时活动；二是围绕我国传统节日打造的节日活动。但不管是限时活动还是节日活动，都严格规定了固定的活动时间和地点，一旦错过时间就无法通过参与活动获得稀有奖励。

（2）休闲类活动：社交与娱乐

较为全面多样的休闲类活动满足了想通过游戏社区满足娱乐和社交需要的玩家。而 M 网游也以丰富完善的社交系统闻名。休闲类活动大体上可以按照人的生活习惯分为家园内活动与家园外活动两种，具体结构如图 4.4 所示：

网游社区政治学

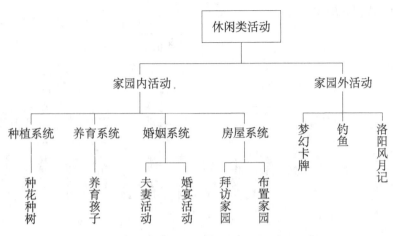

图 4.4　M 网游中休闲类活动设置结构图

这类活动对时间没有限制，但都有固定的地点和玩家等级要求，比如说钓鱼要求 65 级及以上玩家在傲来渔港水边才能参与，如图 4.5 所示。

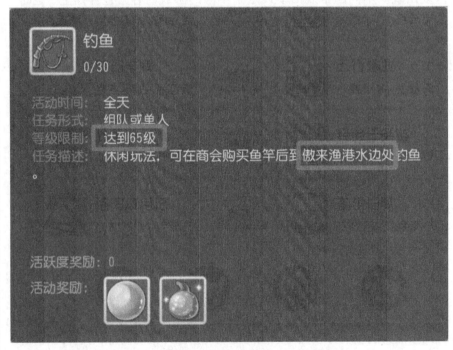

图 4.5　M 网游中钓鱼玩法的具体限制图

综上所述，M 网游社区中虽然设置了各种各样的游戏活动与任务以满足玩家多样的游戏需求，但不可否认的是，每个活动都在一定程度上对玩家的等级、游戏的时间与地点有要求，且大部分活动都以每天或每周的频率重复进行，实质上是对玩家的一种反复操练。

（二）规训：M 网游社区中的控制策略

在 M 网游社区中，游戏管理者和玩家之间存在一种权力关系，这种权力在日常活动等微观层面展开。现代社会各种规训的条件、手段都在这个网络社区中有所体现。虽然网游社区中根本不存在福柯所强调的被权力控制的真实身体，但在类似于 M 网游这种大型多人在线角色扮演类游戏中，每位玩家都有代表自己的虚拟身体。笔者认为，权力在网络社区中对这个虚拟身体所实施的规训与控制，实质上与权力在现实中对身体的控制并无较大差异。因此，两者本质上是一致的，表面上看似给予了玩家极大自由与权力的网络社区，实质上与现实社区一样，仍然充斥着各种各样的规训策略。

1. 规训的条件

为了达到使被规训者驯服的目的，规训的实现需要满足四个条件。同样，在 M 网游社区中想要实现规训玩家的目的，同样需要有相应的规训条件。

（1）封闭空间

福柯指出，封闭空间不与外界沟通，不受外界环境干预，被规训者无法信息交换，这样才能使得这种机制持续保持一种不变的常态，更有利于规训的进行。

在 M 网游中，虽然 W 游戏公司建造了包括地狱迷宫、大雁塔、宝象国等在内的 25 个区域，但是归根结底整个游戏世界就是一个封闭空间。所有的游戏玩家都无法超越所设计的区域去探寻外界，也因此受困于游戏公司所设计的区域之中。封闭的空间这一规训机制在网络社区中比在现实社区中更易实现。不仅如此，玩家的每一个日常活动在游戏空间上都有着明确的分割，庭院、房屋、帮派场景等都是完全独立的区域。每个游戏活动都有指定的区域，若玩家在游戏社区中的虚拟身体没有到达该规定区域，则无法进行相应的活动。"每周的科举对区域的限制是最明显的吧，最后一题就是给你地图的部分截图，告诉我考官在这里，请立即前往上交考卷，不去这个地方我就没办法上交了，题目也就白做了，我为了获得奖励

必须到处寻找指定的地方。"（FT20171221❶）而且，也正是这种封闭而独立的区域划分使得游戏公司对任意游戏玩家行为的监视更为可行，一方面维护了游戏社区中的秩序，另一方面实际上也满足了游戏公司的控制需要。

（2）占有时间

时间表是实现个体规训的重要手段之一。在 M 网游社区中同样存在严苛的时间表，而每位参与游戏的玩家在游戏社区中的时间被详细地安排和控制着。

在 M 网游社区，以周为单位，玩家每天在固定时间都有需要完成的活动和任务，即有严格的时间表，否则将错过任务，无法获得较好的活动奖励。具体的一周时间表如表 4.1 所示：

表 4.1　M 网游活动周历表

开启时间	星期一	星期二	星期三	星期四	星期五	星期六	星期日
11:00	三界奇缘	三界奇缘	三界奇缘	三界奇缘	三界奇缘	三界奇缘	三界奇缘
午间	帮派强盗	帮派百草谷	美食天下	帮派百草谷	帮派迷阵		帮派秘境
17:00	科举乡试	科举乡试	科举乡试	科举乡试	科举乡试		
晚间					19:00 勇闯迷魂阵	20:00 科举会试	
21:00	门派闯关	帮派竞赛	海底寻宝	帮派竞赛	帮派车轮战	决战华山	比武大会
22:00	竞技场		特殊竞技场				

从活动周历中我们不难发现，M 网游在每周的固定时间都设置了时间范围内的活动，考虑到玩家现实生活中的作息，主要将活动设置在每天的午间和晚间。倘若玩家想要拿到游戏奖励，就必须按照时间表在规定的时间内登录游戏进行活动，否则将错过这周的奖励，与其他玩家之间产生差距。

由此可见，对玩家时间的占有和支配是 M 网游社区在游戏活动中对玩家进行规训的必要手段之一，通过培养出驯服的身体来达到对玩家个体的控制，是现代社会规训权力得以实现的重要条件。

❶　FT20171221 是指在 2017 年 12 月 21 日进行的访谈内容摘录，BP 则是指玩家在游戏帮派频道内的发言记录，为使访谈、记录内容更加有序故用此排序，下同。

（3）纪律操练

纪律操练要求有针对性地对每个被规训者给予适合个体的持续性操练。在 M 网游中，这种有针对性的纪律操练随着玩家的等级而变化。玩家在刚创建游戏账号接触到游戏社区的时候，系统会自动弹窗询问："您是否有过回合制游戏经验呢？"（如图 4.6）并根据玩家的选择，适配不同的新手教程。

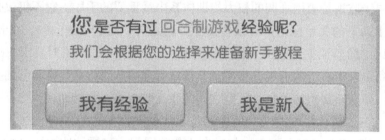

图 4.6　M 网游中的新手调查问询图

而无论何种选择，即使老玩家根本不需要新手教程来指导，所有刚创建游戏角色的玩家也都必须完成相应的新手教程，区别仅在于新手教程的详细程度。在游戏后期，由于每位玩家所选择的等级、门派、变身属性等都有所区别，因此玩家所需完成的活动存在差异，且在每场战斗中所发挥的作用也不尽相同。这种差别性、针对性的序列化过程，使得权力的规训变得更为系统和有效，确保了规训的有序性。

（4）建立等级

规训依赖于等级的建立。在 M 网游中，等级的建立是最为明显的规训机制，所有的玩家都有自身对应的等级，一般来说玩得越久等级越高，等级越高实力越强，但并不绝对。笔者在参与式观察中发现，M 网游专门划分了 0—69 级为精锐组，70—89 级为勇武组，89 级以上为神威组，在玩家相互对决的游戏活动中按照分组进行匹配，防止低等级玩家匹配到等级差异悬殊的玩家，从而降低了游戏的公平性。玩家可以自由选择停在哪个等级组，一旦经验值累加至 69 级，系统将不再自动升级，继续升级与否完全取决于玩家的个人想法。玩家选择的等级越高，所能够接触到的活动越多，在相应等级组的玩家只能接触到对应等级所规定的部分活动，且每天被要求完成固定的日常活动来获取经验或奖励。这种等级划分后有针对性的做法是有效规训的必备条件。

2.规训的手段

如上文所述，福柯在研究微观权力时指出规训的手段有层级监视、规范化裁决和检查三种。三者之间彼此独立但相辅相成才是较好的规训策略。在 M 网游社区中，为了驯化和控制玩家，保证日常规训的有效实施，同样需要借用这三个手段。

（1）层级监视

层级监视是福柯强调的权力规训体系中最重要的手段，它不仅仅是一种自上而下的关系网络，在某些情况下还是自下而上与横向的。在 M 网游社区中的监视主要包括：相关政府部门对 M 公司的不定时要求，M 公司对每位玩家言行的监视，帮主及其帮派管理团队对帮众日常活动的直接监管，帮众对帮主的监督，玩家之间的相互监督等；并借助现代化互联网技术，在游戏后台将游戏社区中每位玩家的数据集中反映并传送，纵向（包含自下而上和自上而下）与横向（各阶层间）交错的监视网络是规训权力在网游社区运作的保证。

相关政府部门对 W 公司以及 M 网游社区的规训包括了不定期的游戏内容审查、要求游戏公司实施玩家实名制等等。文化部在 2010 年发布并实施的《网络游戏管理暂行办法》中，就从法律层面对其有明确规定。比如第 21 条规定："网络游戏运营企业应当要求网络游戏用户使用有效身份证件进行实名注册，并保存用户注册信息。"由此可见，政府部门对于游戏社区的监视并不是直接进行的，而是通过其对 W 公司的要求和审查，进而要求 W 公司对游戏社区的设计与日常活动有所监视。

正因为规章制度层面的压力，笔者在观察过程中确实感受到了这种层层监视的隐匿权力。M 网游中，玩家在日常活动中受到的最直接的监视就是 W 公司所设计的游戏监控系统。一方面在话语权层面，不论你在公共场合还是私下交谈中所输入的文字，一旦涉及一些不文明、较为敏感的词句，就会被系统自动和谐成"爱生活爱 M 网游"，无法准确表述自己所想表达的意思。"比如我在帮派聊天页面教导另一个帮众游戏具体玩法，我实际输入的是'右键操作'，当我点击发送之后，其实际传送消息却被系统自动和谐成'右键爱生活爱 M 网游作'，这种莫名其妙的话语和谐情况还有很多……"（FT20180203）而另一方面，玩家之间的物品交易，若价格低于游戏公司数据库中统计的一般水平，则极有可能被扣除金钱和物品，导致交易无法进行。可见，来自 W 公司的游戏监视覆盖了玩家游戏生活的角角落落。

在游戏帮派内部同样如此。任何帮派成员（包括帮主及管理层）在帮派里的言行举止都受到其他帮众的监视。而当某一帮众的所作所为不符合帮派所强调的价值观时，有管理权力的玩家可以将其禁言或踢出，其他玩家也可以对其进行举报；同样，当帮主的行为不符合绝大多数帮众要求时，帮众同样有权力对帮主进行弹劾，选举新的帮主。"虽然表面上觉得这是个虚拟游戏空间，自己可以在其中为所欲为，放松心情，但实际上我不管做什么事、说什么话都会被其他玩家所看到、听到，所以玩游戏的时候我也挺老实的，在帮派里也按照帮派公告认真完成任务，万一被帮里的管理踢出帮派，攒了这么久的帮派贡献值清零就得不偿失了……"（FT20180205）

在 M 网游中，每位玩家的任何言行举止都可能遭到其他玩家的举报，这是一种横向的监视。每位玩家在游戏中都有自身的角色号码。玩家只要在游戏世界里活动，其自身所携带的角色号码及包括个人空间❶在内的其他数据就在整个游戏社区中处于完全公开的状态。也就是说，在游戏中一旦遇到恶意的言论和行为，玩家都可以轻易将其举报给游戏公司。游戏公司会在查证后对恶意玩家进行禁言、封号、扣除金币之类的处罚。"有时候明明在重要活动时因为队友的不当操作被坑，也不敢太嚣张地责备与争吵，会心里骂几句或者跟其他玩家吐槽几句，要知道，万一被其他玩家举报就麻烦了……"（FT20180205）这样的横向监视保证了权力规训在空间上的延伸。

和全景敞视的结构设计类似，在这样的层级监视体系下，即使游戏公司或帮派管理层没有时时监视着玩家，这种巧妙的监视规则也会对玩家产生一种心理威慑。即使玩家的一举一动被暴露在别人的视线中，也无法鉴别自己是否被监视，何时被监视，这使得他们因信息极端不对称而产生自我控制的行为。

（2）规范化裁决

福柯认为实现规训的第二个条件即为规范化裁决。规范化裁决就是用具体的规章制度、职责义务、纪律条例等对被规训的对象进行裁决或约

❶ 在 M 网游中，每位玩家都有一个自己所扮演角色的专属个人空间，其中包含形象展示（照片上传）、个性签名、生活状态、其他玩家的留言和评价等等，与角色数据密不可分。

束。在 M 网游社区中，除了要执行国家针对游戏行业所制定的一些统一的规范外（如不得为未成年人提供虚拟货币交易服务等），还有 W 公司和各帮派内部的规章制度等。总而言之，游戏管理者在该网游社区中设计了一整套的规范体系来进行规范化裁决。

玩家一旦登录进入 M 网游社区，规范化裁决就无时不有、无处不在。规范要求玩家必须采取明确的行动来获得认同，否则将面临危险或惩罚。W 公司在设计游戏社区时就规定了每个游戏活动可参与的玩家的门槛，这些门槛主要以游戏等级的限制为主。玩家无法按照自身偏好自由参与活动，而必须按照游戏规范获取经验，提升等级，才能接触到某个游戏活动。"老实说，我就是冲着社交功能才玩这个游戏的，像打怪升级其他相似的游戏也接触过，感觉没意思，更喜欢一些休闲玩法，比如盖个自己的房子，没事种种花钓钓鱼串串门，但是游戏规定要 55 级才能盖房，65 级才能钓鱼，想要休闲玩法也不容易啊……"（FT20180225）无法接触或进入，从某种意义上来说也是对玩家不想要遵守规范的变相惩罚。

在帮派内部管理中，规范化裁决表现得更为显著。基本上所有的帮派都会设置一些帮派公约，在帮派页面以公告栏的形式表现，这是玩家内部自我管理时所产生的规范。比如笔者所在帮派"先赚一个亿"的管理层就明确要求"大家每周必须做完所有的帮派任务，69 级及以上的至少参加一次帮派竞赛活动，每周帮贡排名低的会清出帮派"❶，也就是说，如果不按照帮派规范活动，玩家将面临被具有管理权的玩家踢出帮派从而损失自己之前所有贡献和可能回报的惩罚，这种规范处罚在表面上看是非暴力、人道的裁决方式，但实质上却发挥了强有力的规训作用。通过对差别（不遵守规范）部分的调整，规范化保证了在同种情况下会有相同的结果产生，同时带给被规训玩家一种强制性的服从心理暗示。

正是通过这种具体的量化标准实现的规范化裁决，使得游戏中玩家的一举一动都被游戏设置的体系约束。一旦玩家有不合规范的行为，他就极有可能受到惩处。玩家因此自觉遵守游戏规定，公司也得以完成对玩家的权力规训，维护社区秩序。

（3）检查

检查不仅是对被规训者的分层、持续的监视，也是裁定和判决被规训

---

❶ 该要求为 2018 年 2 月 15 日的"先赚一个亿"帮派公告。

者的表现是否合乎规范的方式。在 M 公司开发的游戏中，玩家若遭遇其他玩家的举报，游戏公司会主动检查被举报玩家是否有违规操作，并给出相应的惩罚措施。"以前刚开服的时候，我因为在世界❶开玩笑喊了一句'外挂了解一下'，就被系统禁言过一周，无法跟任何其他玩家私下交流，作为刚开服需要广交朋友的时候真的很惨啊……"（FT20180130）不仅如此，帮派的内部管理者通常会在固定时间对玩家进行帮派贡献值的检查，如果发现没有达到之前所强制规定的目标，玩家毫无疑问面临着惩罚。

可见，M 网游公司及帮派管理团队通过一系列的检查方式，使得玩家沦为可以用指标进行度量的客体，对其进行区分、排序、评级等。基于一系列的检查方式，玩家必须主动接受规范的强制性约束以被嘉奖或者免于责罚，即使是假意接受，也意味着被规训者接受了施加于自身的权力规训。

3. 对违规者的惩罚

如果不设置惩罚，就无法实现平时对玩家的规训，惩罚是保障规训进行的重要措施。规训须和惩罚结合起来，才能真正实现对玩家的驯化和管理。M 网游中有许许多多的玩家同时在线互动，其中避免不了冲突的产生，帮众可能不赞同帮里的规定，玩家可能出于某些原因而游戏操作不当等等。要求玩家绝对按规定行事而不反抗，没有相应的惩罚措施无法实现。笔者了解到 M 网游社区中主要的惩罚有以下几类：

（1）准入禁止

在 M 网游社区中，基本上全部的游戏活动都是有等级要求的，玩家若没有达到硬性规定的要求，是无法体验活动的，即准入禁止。玩家内心渴望体验但必须遵守规范，否则无法体验这一过程，属于一种消极意义上的惩罚。"我刚来这个游戏，等级还没有到 55，同样是帮众，我等级低却没办法抢帮派红包。我每天在帮派里活跃气氛也挺辛苦的，一点福利都没办法拿，也不知道这个等级限制立起来是为了啥……"（FT20180202）根据 M 网游的规章制度，玩家若处于游戏等级较低的阶段，只能体验较少数量的几种固定活动，而无法接触到更为丰富、有趣的较高难度活动，甚至没有难度的休闲类活动，包括结婚、结拜在内的玩家间社交系统也无法体验。对于一部分对初始经验任务不感兴趣、不愿意按部就班的玩家来

---

❶　"世界"为 M 网游聊天频道之一，在"世界"上的言论能够被服务器中所有在线玩家看见。

说，这个规范设置无异于一种变相惩罚。

（2）清出社群

帮派是 M 网游社区中最基本的社群单位。由于其跟所扮演角色的成长、玩家社交等紧密相关，所以一般玩家都会有自己的帮派，且离开帮派会遭遇帮贡冻结、无法继续修炼、无法使用帮派技能等后果。于是，清出帮派便成了 M 网游社区帮派管理者最常用的惩罚手段，不仅能惩戒不按照规定完成要求的玩家，还能充分促进帮派的成长壮大。

（3）限制话语

W 游戏公司和帮派管理者都拥有限制玩家话语的权力。W 游戏公司可以根据来自玩家的间接举报或自行直接监视社区，来限制部分违反规定的玩家的话语权力，被限制的玩家无法在游戏社区内发表任何言论，无法进行正常社交。而这一惩罚对于这类角色扮演类游戏玩家来说是很苛刻的，因为绝大多数玩家都需要在游戏社区内社交，大多数游戏活动的设定也要求玩家组成队伍共同挑战，一旦脱离社群，玩家的游戏体验就会直线下滑。而在帮派内部同样，若玩家在帮派内互相谩骂或者不服从规定，帮派管理者可以剥夺其一定时间范围内的话语权以起到惩戒的效果。这导致其他帮众不会随意在帮派里争吵，保证了帮派内部的和谐氛围，确保了帮派规章制度的实施，同时在一定程度上降低了大部分帮众被煽动起来选择弹劾帮派管理者的风险。

（4）扣除货币

这里的货币并不是真实世界的货币，而是指游戏社区中通用的虚拟货币。扣除货币是 W 游戏公司专属的权力，也是 M 网游社区中 W 游戏公司和游戏玩家都不太愿意采用或接受的惩罚手段。W 游戏公司考虑到在游戏里花时间、金钱（游戏包含充值系统，玩家可以选择充值人民币兑换成游戏货币）的不易，频繁地扣除虚拟货币极易造成玩家反感或者退出游戏，因此 W 游戏公司给扣除货币这一惩罚措施专门设置了申诉通道。也就是说，游戏系统根据数据库范围判定玩家在交易中违规后，玩家交易所涉及的金额将被扣除，玩家如果对此惩罚不满或者惩罚有误，还可以前往 M 网游的官方网站进行申诉。

尽管扣除货币的惩罚方式是 M 网游公司不愿意实行的，但是为了杜绝一些使用虚拟货币与现实货币进行交易、违规转金的行为，还是存在对其进行纠正与规训的必要性的，且游戏公司采用的扣除虚拟货币的惩罚措施产生的规训效果较为明显。

（5）永久封号

和扣除货币一样，永久封号也是 W 游戏公司专属的权力。但相较于扣除货币，永久封号的惩罚就像现实生活中的被公司开除一样，是最为严厉的惩罚措施。笔者在游戏社区中倒是没有接触到有被永久封号经历的玩家，M 网游运营这么多年来对于一些黑客技术的打击也越发成熟，但是有些玩家在游戏开发早期对永久封号仍然印象深刻。"关于永久封号啊，我自己倒是没有经历过，以前逛游戏论坛的时候倒是经常有看到，但大多都是涉及盗号的那种，或者有人钱是盗号来的，你跟他有交易产生，系统也会认为你是参与盗号的，也容易被封号，反正我是不敢去找什么外挂的，怕得不偿失……"（FT20180120）总而言之，采取永久封号这一惩罚措施并不多见，但涉及非法盗取他人账号中的虚拟货币之类的行为极易被采取封号的惩罚。

可见，在 M 网游中，游戏管理人员的意图并不在于实施惩罚。适度、合理的惩罚不只可以惩戒违规玩家，更重要的是能在所有规训对象中产生警示效果。游戏公司与拥有管理权的玩家所精心设计的惩罚保证了规训得以较好实现。

（三）抗拒：M 网游玩家的日常反抗

在网游社区中，游戏公司为了获取更大的利润，会在游戏中设置各种显性、隐性的规则（特别是充值系统的设置），利用规训的手段，从而使得玩家完全遵从游戏规则行事，一方面维持了游戏社区的秩序，另一方面也保障了较为稳定的玩家数量。但当面对网游社区中的种种规训手段时，玩家并非毫无抵抗。笔者在观察中发现，玩家普遍会采取一些抗拒行动——可分为显性的和隐匿的两种。

在 M 网游社区中，选择"退出"、搭建"前后台"等行为都是玩家应对规训时的能动策略，在表面顺从的背后构建出属于自己的生活，满足自身偏好。在本节中，笔者将具体说明 M 网游社区的玩家们是如何对种种规训进行反抗的。

1. 显性的反抗："退出"与"跳槽"

事实上，玩家在游戏社区中面对严格且难以忍受的规训与控制时，并不是被动默默承受的。在玩家与游戏公司的关系层面，玩家通常选择"退出"机制来表示反抗；在普通玩家与管理玩家之间，普通玩家若不服从管

理玩家的规训，可以主动选择"跳槽"到其他团体。

（1）选择"退出"

在面对游戏公司的规训时，玩家最显著的抗拒手段就是选择"退出"。这里的"退出"并不是指日常中游戏的暂时下线行为，而是指长时间不再登录、卖掉账号等具有永久性的"退出"行为。当玩家不满于游戏中的规则，并对这个网络社区失去继续留下来的想法后，他们往往会选择主动"退出"。事实上这也是游戏玩家对于游戏中各种规训、控制手段和技术的抗拒，是他们对游戏社区中微观权力的反抗。

（2）频繁"跳槽"

在游戏帮派中，当玩家不满于现有帮派的管理体制时，他们主动"跳槽"的概率是非常高的，即使有时候会损耗自己的部分利益，比如未使用的帮贡被冻结、历史帮贡被清零，具体如图 4.7 所示：

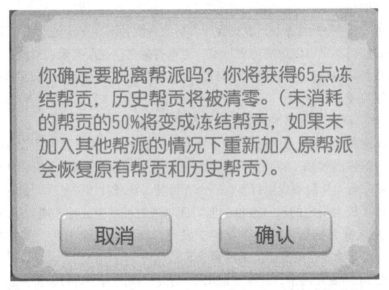

图 4.7 M 网游中玩家选择主动退出帮派后的确认提示图

在帮派重大活动失利后，若管理玩家没有妥善处理帮众的负面情绪，这种频繁的"跳槽"现象就极易发生。每位玩家心里都有对帮派的一些衡量标准，对帮派管理层有自身的要求和期望，管理玩家的言行举止同时也在每一个帮众的监视之下。当玩家对其产生不满、否定心理之后，他们并不会想继续服从帮派内部制定的种种规训。普通玩家若一方面无法改变管理层的做法，另一方面也无法强迫自己去接受，最明智又易实现的行为就是"跳槽"。

2. 隐匿的反抗：搭建"前后台"

美国社会学家戈夫曼提出了"拟剧理论"，他认为生活中人类在不同的场景、用不同的形象进行表演，在表演过程中划分出前后台。前台是为了使观众观看并且得到某种启示的表演区域，在这里扮演可以被社会与其他人接纳的角色；后台的存在是为了隐藏前台无法表现的东西、为前台表演制定计划，大家会将其他人较难接纳甚至无法接纳的角色隐藏在自己的后台。在笔者看来，尽管从表面上看，游戏社区中的玩家已经隐藏了自己的现实身份，但是面对社区中游戏公司、帮派管理者的各种规训手段和技术，参与的玩家仍然有着自己"前台"与"后台"。在"前台"，玩家会遵守游戏规则，服从帮派公告，积极表现；而在管理者可能看不到的"后台"，玩家的表现可能更为真实。可见，搭建"前后台"是玩家在游戏中隐匿地反抗规训的行为。这样做的原因一方面是防止和游戏公司、有管理权玩家的直接冲突，维护玩家自身的利益；另一方面这些隐匿的抗拒行为成为玩家的"出气筒"，一定程度上缓和了玩家的负面心理。具体而言，玩家隐匿性反抗的日常形式可分为以下三类：

（1）说谎

说谎是 M 网游社区玩家日常反抗的策略之一。在玩家与 W 公司之间，主要的语言沟通渠道有两个，一是所有普通玩家均可用的前文介绍过的官网申诉，二是部分精英玩家（充值金额较高的玩家）所配备的私人客服。但不管是哪种沟通渠道，笔者发现，很多玩家都会选择说谎。究其原因，一方面是为了表达对游戏管理规则的不满，"我之前跟我 GM❶ 说我对她很不满意，希望公司更换一个 GM，结果 GM 一直跟我道歉，并寄送了游戏周边❷给我……"（FT20180301）；另一方面是为了争取某些权益，特别是面临惩罚时，玩家最易选择说谎，"我有一次确实是用自己的小号给大号转金币，被系统查扣了，去申诉的时候就装无辜啊，结果竟然真的给返回来了……"（FT20180223）。

---

❶ GM 是英文 Game Master 的缩写，意思为游戏管理员，这里是指该游戏部分玩家对其专属游戏客服的简称。

❷ 周边是周边产品的简称，原本是国内动漫爱好者对动漫相关产品的定义，后来也指其他文化相关产品。

同样，在普通玩家与具有管理权的玩家之间，同样存在说谎的抗拒策略。每周的帮派战争活动是笔者所在帮派的管理者对每位帮众的强制要求，然而每次开战前，总能看到、听到帮众的请假借口。实际上，笔者通过对几位帮主的访谈发现，他们其实对这些偷懒的伎俩心知肚明，但是为了帮派发展，一般选择睁一只眼闭一只眼，互相给台阶下，不会给予太多的强制性要求。"临阵脱逃的人在我们帮其实很多啊，我知道他们只是不想打，因为输了等于白白消耗自身物资，他们只要觉得今天对手太强打不过，就会找各种借口跟我请假，能怎么办呢，不要次数过于多我也就算了……"（FT20180213）这在一定程度上是普通玩家日常反抗所获得的成果。可见，说谎是玩家日常反抗的策略，也是他们的抗拒智慧。

（2）贿赂

贿赂的现象在 M 网游社区中同样存在，多发生在普通玩家与帮派管理玩家之间。为了使得社交关系更为真实，M 网游中有设置部分物品的可赠送系统，玩家可以给其他玩家赠送花朵、药材、食材等。正是赠送系统的存在，造成玩家之间的贿赂行为具有可行性。玩家为了躲避帮派规则的规制，又想要避免惩罚，选择贿赂本质上也是对规训的反抗方式。"我跟帮主、堂主关系好啊，平时多送花，多活跃气氛，他们就不会真的踢走我，其他帮众也不会说什么的。我知道公告是这么写的，但人情还是要讲……"（FT20180213）贿赂行为对于避免惩罚是极为有效的，但并不是大多数玩家都会选择这种方式进行抗拒的表示，"我看不惯那些私下讨好帮主的，帮主也真是的，都是帮众就应该一视同仁，老是这样我们帮派发展肯定不好……"（FT20180215）贿赂行为的大量存在确实不利于帮派的发展，但其仍然存在也是不争的事实。这种抗拒行为的效力取决于帮派管理层玩家自身的选择。

（3）看热闹

此外，M 网游社区中玩家们还有一种隐匿的日常抗拒方式：看热闹。一旦发生什么与己无关之事，玩家就特别喜欢看热闹，他们一般不会多做什么，只是围观或者作为私下里的谈资，并不会主动去解决问题。例如，有一次有女性玩家在帮派聊天频道哭诉自己在现实中被另一位男性玩家欺骗钱财。因为该事矛盾复杂、故事有趣，许多帮众都表明了围观事态发展的个人态度，但并没有想着去解决、平息矛盾。帮派里发生了可看的热闹基本上都是发生了冲突事件，这对于帮派管理者来说不利于帮派和谐氛围的维系，因而吵闹是他们所不乐见的，需要马上处理。而普通玩家在发生事不关己的热闹时，内心往往是雀跃和窃喜的。对给管理者制造的麻烦持与己无关的看热闹态度，也折射出了游戏社区中玩家对管理者日常权力规训的不满。

（四）"规训"与"抗拒"的权力博弈

认为游戏玩家在规训之下绝对被动，或将游戏中设定的规训看作完全有效都太过于理想化。一方面，就算规训方法与体系设置得十分隐匿与精妙，玩家都不可能完全认可，不会全部根据规范开展日常活动。实际上，玩家会通过自身的有关经验来能动理解具体的规训。更重要的是，实际中游戏社区的权力规训机制并没有像福柯设想过的全景敞视建筑那么完善，它无法隔绝被规训玩家之间的交流，也没有办法忽略玩家在现实和游戏中能够自由切换的问题，玩家可以下线，就跟不规定时间的下班一样，导致虽然虚拟的身体接受规训，但并非时时刻刻都受规训限制。而另一方面，游戏管理者也会不断调整相应的规训手段，一旦管理者应对规训的态度发生变化，规训的技术手段与策略随之改变。因此就形成了一种"控制→反抗→共谋→新的控制→新的反抗→新的共谋……"的权力博弈。也就是说，游戏管理者与玩家之间始终处于一种规训与抗拒的权力博弈关系。❶

1. "看"与"被看"

在网游社区，游戏管理者通过"可视化"实施具体的规训。他们往往运用自身"看"的权力使玩家成为"被看"的对象。在这种情况下，玩家并没有完全陷入被动地位，他们通常会用自己的智慧去瓦解管理者的"看"，在一定程度上管理者"看"的权力也转变成"被动地看"。笔者将从一个个案来详细阐述这个有趣的权力博弈过程。

在 M 网游社区中，玩家加入某一帮派就意味着需要遵守该帮派的规则。帮派管理层会不定期地检查各帮众的贡献程度，且一直监视着普通玩家在帮派中的所作所为，帮派管理层拥有"看"的权力，并用之随时随地规范帮派场景，观察玩家的言行，只要发现有玩家违反规章制度，管理层要么会立刻前往批评与制止，要么就会先记下玩家 ID，等到定期检查时

---

❶ 汪慧：《微观权力理论视角下餐厅场域中的规训与抗拒》，华东师范大学硕士学位论文，2017 年。

再对其实施处罚。

J是和笔者相同帮派的玩家。当时帮里明令禁止任何帮众在帮派中玩帮派红包活动，但J克制不住自己对凭借运气能赚大钱的欲望，偷偷在帮里发了一个帮派红包并怂恿其他玩家也参与其中。之后，其他帮众在闲聊时无意中透露了玩过帮派红包这一信息，使得帮主查看了活动记录并得知J发送了帮派红包，帮主当众批评了J并警告他不要再发红包，并取消了他"帮派精英"的称号。尽管J内心对这一处理有诸多不满，但是为了维护自己的帮派贡献与福利，表面上他并没有与管理者"看"的权力直接对抗，而是私下里在管理层看不到的地方，与其他帮众对帮派进行质疑与诽谤，而且在管理层不在线的时候，他还是会偷偷发送帮派红包。在笔者询问J时，他如是说："游戏设计了可以玩红包，其他帮派也在玩，说明没什么大问题，帮主他们是真的烦人，非要管这么多，又不花他的钱。但是我又不能直接顶撞或者退帮，我帮贡还需要点修炼值。只有表面上顺着他们管了，但是私底下我怎么样，他们才管不着呢，不被看到就好了……"（FT20180218）

从上述个案中能看出，游戏玩家并没有完全处于绝对的"被看"地位，他们通常用各种智慧性的反抗手段来瓦解帮派管理者"看"的权力。实质上，他们呈现在帮派管理者视野里的样子都是自己精心计划好的"表演"，而不是真实的状态。这样来看，游戏管理者"看"的权力被转化为了"被动地看"，其规训、控制的地位随之暂时转变为被规训和被控制的地位，普通玩家也从被规训的状态转为了决定管理者究竟能看到什么的能动状态，拥有了反过来控制管理者的权力。因此，没有绝对意义上的"看"与"被看"，规训与被规训的权力地位在游戏管理者与普通玩家之间转化，两者之间存在一种权力博弈关系。

2."说"与"被说"

在M网游社区中，游戏管理者对玩家实施的规训很多都是以文字训导的形式实行的。帮派管理者常常使用其拥有的话语权来规训普通帮众的行为，例如"每周的帮派战争必须来参加，帮派任务必须按时完成，帮派互帮互助必须有次数……"等等，或者使用一些暗示性的话语，例如"明天晚上我会检查所有人的帮贡，帮贡高的有福利奖励，过于低的会清人，大家共同努力……"等等。

从表面上看，普通玩家遵循着管理者的文字训导，并执行其发出的各项指令，完成其所期望的行为表现。但实际上，面对帮派管理者"说"的权力，普通玩家并不是一味被动地处于"被说"的地位，他们也会用自己的策略来抗拒管理者的"说"。最为激烈的应对形式就是直接顶撞管理者的训导："你们就是看我等级低欺负我，那几个玩家也帮贡还没我高呢，为什么还给他们福利？"（BP20180212）但大多数玩家仍会选择表面沉默，然后在日常活动中进行抗拒，解构帮派管理者"说"的权力，比如向管理者举报其他玩家的不当言行，甚至进一步提出规训意见："帮主，昨天小七在帮派活动捣乱啊，下次单人进入战斗场地的应该强制他们离开，组不到队就别蹭经验和抢宝箱了。"（BP20180209）该情况下，帮派管理者与普通玩家之间"说"与"被说"的权力地位同样发生了转换，玩家一方面处于"被说"的地位，另一方面通过举报与献计来间接实现对管理者的控制与反规训。同样，这也是权力博弈的过程。

3. 权力"共谋"

在多数情况下，被规训的玩家并不是积极选择直接反抗的，相反，他们往往会选择去讨好帮派管理者，依据他们的指令和要求完成任务。因为游戏设定中，在帮派的具体表现与贡献是玩家收入的一部分来源，所以他们能够认识到为了自身获得更大的利益，必须要有有利于帮派发展的积极表现。基于此，为了自身利益的最大化，普通玩家会暂时和帮派管理者之间形成一种"共谋"的权力关系。另一方面，帮派管理者的利益与帮派表现更加相关，其在游戏中的地位、能力、财富都依赖于帮派声望，也为此尽力维护帮派秩序，促进帮派发展。

笔者了解到，M 网游社区中帮派管理者往往利用帮派绩效作为玩家每周福利的组成部分，且不定期结合帮众活动表现对其进行奖励。在这种规训策略之下，为了获得更多的奖励与福利，玩家往往会暂时性地转让自我管理权，不抗拒权力对自身的规训。同样，帮派管理者与帮派的整体发展更是息息相关，他们也会为了和谐帮派氛围的营销、更优质帮众的招募等因素选择与帮众达成"共谋"。

普通玩家与帮派管理者之间难以发生公开的直接冲突与对抗，其原因在于玩家为了维护自己一直以来为帮派付出的沉没成本❶，在面对规训时，

---

❶ 这里引用了经济学上关于"沉没成本"的概念，指已经发生且不可收回的支出，如时间、金钱等。

即使不愿意也会选择遵从，当然不排除是虚假的遵从。但也正是这种表面的遵从，使得游戏社区中帮派秩序得以维持，游戏管理者的权威也得以维护。这种双方均追求自身利益最大化的行为使得玩家与管理者的规训权力产生了一定的共谋关系。

综合以上分析，我们可以发现，玩家与游戏管理者之间的权力关系并非绝对的、静止的，玩家没有始终处于被规训、被控制的地位，游戏管理者实质上也不处于绝对的规训、控制地位。

四、总结与讨论

回顾全文，对网游社区政治学的个案探讨还需要我们不断地去琢磨与发展。

对于政治学理论来说，网游社区的个案丰富了对福柯理论的研究与探讨。从研究结果来看，福柯的微观权力视角确实更适合用来解释网游社区中的大部分权力规训现象，与互联网时代的背景相适应。但对福柯理论的套用在本文中显得较为僵硬，这也是本研究存在的不足之一。一方面，本文对福柯观点的理解大多局限于其对规训权力的固有看法，而未能灵活结合福柯当时提出规训这一概念的政治学背景，一定程度上忽略了由资产阶级革命引起的工业生产状况使得福柯转而去关注个体身体、微观权力的时代背景本身。另一方面，对于规训一词的理解还不够全面，除了针对被规训者身体的微观、精妙措施之外，文章关于完美规训手段在精神层面能够让被规训者内心彻底驯服的结果涉及不多，而更多将重心放在规训实施的过程中规训者与被规训者所呈现的状态。

本研究试图揭示真实的网游社区情况。研究发现，网游社区并没有像普遍所认知的那样自由、无边界，其中暗藏着各种各样的权力与规训。玩家在其中并不是绝对自由的，而是因为精巧的规训策略较难意识到自己身处的这种状态。而之所以产生权力博弈关系，归根到底是由于游戏规则的制定。游戏制作商的智慧就是通过游戏规则的制定来平衡权力关系，通过精妙、隐匿的权力关系网络来维持游戏社区的正常运行。我们回过头来对比现实社区，其实某种程度上来说，现实社区与网游社区在政治学层面上较为相似：同样隐匿着权力规训策略；同样引起被规训者的抗拒行为；同样存在权力博弈关系，且在这种关系的不断作用下维持整体的平衡。但是具体的规训、抗拒方式又存在差异：网游社区中的退出机制明显更易达成；虚拟形式的奖赏与惩罚对于玩家的约束力显然要小于现实社区中真实的奖惩，且更易引发被规训者的反抗；针对虚拟身体的规训与真实身体的规训效果实质上存在差异；等等。而这些相似或者差异都是值得我们在接下来的研究中进一步思考的。

福柯提出，一旦存在权力关系，就会有反抗出现。他认为反抗是为抵抗日常权力而产生的，并不以获得权力为目标。现代社会中个体往往处于一种微观权力机制规训的受压迫状态，他们抗拒微观规训权力的主要原因在于对身体解放与自由的渴望与追求。福柯的规训权力理论透露着浓厚的悲观主义色彩，而忽略了理性的现代规训机制所拥有的积极意义。在文章中，网游社区领域虽然充斥着各种规训技术和策略，但也正是这种机制维护了社区的日常秩序，同时保障了管理者与玩家的共同利益。基于此，片面批评规训制度的存在，而忽略理性的规训机制所带给现代社会的正面效应是不可取的。我们应进一步考察现代社会以来微观权力的运作机制，将微观权力与宏观权力相结合，弥补彼此的欠缺，加深对权力运作机制的理解，从而预测权力研究的未来发展趋向。

Online Gaming Community in the View of Political Science:

A Case Study of the Discipline and Resistance in "Game M"

Yule Sun

Abstract: With the development and popularization of the Internet, the online game community has emerged as the times require and it has become an important part of the player's life and research object of academic concern. Focusing on the power discipline in its online gaming community, this paper takes Foucault's micro-power theory as an analytical perspective and conducts case studies on "M" through participatory observation and qualitative interview research methods. Firstly, the online gaming community is full of disciplinary strategies and means applied to the players. Secondly, the players face the disciplines imposed on them to fully exert the active choice of explicit or implicit resistance. Last but not least, the status of the disciplinary person and the disciplined person will be transformed.

Keywords: online gaming community; micro-power theory; discipline; resistance; virtual political ethnography

网络算命的政治人类学

——基于"知乎"个案的研究

陈佳栋

摘要： 本文采用了民族志方法，将参与式的田野调查和面对面的访谈结合起来，对"知乎"网络空间中的网络算命现象进行了政治人类学的探究。本文运用韦伯的权威理论和格尔茨的文化体系理论分别对这些现象进行阐释，借以揭示其中的运行机制。最终发现作为"硬件系统"的权力机制和作为"软件系统"的文化体系机制，二者互为掎角，共同支撑起网络算命空间的一片天地。

关键词： 网络算命；权威；文化体系；政治

一、绪论

算命一直是中国人传统的民间习俗之一，是中国人精神生活的组成部分。算命的方式多种多样，有排八字、紫微斗数等不同法门，但它们都有一个共同点：根据人的出生时间来推算未来的命运。因此，在本文中，算命的定义是根据出生日期来推算未来命运的方法。即使在文明不断进步的今天，算命依然在人们的日常生活中发挥着不可忽视的作用。从新生儿的取名到结婚合八字，人们都要依靠算命来为他们指点迷津。即使在一些新闻中，我们也不难发现算命的影子。最近一篇关于北京相亲公园相亲鄙视链（从二环内有车有房加户口，到没车没房也没有户口）的调查文章在互联网上广为流传，人们在大呼社会太现实了以外，更多了一丝无奈。然而其中的大爷大妈谈到"属羊女"即使条件再好也不能娶的事情之后，更引起了许多网友的疯狂吐槽，"属羊到底怎么你了？"由此可见，算命在今日仍有很大的"市场"。

近年来，随着网络的普及，一种算命的新形式——网络算命也逐渐兴起。这种新型的算命方式由于其简单易行，也免去了舟车劳顿之苦，很快

81

就赢得了人们特别是年轻人的"青睐"。以"算命网站"为关键词在百度中搜索，共找到40余万个相关网页。❶此外，越来越多的网络算命手机软件和微信公众号的出现，也告诉我们，网络算命这股潮流不可轻视。笔者在日常生活中也有体会，当笔者介绍自己能帮人进行简单的网络算命时，不少人都跃跃欲试，非常想算上一算，其中不乏国内著名高校的教师和学生。因此，这个议题进入了笔者的视野，激起了笔者的研究兴趣。算命本来被当作乡间的一种迷信，但当它与互联网相结合后，产生了巨大的变化。本文所要探讨的问题是：在一个匿名的、以算命为主要业务的网络空间中，互不相识的人们是通过什么机制联系起来的？

已有的关于算命问题的研究，多是从乡间的算命现象入手，采用访谈法与田野调查，运用社会学与人类学的理论框架进行分析，指出这种现象产生的机制。例如柏建承的硕士论文，从一位以算命为谋生手段的人入手，将他的生活经历作为具体的民族志材料，从中发现算命扎根于民间信仰与当地居民的生活习惯，满足了人们的日常需要。它还可以吸收新的商业化方式，积极调整自己来适应现代化进程。❷庄园的硕士论文，则以 S 省 D 村农民的算命行为作为研究对象，分析农民算命的微观过程与宏观背景，同时，他结合农民算命的内容以及对日常生活的影响，分析农村群众的算命行为，反思现代化进程给农村发展带来的困难。❸黄庆林的硕士论文以一个壮族乡镇的"算命行业"作为切入点，探求当地族群对"命"的不同理解。在融入现代化的过程中，算命减轻了他们内心的焦虑，给予他们心理上的引导，使他们继续保持着对算命的心理诉求。❹徐鸿的硕士论文，借助文化人类学中的结构功能学派的视角，结合文化需要、社会体系、基本人格结构等基本概念，通过描述一个以算命为生的"算命先生"在村庄的生活经历和谋生状况，完整阐释了一个村庄中的算命文化。❺这些研究都着眼于传统的算命方式，并且都将这种文化现象置于现代化的背景下进行考察与反思，认为这是对现代化的一种回应性机制。国外学者埃

---

❶ 董向慧：《当代青年人热衷网络迷信的社会学分析》，载《中国青年研究》2010 年第 6 期。

❷ 柏建承：《占卜算命活动的社会与文化分析——以一个算命先生的生活史为中心》，中南民族大学硕士学位论文，2010 年。

❸ 庄园：《农民算命行为研究——以 S 省 D 村为例》，吉林大学硕士学位论文，2015 年。

❹ 黄庆林：《"天命"的运作》，广西民族大学硕士学位论文，2015 年。

❺ 徐鸿：《一个算命先生》，安徽大学硕士学位论文，2007 年。

文思—普里查德和维克多·特纳则是对非洲部落的占卜及相关仪式进行了符号分析。埃文思—普里查德指出，在占卜过程中，实际的思考和宗教的思考并不连接在一起，二者是分离的，虽然占卜实践者知晓现实中的因果关系是怎样的，然而不属于因果解释的问题才是实践者关注的重点，比如"为什么这样的事偏偏发生在自己身上"。❶ 维克多·特纳从另一个角度入手，揭示了占卜在社会整合、彰显集体道德等方面扮演着关键性的角色。❷ 可见国内外都有此种现象，都引起了人类学家和社会学家的兴趣。虽然近年来网络算命异军突起，成为算命的一种新形式并逐渐成为主流。但是，关于这一现象的研究还很薄弱，很少有学者进行这方面的分析。知网上仅有两篇论文。一篇是李婧对网络算命的传播学分析。她采纳"文本—论释"的人文质化取向，探寻算命网站中的文本对受众而言有什么意义，分析经常算命的受众会以怎样的方式来论释网络文本。❸ 另一篇是董向慧博士对网络算命的社会学分析，通过对一个算命论坛的研究，运用风险社会理论，指出此种现象的出现是对风险社会下个人压力的一种回应。❹ 这两位学者的研究问题是现实中的人们为什么要去算命，是从受众的角度出发，还得结合受众的真实身份进行分析。但是，网络空间的一大特点是匿名性，网民的真实身份很难调查清楚。所以，笔者换了一个角度，重点分析网络算命在网络空间中的运行机制，采用的是受众在网络空间里的虚拟身份，从而排除了真实身份的影响。网络空间的匿名性并未消除等级。在虚拟身份的背后，依然存在着权力和权威等机制，存在着不同集团以及它们之间的微妙关系。

因此，笔者选取了网络算命的一大集聚地"知乎"论坛，置身其中进行田野调查，观察网络算命的运行情况以及它与其他文化群体的互动，进而撰写网络民族志，完成政治人类学研究。在分析网络算命群体内部的权力关系机制时，笔者采用的是韦伯的权威理论；在分析网络算命群体的文化体系机制时，采用的是格尔茨的文化体系理论。

❶ Edward Evans–Pritchard, *Witchcraft, Oracles, and Magic among the Azande*, Oxford: Clarendon Press,1976.

❷ Victor Turner, *Revelation and Divination in Ndembu Ritual*, Ithaca: Cornell University Press,1975.

❸ 李婧：《算命占星网站之受众研究：一个质化研究》，兰州大学硕士学位论文，2010 年。

❹ 董向慧：《当代青年人热衷网络迷信的社会学分析》，载《中国青年研究》2010 年第 6 期。

二、网络算命的民族志叙事：群体、权力与文化体系

（一）研究方法

本研究采用的是网络民族志的方法。笔者以线上参与式田野调查与线下面对面访谈相结合的方式，对"知乎"论坛中的算命版块进行观察。

"知乎"是一个典型的网络社区，各行各业的用户都在其中扮演着角色。用户提供并分享多种多样的信息，交流各自的知识、经验和见解。选取"知乎"论坛的原因之一在于笔者自身的经历：笔者自2014年开始加入"知乎"论坛，迄今已有四年的时间了，对于算命版块的观察也持续了一年多的时间，对其中的运行模式比较熟悉，进入"现场"毫无困难。并且，笔者与"知乎"中的一些用户熟识，有的还是笔者现实中的好友，这对笔者的研究大有裨益。

另一个原因在于，"知乎"的不少用户和算命版块的许多参与者都是二三十岁的年轻人，笔者的价值观与他们比较接近，没有代沟，这有助于理解"知乎"论坛内容的真正含义。格尔茨说，民族志是"深描"，是理解他人的理解。[1]因此，笔者是站在使用者的角度来理解论坛中的算命内容的，而不是用所谓科学的目光将其看成是迷信和诈骗，将它们一棍子打死。（站在使用者的角度并不需要真正了解使用者在现实中的真实身份，只需大致知道这一群体的价值取向。）

具体而言，笔者的研究方法包括线上参与式田野调查与线下面对面访谈。网络算命通过网络论坛的问答方式进行，他们的问答就是笔者的观察素材。因此，本研究采取参与式观察的方式，长期观察算命版块的问答情况，并以低度卷入的方式参与其中，进入"现场"，从一个"局内人"的角度进行研究，将"知乎"网络空间当成民族志田野调查的场域。

在参与式观察的基础上，笔者还把线下的实际访谈作为补充，进一步丰富网络民族志的资料。之前也提到过，笔者与论坛中的某些用户是现实中的好友，其中既包括去算命的，也包括给人算命的。因此，笔者通过与他们的访谈，进一步加深了对网络算命的理解。

本研究恪守研究伦理，其中所涉及的所有资料都是公开的，任何人都可以看到，因而适于用作研究目的。本研究中的每一位受访者，都已经事前知晓本研究的目的，了解到其虚拟身份在研究中被披露的可能性，同意

---

[1] 克利福德·格尔茨：《文化的解释》，纳日碧力戈等译，上海：上海人民出版社，1999年。

接受笔者的访谈。

（二）网络算命版块的运行

近二十年来随着网络的发展，"网络算命"也开始泛滥。笔者在百度搜索引擎中输入"算命网站"等关键词，呈现在面前的约有40万个相关网页。越来越多的算命网站采取问答式的论坛互动模式，正是因为这样的方式增加了算命师与求测者的互动，能满足他们的需要，所以这种模式被越来越多的网络算命爱好者青睐。下面以"知乎"论坛为例进行说明。

"知乎"下有好几个话题是关于算命的。"知乎"论坛的算命版块有数个分类，其中"算命"话题有59060人关注，27333个问题，"八字算命"话题有13913人关注，19912个问题（截止到2018年3月13日）。在算命论坛里，算命师与求测者、算命师与算命师、求测者与求测者之间的互动主要是靠问答方式进行的。通常是某一个人提出一个问题并邀请一些人前来解答，对此问题有兴趣的人在下方回复。提问与回答可以采取匿名，也可以不用匿名。因为这种方式极为简单，又可以对自己的身份进行保密，所以不少人都采用了它，在上面进行提问。算命版块的核心是由问题构成的。问题是算命版块运行的基础，也是最直观可见的。因此对这一网络空间的描述主要通过对问题的描述进行。这些问题主要可分为三类：1. 请求算命；2. 算命理论的探讨；3. 论战。

请求算命的问题是最多的，求测者将自己的出生时间以提问的方式发到知乎的算命版块上，并加上几句"恳请大师算命"之类的话来吸引算命师的注意力，至于有没有人看、看的人水平如何，全看运气。而且，这类问题很容易被一些主张科学的特殊人群举报。举报成功后，问题因为封建迷信而关闭，因此任何人都无法回答了。例如，在图5.1中，问题由于被举报而关闭。除了举报之前的一个回答之外，再也无法添加新的回答了。因此，在问题被举报前的这段时间，迅速、准确地回答问题既是对求测者的挑战，也是对算命师的挑战，看他们能不能在问题关闭前及时进行互动。为了应对这一局面，算命师与求测者在问题之外还采用了一对一的私聊方式，在算命版块之外进行了延伸。不过这种方式通常需要求测者支付一定的费用，美其名曰"卦金"。

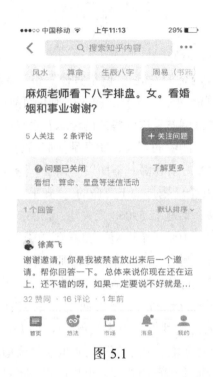

图 5.1

第二类是关于算命理论讨论的。例如"出生真的决定了一个人的命运吗？""这么多人出生在同一个时间，他们的命运都一样吗？""如何解释双胞胎同时不同命？"等等。算命师里有数个流派，每派都依各自的理论进行解答。依笔者看来，主要可以分为两类：命定论与非命定论。命定论主张未来的命运已经注定了，无法通过人力改变；非命定论则强调人的主观能动性，认为人定胜天。我们可以参见图 5.2 中的问答情况。

第三类就是论战。一方面是算命大师与算命大师、算命大师与普通算命师之间的互相攻击（关于算命大师与普通算命师的解释参见下文），指责他人算命水平不行，自己才是货真价实的大师。算命师都有各自的粉丝群体，在论战时粉丝们也擂鼓助威，但也慢慢改变了论战的性质，从纯学术性讨论转变为了人身攻击。另一方面是一帮所谓的科学人士与算命人士的论战。知乎上不少人都高呼"21 世纪了怎么还有人相信算命""知乎迟早要完"，最后演变成了所谓的科学与玄学的论战。关于这一类论战的详细分析，请参见下文。

每天，算命版块中都会出现新的问题，它们有的被人回答并引起了热烈的争论，有的无人问津，有的则被人举报而无法回答。但不管问题的情况如何，这一网络空间中的用户因问题而进行互动，产生了多种多样的关系，诞生了空间的秩序。

图 5.2

（三）网络算命群体的权力机制

在网络政治学兴起的时候，国外学者对它的未来发展有两种态度：一种认为网络空间的匿名性和平等性将带来革命性的影响，在网络空间能消除等级，实现自由和平等；另一种认为政治将一如既往地保持常态，等级秩序依然存在，权力依然渗透在网络空间的每一个毛细血管。事实证明，后一种看法似乎更为准确。

1. 网络算命群体的五类人群

在"知乎"的算命群体中，等级秩序显然也是存在的。笔者通过较长时间的观察与总结，将其中的等级划分为"算命大师—普通算命师—资深求测者—求测粉丝—普通算命者"这五档。

算命大师指的是那些拥有大量粉丝的算命师，由于粉丝经常敬称他们为"大师"，因此笔者用算命大师这一名词来指代他们。这一类群体可谓是站在"知乎"算命版块的金字塔顶端。他们的特点是，只要回答某一个问题，下面总有不少粉丝摇旗助威。他们基本很少回答那些形而下的、直

接给人算命的问题，而是专挑一些形而上的算命理论问题进行回答，例如"修佛可以改变命运吗？"，给人一种高深莫测的感觉。如果求测者想让算命大师亲自给他们算上一算，必须支付较高的卦金，通常都是在几百元以上。至于算得如何，一般也无从得知。

普通算命师相对于算命大师而言，没有那么多的粉丝造势，因此显得有些势单力薄。但他们比较实在，不像大师那样高高在上、不接地气，经常为许多求测者算命，卦金也比较低，有时甚至免费。他们要么是依附于某些算命大师，借算命大师来提升自己的人气，成为下一个大师；要么是另起炉灶，通过批判算命大师来赢得自己的声望，希望可以取而代之。这一人群是"知乎"中为人算命的主力军。

资深求测者是那些经过多次算命，认为自己已经知道哪些算命大师和普通算命师是有真才实学、哪些只是招摇撞骗的群体。部分资深求测者是三折肱为良医，自己也会给人算命。有些成了普通算命师乃至算命大师，有些则并不想成为一名算命师。他们在网络空间中冷眼旁观，不时地透露一些信息，提高或贬低算命大师和普通算命师的声誉。相比于求测粉丝，他们是偏向于理性的。

求测粉丝是围绕在算命师身旁的一个群体。他们对于算命是最笃信的，尤其是对自己心目中认定的算命师深信不疑。他们围绕在算命师身旁为其擂鼓助威，渴望其能青睐自己并为自己排忧解难。同时，他们也对批评算命师的人进行攻击，以维护算命师的光辉形象。相比于资深求测者，他们少了份理性，多了份狂热。

普通算命者一般是刚进入算命版块的、对算命将信将疑的人群。这部分人要么在接触之后深感荒谬，退出了算命版块；要么是对算命如痴如醉，成为了求测粉丝；要么是想以理性的态度来分析算命，成了资深求测者；要么还是将信将疑，仍然是普通算命者。

2. 五大群体之间的权力关系

这五大群体在网络空间中虽然都是以虚拟身份存在的，但权力依然渗透其间，政治学的规律依然发挥着它的作用。

在算命大师之间，会出现一种抱团取暖的现象。他们结成联盟，互相称赞，共同进步，同时打压那些挑战他们地位的普通算命师。有一次，当算命大师 A 与普通算命师 B 进行论战的时候，不少算命大师都出来支持 A 而批判 B，使网络空间的舆论倾向了 A。但是，算命大师之间的联盟也不是铁板一块，而是分为了数个集团。这些集团有时也会为了争夺霸权而进行论战。但总体而言，他们还是坚持安内必先攘外战略的，同仇敌忾地对付那些挑战他们的人，在这之后再进行内部的权力分配。在这里还要指出一点，算命大师凭借的主要是网络空间中的人气和声望，至于真实水平如何，大部分人很少关心这一点。

　　普通算命师相比于算命大师，抱团现象较少，更多的是各自为战。他们可以分为两派："保皇党"与"革命党"。"保皇党"的普通算命师依附于某算命大师，向他们请教学习，并借他们的威望来提高自己的声誉，想通过常规渠道慢慢晋升为算命大师。算命大师对于这一派是非常看重的，把他们当成了自己的精兵悍将，有的算命大师还把他们收为自己的徒弟，经常提携他们。"革命党"没有那么循规蹈矩，而是认为算命大师中有不少招摇撞骗之人，没有什么真才实学，凭借着网络运作才成了算命大师，自己才是真正有水平的，可以取而代之。因此，他们经常挑战算命大师的地位，想通过揭露他们的真面目来树立自己的权威。算命大师与这一派是水火不容的，经常发生论战。例如在图5.3中，我们可以看到对算命大师抱团取暖的现象进行了批评。但据笔者的观察，"革命党"通常是算命水平最厉害的群体。笔者所认识的好友也有不少是属于"革命党"这一派的。在访谈中，他们告诉笔者，所谓的算命大师有不少是通过网络炒作才成就了他们的名位，但这些人根本就是骗子，欺世盗名。这类人群导致算命被人看成是迷信，搞臭了算命的名声。他们有义务来揭穿这些人的真面目，还原算命的本来面目。

　　相对而言，资深求测者在网络空间中处于一个中立的地位。对于这个群体中的大部分人而言，算命群体之间的争端更多的是一场游戏。至于谁有水平，谁在骗人，他们都是心中有数的。有时，他们也怀着一种看好戏的心态，透露一些信息，推波助澜，使论战升级。一小部分资深求测者由于积累了不少算命的经验，有了一定的水平，开始向算命师转变。

　　求测粉丝是算命版块网络空间里的主力军，他们追捧各自的算命师。正是因为有了他们，这一板块才有了那么多的人气，出现了算命大师。可以说，算命大师都是许许多多的求测粉丝捧出来的。算命大师与普通算命师的区别，就在于求测粉丝数量的多少。当算命大师与算命大师、算命大师与普通算命师进行论战时，他们各自的求测粉丝都殷勤地来助威。论战的结果，很大程度上取决于哪方的求测粉丝实力更为强大，完全扭曲了论

网络算命的政治人类学

战的本来目的——去伪存真。这就导致算命师（无论是有真才实学还是欺世盗名的，无论是算命大师还是普通算命师）千方百计地增加己方求测粉丝的数量。对他们而言，求测粉丝不仅是他们在网络空间中地位的象征，也是他们的经济来源之一。在笔者看来，他们之间的关系类似于韦伯所说的卡里斯玛型。

普通算命者通常是网络空间中的新人或是长期默默关注不发表任何意见的人，但他们也是最具有成长潜力的人群。算命大师、普通算命师、资深求测者和求测粉丝都是在普通算命者的基础上发展起来的。

3. 小结

权力结构是在网络空间中将人们联结起来的一大机制，笔者将其视为"硬件机制"。通过对"知乎"算命版块的权力结构的剖析，我们可以看到，虽然说在网络空间里大家都是平等的，但实际上也在复制着现实生活中的权力等级关系，尽管现实与虚拟世界的等级之间是交叠与重新排序的关系，而非完全的复制。在这些网络人群当中，地位的获得所需调用的资本与现实社会有重合之处，譬如卡里斯玛型权威、某些资源的掌握（如算命技术）等，同时也有不一样之处，譬如年龄与工作这些在现实社会能够赋权的因素，在这些网络社群当中却未见有显著影响，但这并未妨碍这些网络社群建立起其内部的森严等级，将他们结成一体。❶

（四）科学与玄学的碰撞——文化体系机制

在算命版块中，除了那些网络算命群体之外，还存在着一些局外人。他们自称是科学的信仰者，要用科学来反对

图 5.3

---

❶ 黄淑贞：《女性粉丝社群中的等级秩序与集体无意识——东方神起网络粉丝群个案研究》，载《中国网络传播研究》2011 年第 1 期。

算命这类封建迷信。他们在算命版块中也经常展开论战，还向网络空间的管理员举报各种请求算命的问题，导致这类问题被查封。因此，这类人士引起了包括算命师和求测者在内的整个算命群体的不满。这两个群体因此常常在算命版块中交锋。这让笔者想起了民国时期胡适和张君劢等人进行的科学与玄学论战，因此将此称为"科学与玄学的碰撞"。在此过程中，笔者发现，两者的交锋反映了另一机制——文化体系机制。它悄悄改变着算命群体的认知，改造着他们原有的世界观，使他们更为密切地联系起来。

1. 科学群体出现之前

在科学群体出现之前，算命版块的问题基本上是求测者的请求算命和算命师之间的技术探讨。在对这些问题的分析中，笔者发现这些预测结果大多模棱两可，无法得到验证，技术探讨也比较专业，都是一些专有名词，使人如堕五里雾中。这一时期算命网络空间里流行的价值观是对于算命要么不信，信了就要毫无保留，坚信人生的一切已经注定，无法通过后天的努力得到改善，只能认命。这一信念与基督新教中加尔文派的预定说甚为相似，都主张人的命运在出生时已经决定，无法通过人的努力得到改善。因此，这一时期笔者感受到的是一种浓郁的悲怆与无力。

2. 科学群体的出现

信奉科学的人士出现在算命版块的时候，打破了原有的沉重气氛。这类人士指出，算命是一种封建迷信，是骗人的把戏。有一位科学群体的代表 X 在论坛里这样指出："算命之所以算得准，其实是借鉴了四大效应：（1）幸存者偏差。算错的你都不知道，猜对的却被人大肆宣扬。（2）不可证伪性。算命者故意把话说得模棱两可，正反两个方面都说得通，无法直接判断对错。（3）巴纳姆效应。故意说一些言之无物的话，这样做反而更让你觉得切中了要害。（4）皮格马利翁效应。说好话让你更加自信，于是在自我预期下会做得更好；打击你的评论则给你一种消极的心理暗示，让你不知不觉地走向颓废和失败。"❶ 还有人指出，算命只是给人造成了一种错觉，误以为自己的命运已经被决定了，为自己的遭遇找到一个合理的解释，将原因归结于所谓的"命运"而不是自身，算命就是一种精神鸦片。因此，这一群体在科学信念的支撑下，与算命群体进行针锋相对的论战，

---

❶ 来源于 http://www.zhangzishi.cc/20170207hz.html?from=timeline，笔者对部分内容进行了编辑。

并积极举报那些关于算命的问题。图 5.4 体现的正是这类论战问题。笔者也曾做过几次试验，在版块上发了不少关于算命的问题，结果是过了八小时左右这些问题就因为被举报而无法回答。

图 5.4

3. 算命群体的应对

针对科学群体提出的质疑，算命群体也相应地修正了自己的理论，改造传统的算命理论。具体可分为以下两条路径。

一是科学化的路径，多为普通算命师所采纳。这一派人士认为，算命也是一种科学，也是具有可证伪性的。他们提出了判别算命师是否有真才实学的一条标准：推测以前发生过的事情，如果推测对了才能进一步预测未来的事情。这是将波普尔的可证伪性原则吸纳进了算命理论。除此之外，这一派的代表人物 Y 这样表示："在季节的更替中，生物会随之发生周期性的行为，例如大雁南飞、青蛙冬眠、鱼类洄游等。人类作为一种生物，在相同的自然规律支配下，也有自己的周期。比如哪些时间段荷尔蒙分泌较多，哪些时间段多巴胺分泌较多等等，在不同的时间段下，人的生理状况是不一样的。所以，命理学就是以此为基础，来判断你哪天容易走桃花运，你哪些时候会走财运，这些都可以通过算命推算出来。所以算命，其实就是通过生理周期和规律，来推算不同时间下你的生理状况，在此状态下会有什么行为趋势。有什么样的行为趋势，就会有什么样的人生际遇，这就是所谓的命运和行运。所以算命的功能，就是在了解这些情况之后趋利避害，知道自己在不同的阶段中更容易做成什么。状态良好，你就去努力争取！状态低迷，你就得低调谨慎、韬光养晦。算命并不能告诉你具体的结果如何，它只是告诉你一个大致的走势，具体选择还是需要自己把握。"❶ 这就是科学的算命理论。

二是玄学化的路径，多为算命大师所采纳。这一派的代表人物 Z 认为："算命自有它的规律，所谓的科学是无法解释这套规律的，这是两个完全不同的系统。算命有自己的一套唯物主义哲学观，阴阳两极、天干地支、五行生克、天地人自然感应等等，自成体系，然后根据算命自身的理论依据去推断事物以及人的命运，以自身逻辑去解释万物规律，不装神弄鬼，不搞一些假大空的东西，并且自成一体。"因此，他们反对科学上的可证伪原则。除此之外，这一派仍坚持命定论，认为命运是已经决定的东西，个人选择无法更改它。

此时算命版块中的问题更加多元化了，而且一扫以前那种沉重的气氛，多了几分生气。为了争夺更多的认同者，算命群体与科学群体都试图将自己的内容通俗化，以便理解。

4. 小结

文化体系机制是在网络空间中将人们联结起来的又一大机制，笔者将其视为"软件机制"。在笔者看来，科学与玄学这两大文化体系的碰撞使算命群体的价值认同发生了改变。两个不同的文化体系相互接触之后，双方都各自从对手身上学到了不少东西来改造自身，使文化体系更有说服力，能吸引并联结更多的人。

三、网络算命的民族志分析：权威理论和文化体系理论的视角

（一）韦伯的权威理论

在讨论网络算命群体内部的权力关系时，韦伯的权威理论提供了一条

---

❶ 来源于 https://www.zhihu.com/collection/65396512，笔者对部分内容进行了编辑。

解释路径。所谓的权威，在韦伯看来，就是权力与合法性的联姻。在权力面前，人们虽然会选择服从，但这是出于趋利避害的考虑，是口服心不服，并不会死心塌地地追随权力。韦伯认为，人是悬挂在由他们自己编织的意义之网上的动物。[1]人与其他动物的最大区别，就是对于意义的追寻。对于权力而言，权力的正当性就是它的合法性来源。只有当权力附加上了意义，人们才会对权威全心全意地服从。韦伯对于意义的追求，开创了社会学中的诠释学这一重要分支。

在此基础上，韦伯对权威进行了分类，即我们耳熟能详的那三种：法理型权威、传统型权威、卡里斯玛型权威。在第一类权威中，合法性的来源是具有正当性的法规，人们服从于法规而不是个人，例如现代的科层制；在第二类权威中，合法性的来源是神圣不可侵犯的传统，例如以血脉为基础形成的世袭制；在第三种权威中，合法性的来源是英雄人物的个人魅力，例如先知所统率的宗教。[2]韦伯的分类方法极为经典，直到今天，我们依然在采用这一方法。尽管这三类权威是韦伯所说的"理想类型"，是从现实中抽象出来的，现实中没有完全能和这三类权威相对应的东西，但站在学理的角度，我们可以将其作为分析的工具，用它来解剖现实中的案例。

（二）透视网络算命群体的权力关系

在韦伯的指导下，我们戴上理论的眼镜来审视刚才分析过的权力机制。

算命大师与求测粉丝之间的关系，可以看成是卡里斯玛型。算命大师超然地位的基础就在于求测粉丝对他们具有超自然、超人的力量或品质的信仰，认同算命大师先知的身份，相信他们预知未来的神话，赞赏那套建构出来的算命理论。它所需要的是五体投地的信仰，不需要理性。你不能用理性去考察算命大师的算命水平，不能以可证伪性原则去检验他们的理论。因此，这种权威非常不稳固。一旦有人试图运用他的理性时，这种权威就面临崩溃的边缘。因此，算命大师联合起来，千方百计地维护他们的共同利益，抵制普通算命师用理性来挑战他们的地位。

希尔斯认为，"卡里斯玛型权威是一种不稳定的状态，它会慢慢地向

---

❶ 苏国勋：《理性化及其限制——韦伯思想引论》，上海：上海人民出版社，1988年。
❷ 李强：《韦伯、希尔斯与卡理斯玛式权威——读书札记》，载《北大法律评论》2004年第1期。

其他两种权威转变"。韦伯卡里斯玛型权威的内涵由此得到了巨大的扩展。卡里斯玛型权威自此从三大权威中独立出来，与其他两类权威迥然不同。它是其他两种权威的母体，其他两种权威是它的演化。卡里斯玛型权威必然会走上例行化的道路。例行化的结果不外乎两个，或是转变为传统型权威，或是转变为法理型权威。传统型权威与法理型权威之所以具有效力，原因在于人们信赖这些权威原来所具有的卡里斯玛。❶

因此，普通算命师对算命大师的挑战正是例行化的过程。他们的目标，是将原来的卡里斯玛型权威转变为法理型权威，用理性代替信仰。他们确定了一系列可以用理性进行考察的准则，将不可证伪的部分驱逐出算命领域。他们希望用一套可量化的科层式的考核系统来考察算命师的真实水平，并以此重新分配网络空间里的权力、地位和声望。但从目前看来，这一目标还比较遥远，大部分人依然选择信仰而不是理性。这就使得这些普通算命师不得不参考卡里斯玛型权威的方式来夺取算命大师的地位，在这之后再行改造。

从以上的分析中，我们可以看到，权力机制作为"硬件系统"牢牢地将网络空间中的人群捆绑在一起。但是，这个体制是脆弱的，稍有不慎就会断裂甚至崩溃。因此，必须配上另一个"软件系统"才能加固它。

（三）格尔茨的文化体系理论与具体分析

在讨论作为"软件系统"的文化体系机制时，我们可以参考格尔茨的文化体系理论。

首先我们有必要来了解一下格尔茨。格尔茨是美国的人类学大师，他继承了韦伯的诠释传统，开创了诠释人类学，追寻人类行为的意义。他的理论在西方的人类学、社会学、政治学等领域有重要影响，但国内对这一方面还缺乏必要的关注。本文特地选择了他的理论，一是为了解释文化体系机制，二是为了填补国内这方面的空白。

格尔茨认为，"文化是一种通过符号在历史上代代相传的意义模式，它将传承的观念表现于象征形式之中。通过文化的符号体系，人与人得以相互沟通，绵延传承，并发展出对人生的知识及对生命的态度"❷。文化体系便是这样的一套符号。文化体系可以作为宗教、艺术、常识、意识形态

---

❶ 李强：《韦伯、希尔斯与卡理斯玛式权威——读书札记》，载《北大法律评论》2004年第1期。

❷ 克利福德·格尔兹（又译格尔茨）：《文化的解释》，纳日碧力戈等译，上海：上海人民出版社，1999年。

等呈现出来。在这里，我们用作为文化体系的宗教和意识形态来考察科学与玄学的碰撞。算命有一种宗教的意味，而科学可以看成是一种意识形态。

在《作为文化体系的宗教》一文中，格尔茨指出，宗教是一个象征体系，它是为了确立人类强大、普遍、永久的情绪与动机而成立的。它的建立方式是系统阐述关于一般存在秩序的观念，并给它们套上一件实在性的外衣，使它们看上去好像具有独特的真实性。在《作为文化体系的意识形态》一文中，格尔茨指出，意识形态是一种能更巧妙地处理意义的概念工具，能更准确地把握研究对象。❶它提供了权威并有意义的概念和有说服力并可实在把握的形象，使某种自动的政治成为可能。两者的共通之处在于，它们都提供了一套秩序，使人们在无秩序的环境里，在碰上无法解释的东西时能找到慰藉。在一定意义上，二者可以等量齐观。赵鼎新教授在分析权威时，用意识形态合法性取代了卡里斯玛的合法性和传统合法性。❷在他看来，类同于宗教的卡里斯玛型权威也可算是一种意识形态。因此，笔者采用他的观点，将作为文化体系的宗教和作为文化体系的意识形态统一起来，以此来考察算命群体和科学群体的碰撞。

这两个群体在未接触之前都有着各自的秩序，并以此作为群体存在的基础。但是，当这两个群体接触之后，他们的观念进行了交锋，对彼此都产生了影响。其中，算命群体受到的影响远远超过了科学群体。因为科学是当今的主流价值观，从取得的成果上看更有说服力，更具有理性。这就冲击了算命群体内部的秩序。格尔茨认为，意识形态是一个文化的体系，在某一个社会、某一个时代，意识形态可以有积极的、正面的作用，甚至可能在社会生活中扮演举足轻重的角色。当原有的意识形态不能够指导那个社会的人民如何组织其社会、政治生活，不能够成为行动的依据，这个社会的成员就需要寻找一种新的意识形态，来指导他们的生活，并成为人们形成团体的基础。❸意识形态的功能在社会失去正确导向、缺乏可用的

❶ 克利福德·格尔兹（又译格尔茨）：《文化的解释》，纳日碧力戈等译，上海：上海人民出版社，1999年。
❷ 赵鼎新：《民主的限制》，北京：中信出版社，2012年。
❸ 邹谠：《二十世纪中国政治——从宏观历史与微观行为角度看》，香港：牛津大学出版社，1994年。

模板、失去明确意义的情况下才发挥出来。● 对比格尔茨的说法，我们可以看到，算命群体对原有的理论进行了调整，吸收了部分科学的内容，使之更有说服力。

在这之后，新的作为文化体系的意识形态巩固了算命群体内部的秩序，使其继续有序地运行下去。文化体系机制配合权力机制，共同维护着网络空间中的秩序。

四、结论

本文的主题是探讨在以算命为主要业务的网络空间中将人们联结起来的机制。本文采用了网络民族志的方法，将参与式的田野调查和面对面的访谈结合起来，最终发现了两大机制：作为"硬件系统"的权力机制和作为"软件系统"的文化体系机制。权力机制偏重于等级和权力，致力于权威的建构和转化，例如前文提到的五大等级之间的互动、"保皇党"与"革命党"之间的龃龉等等；文化体系机制偏重于系统内部人们的认同，致力于文化体系自身的建设，例如前文提到的科学化与玄学化的不同路径、科学与玄学的论战等等。二者互为犄角，共同支撑起网络算命空间的一片天地。

网络算命是当今网络空间出现的一种新现象。它有别于传统的算命方式，需要我们以新的方式来考察它。尽管它是崭新的，但它仍摆脱不了传统的权力等级关系，因此我们依然可以用熟悉的政治学知识对其进行考察，发掘其中的规律。人类学是一门寻求特殊性的学科，政治学则是一门寻求普遍性的学科，二者的交叉学科政治人类学便是在特殊性中寻找普遍性，在普遍性中寻找特殊性。网络算命既有它的特殊性，也有普遍性。它有独特的网络空间文化，又摆脱不了普遍的政治学规律。本文的研究是抛砖引玉，笔者"嘤其鸣矣，求其友声"，希望能有更多类似的研究来推进和拓展对这一新现象的探索。

网
络
算
命
的
政
治
人
类
学

● 刘光斌：《格尔茨：作为文化体系的意识形态》，载《福建论坛（人文社会科学版）》2008年第2期。

Political Anthropology of Network Fortune-telling:
A Case Study Based on "Zhihu"
Jiadong Chen

Abstract: This paper adopts an ethnographic approach, combines participatory field surveys with face-to-face interviews and conducts a political anthropological inquiry into the network fortune-telling phenomenon in the "Zhihu" cyberspace. This article uses Weber's authoritative theory and Geertz's cultural system theory to explain these phenomena respectively, in order to reveal the operating mechanism. Two major mechanisms are eventually discovered: a "hardware system" as the power mechanism and a "software system" as the cultural system mechanism. Two mechanisms are mutually exclusive and together support a network of fortune-telling space.

Keywords: online fortune-telling; authority; cultural system; political anthropology

第十三卷

青年足球迷的文化政治

——中超联赛的网络民族志个案研究

王　旭

摘要： 本文主要探讨中超联赛中上海申花队青年球迷的日常文化实践，通过对话伯明翰学派的青年亚文化理论来解读青年球迷在球场上及互联网空间的互动行为背后的文化政治内涵。通过采用人类学参与、观察等民族志方法，将田野点划分为线上与线下两部分。线上田野工作主要在互联网虚拟空间中展开，通过长期的线上互动与观察收集经验材料。线下田野工作作为线上田野的补充，通过赛前、赛中及赛后的线性活动参与，从球迷处获取对足球意义的解读。

关键词： 青年足球迷；文化政治；伯明翰学派；网络民族志；中超联赛

一、绪论

（一）研究缘起

20 世纪 70 年代末以后，随着大众文化在中国的传播，青年亚文化的势头也随之兴起。从 20 世纪 80 年代初的"喇叭裤"、收音机潮流到目前我们熟知的"二次元"、网红文化等，虽然其名称判若云泥，但它的样式、规模以及内容呈多元化和潮流化的趋势，并展现出一种对青年群体不断渗透的态势，同时也对他们的思想产生了重大影响。青年群体在接受这些文化的同时，其背后也隐藏着他们的共同诉求，这些诉求会在一些相对真空的场域内释放出来，并引发主流社会的关注。正如美国心理学家埃里克森所说的那样："在任何时期，青年首先意味着各民族喧闹的和更为引人注目的部分。" ● 目前，随着互联网的发展，中国的青年亚文化处在一个变动的转型期，当代中国的青年亚文化现象贯穿于青年群体的日常生活中，并

● Erikson E. H., *Identity: Youth and Crisis*, New York City: W. W. Norton & Company, 1994, p.12.

影响他们的价值观、生活、行为及自我形象，甚至影响他们对于未来的抉择和对于理想社会的塑造。作为对外开放后多元文化孕育的产物，青年群体亚文化现象的出现和流行很大程度上是当代大众文化直接冲击的结果。在这种碰撞与交融中，青年不断创造出新的文化，并为该群体所接受、见习和效仿，催生了具有显著时代特色的青年亚文化，也蕴含着青年的主体性特征、流行化态势和个性化特点。对于开放社会中象征活力的青年群体而言，当今社会充斥着各式各样的竞争，这给他们的工作与生活带来了许多困惑和压力。他们必须拥有自己的文化，以此来消减这些压力❶。因此，作为文化研究重要领域的青年亚文化研究就应秉承关注边缘话语与文化实践的视角，探究群体文化与权力之间的相互联系。在这个意义上，如何通过对一个青年群体的研究而准确地解读和阐释青年亚文化现象就成为一个有意义的现实问题。

近年来，随着生活水平提高、足球赛事的媒体转播技术及互联网的不断变革，足球赛事走进千万家庭，足球成了国内大众茶余饭后的主要话题之一，由此也催生了众多的足球人口。如此，青年球迷群体作为中国足球发展中足球人口重要的根基，他们是如何在日常的文化实践中组织、运作及表达自我的，这些行为展现出了怎样的政治内涵，而这样的政治内涵是如何反映出这个群体的政治诉求的？因此，在这样的层面中讨论中国的青年球迷文化便成了一个有意义的议题。正是基于这样的考虑，笔者从政治人类学的理论脉络与网络民族志研究方法展开并构思了本研究议题。

（二）何谓文化政治？

文化政治在理论层面的讨论，首先是从葛兰西开始的。葛兰西在《论文学》一书中首次提到了"文化政治"这一概念，他说："存在两种类型的事实：一种是美学或纯艺术性质的事实，另外一种是文化政治，也就是政治性质的事实。"❷这里的"文化政治"的用意是贬低那些强调政治内涵而忽视了艺术意义的文学作品，还不是一个成熟的学术概念。而后，西方马克思主义逐渐舍弃将其理论局限于宏观的政治和经济问题的研究，关注点开始转移到文化研究的领域，文化政治这一概念才逐步引发学术界的争鸣。不同学科的介入为文化政治提供了新视野，文化政治概念已广泛地渗

---

❶ 张平功：《青年亚文化的形成及表现》，载《青年探索》，2007年第4期。

❷ 葛兰西：《论文学》，北京：人民出版社，1983年，第30页。

入当代西方思潮，西方马克思主义、女权主义、后殖民主义、多元主义、新自由主义、环保主义等思潮中都能看到其身影。但究竟什么是"文化政治"，学界一直没有给予一个统一的定义，正如伊格尔顿在提到这一概念时所表述的那样，"这个词的意义却非常含混不清"❶。究其原因，在于文化政治这一概念所涉及的学科讨论半径较大，辐射面较广，其不仅可以与西方马克思主义、新左派、文化研究等领域相联系，还可以与后现代主义以及晚期马克思主义等不同的理论脉络相结合。如本内特就曾指出文化研究"目前主要是作为一个方便的字眼，用以指代一系列的理论和政治观点……这些观点都是从他们与权力指向的复杂关系及权力内部复杂结构的角度审视文化行为"❷，以至于国内学者范永康在提及这一时期文化政治研究的情况时说："并没有一个绝对的、固定的本质，所以，对文化政治的探究必须落实到具体的历史语境和理论派系中。"❸

鲍尔德温等人的研究更能体现出文化政治这一概念的内涵，这一类研究是从政治学的角度来探讨文化政治这一概念的，他们认为这一概念是在文化研究中将所有的文化现象表述为"一种被争夺的权力关系问题……权力关系的领域，包含所有的社会和文化关系，而不仅仅是阶级关系"❹。因此可以将文化政治的研究理解为一种拓展了的政治学研究，从而充满了后现代主义的色彩，也就是从"议会、政党、国际关系、国家制度、官僚机构、工会等转移开，并扩宽研究的领域，把艺术和文学的政治，性别和种族的政治，以及日常生活的政治都包括进去"❺，即从一种宏观政治学向微观政治学的转向过程，这样的说法有些类似于福柯的谱系政治学对于权力的研究范式。类似地，陶东风将文化政治的研究理解为"文化研究对于那些表明弱势集团用以对抗统治意识形态的权威的文化话语与文化实践，给予了特别的关注与热情"❻，同时，他在另一本著述中对于文化政治的解读为"社会文化领域无所不在的权力斗争、支配与反支配、霸权与反霸权的

---

❶ 伊格尔顿：《理论之后》，北京：商务印书馆，2009年，第46页。

❷ Bennett T，"Putting Policy into Cultural Studies"，in L. Grossberg，C. Nelson and P. Treichler (eds)，*Cultural Studies*，New York and London: Routledge，1992，p.23.

❸ 范永康：《何谓"文化政治"》，载《文艺理论与批评》，2010年第4期。

❹ 鲍尔德温，朗赫斯特，麦克拉肯等：《文化研究导论》，北京：高等教育出版社，陶东风等译，2004年，第228、266页。

❺ 同前。

❻ 陶东风：《文化研究：西方与中国》，北京：北京师范大学出版社，2002年，第13页。

青年足球迷的文化政治

斗争"❶。在某种意义上，我们可以说"文化政治"这一概念里的"文化"所起到的作用正如格尔茨所言，"不是一种力量，不是造成社会事件、行动、制度或过程的原因；它是一种这些社会现象可以在其中得到清晰表述的即深描的脉络"❷，它实质上包含了人类生活实践的、牵涉意义生产的诸多方面；而"政治"所彰显的正是在这个过程中所涉及的人与人之间的复杂关系。

（三）伯明翰学派的青年亚文化理论

青年群体行为研究的一种重要范式来自美国芝加哥学派❸的越轨社会学研究，该研究主题是行为主义被普遍应用于社会科学研究之后的产物。越轨社会学与亚文化研究的关系十分密切，以芝加哥学派的越轨社会学理论对伯明翰学派的青年亚文化理论生成的影响最为显著。在人类学的"民族志"和"参与观察"的方法论的基础上，芝加哥学派提出了"问题解决""标签理论"等越轨社会学理论。这个领域占据重要地位的当属霍华德·贝克尔（1963），他考察美国判定吸食大麻的"合法"还是"非法"的过程与结果，并因此提出了"标签理论"，他认为现实中并无亚文化"越轨行为"，正是因为人们给这些行为贴"标签"，然后才出现了亚文化。

沿着文化政治的理论脉络及越轨社会学的研究范式，伯明翰当代文化研究中心（CCCS）❹通过大量的实证研究主题凝练出其青年亚文化理论，青年群体对主导文化的霸权进行仪式性抵抗是一个重要的关注点。概言之，伯明翰学派的亚文化理论研究方向可以总结为三个核心词，即风格、抵抗与收编。在此过程中穿插着"符号"与"仪式"的互动。伯明翰学派青年亚文化理论的来源首先是霍尔所提倡的"不做保证的"马克思主

---

❶ 陶东风：《文学理论的公共性——重建政治批评》，福州：福建教育出版社，2008年，第16页。

❷ 格尔茨：《文化的解释》，上海：上海人民出版社，1999年，第16页。

❸ 关于芝加哥学派的谱系，参见阿兰·库隆：《芝加哥学派》，郑文彬译，北京：商务印书馆，2000年。

❹ 1964年，英国伯明翰大学当代文化研究中心（简称CCCS）成立，中心第一任主任由理查德·霍加特担任，聘请了斯图亚特·霍尔承担中心的研究工作。在教授就职演说当中，霍加特主任规划了中心的主要研究领域，分别是"历史的和哲学的"（historical and philosophical）、"社会学的"（sociological）以及"文学批判的"（the literary critical）。然而，该中心在英国2001年的研究评估演习中评分出乎意料的低，并在一片质疑声中于2002年关闭，大部分工作人员也相继离开。参见维基百科（Wikipedia）"当代文化研究中心"，https://en.wikipedia.org/wiki/Centre_for_Contemporary_Cultural_Studies，2018。

义❶；其次是以研究亚文化，尤其是青年行为为中心主题的芝加哥学派为代表的越轨社会学研究；最后是结构主义和符号学理论。

青年亚文化的这种"躁动式"的风格主要体现在对于品位、流行及时尚等方面的追求上，也往往在休闲领域（leisure field）中横空出现。伯明翰学派亚文化理论里讨论最多的关键词是"风格"，他们将青年亚文化看作一种"词典"或"暗语"，然后再对该"文体"（风格）的抵抗行为及被收编的宿命进行阐述："风格问题，这种因时代而产生的风格问题，对战后青年亚文化的形成至关重要。"❷因而，在文化研究中，"对风格的解读实际上就是对亚文化的解读"❸。这也正是该学派的一个核心观点，即青少年群体创造出各类光彩夺目的奇特风格和符号表征——音乐、暗语、舞风、行为等，通过风格来传达他们的阶级属性。在这里，风格指的就是一种仪式活动，即风格的存在主要是为了表明"组织化的象征活动与典礼活动，用以界定和表现特殊的时刻、事件或变化所包含的社会与文化意味……许多人类学证据都指出，社会动荡之际或者个人或群落的'常态'在某些方面觉得受到威胁之际，礼仪活动就随之加剧"❹。用费斯克等人的话来说，风格也就是"文化认同与社会定位得以协商与表达的方法手段"❺。在伯明翰学派看来，无赖青年、摩登族、光头仔等这些极具青年亚文化特色的风格与二战后英国青年群体的种种仪式相结合，隐约传达着一种发生在想象空间中与霸权集团"协商"解决问题的秘密抵抗迹象。这种风格不但与基于阶级身份的自我表达有关，也与基于自我文化认同的表现有关，同时它又能赋予亚文化群体一个强烈的认同根基，"它联系着特定阶级的特定人群，帮助亚文化群体进行内部和外部的自我表述，依赖于某些特定形态的知识与习俗，与布迪厄所谓的'习性'有着密切的联系，构成了特别的'亚文化资本'"❻。"风格"不只是边缘群体的亚文化符号游戏，

青年足球迷的文化政治

---

❶　但是需要指出的是，伯明翰学派所遵循的马克思主义并非传统或经典的马克思主义，其中的学者也并不以马克思主义者自居，这也符合英国"文化马克思主义"的传统。

❷　费斯克等：《关键概念：传播与文化研究辞典》，北京：新华出版社，2004年，第243—244页。

❸　同前。

❹　同前。

❺　同前。

❻　胡疆锋，陆道夫：《抵抗·风格·收编——英国伯明翰学派亚文化理论关键词解读》，载《南京社会科学》，2006年第4期。

从某种意义上说，它更是展现、聚焦以及传递阶级、族群与性别等社会关系的一种载体。

在青年亚文化理论中，风格产生之后，青年群体对主导文化的霸权进行仪式性抵抗是一个重要的关注点。霍尔和沃内尔是这样描述亚文化群体的抵抗行为的："青少年形成了特别的风格、特殊的交谈方式，在特别的地方以特别的方式跳舞，以特殊的方式打扮自己，和成人世界保持一定距离，他们把穿着风格描绘成是'一种未成年人的通俗艺术……用来表达某些当代观念……例如离经叛道、具有反抗精神的强大社会潮流'：青少年亚文化形成特别的风格，其目的就是'抵抗社会'，这种抵抗有可能汇聚成一股强大的社会潮流。"❶那么，青年群体到底为何抵抗呢？学派的回答是：战后英国出现的多种青年亚文化现象并非传统意义上的代际矛盾了，而更多表现为对主导阶级和文化霸权的一种仪式性抗争，是对社会阶层问题中的矛盾与集体遭遇的困境（失业、贫困及居住环境等）"象征性解决问题"方案的尝试。亚文化的发展代表着边缘及弱势群体以一种有别于传统革命性暴力反抗的特殊抵抗手段来捍卫其不断面临威胁的意义空间，这并不是不思进取和道德滑落的表现，相反，青年亚文化的出现表明了一种反霸权意识形态的存在，这与他们日常的生活处境有"想象性相关"的联系。❷

因此，该理论认为：亚文化的抵抗风格产生并拥有一定的力量之后，会让主导文化产生道德恐慌。这时，主导文化不可能坐视不理，它们通过采取意识形态与商业两种手段对亚文化进行持续的遏制和收编。霍尔等人在《通俗艺术》里曾提及青少年所创造的亚文化被商业手段"收编"的情况，并说道："青年人的文化是货真价实的东西和粗制滥造的东西的矛盾混合体：它是青年人自我表现的场所，也是为商业文化提供了清水肥草的大牧场。"❸真正对这一过程进行论述的是赫迪伯格。在研究朋克摇滚时，他指出亚文化在产生一定的影响之后，往往会被主流群体以两种手段整合并收编到原有的社会秩序中去。第一种是通过商品的方式，通过批量生产使亚文化符号（服饰、音乐等）成为市场上的物品；第二种则是意识形态的方法，即通过支配的方式（如警察、媒介、司法系统等介入），为青年亚文化

❶ Hall S., Whannel P., *The Popular Arts*, London: Pantheon Books, 1965, pp 180-182.

❷ Hebdige D., *Subculture: The Meaning of Style*, London: Methuen, 1979, p.17.

❸ Hall S., Whannel P., *The Popular Arts*, London: Pantheon Books, 1965, pp 180-182.

异常行为贴上"标签"，使社会对其产生道德恐慌，再对其重新界定。

二、风格："蓝血人"文化的生成

（一）申花及球迷的基本面貌

上海申花足球俱乐部（Shanghai Shenhua FC），成立于 1993 年 12 月 10 日，申花意为申城（上海）之花，是一家在中国足坛享有盛誉的职业足球俱乐部，位于中国第一大城市上海，主场为上海虹口足球场。球队曾赢得 1995 年赛季和 2003 年赛季中国足球甲 A 联赛冠军，由于球队一直扎根于上海，其球迷基数也较为庞大。❶2018 年申花全队总身价为 1725 万欧元，在中超 16 支球队中居第八位，综合成绩世界俱乐部排名第 758 名。❷拥有哥伦比亚国脚莫雷诺、瓜林，尼日利亚国脚伊哈洛，以及中国前国脚毛剑卿、曹赟定等人。以 2017 年、2018 年赛季为例，该球队的中超排名为中游水平。在 2014 年 2 月与绿地集团（Greenland Group）达成股权转让协议之后，更名为上海绿地申花。

作为中国职业足球老牌俱乐部，申花的球迷基数大，它是中国职业联赛球队中球迷人数最多的几支球队之一，大多数球迷都是上海本地人，也有少部分为在上海工作的外地人及外籍人士，多为上班族或学生。由于申花一直以蓝色作为球队主色，球迷一般自诩为"蓝血人"，所以有关申花的一切标签几乎都与蓝色有关。通常，成熟的俱乐部出于迎合球迷的支持与方便管理球队球迷的考虑，都会积极与球迷协会合作，为球迷协会的组织与管理提供一定的帮助以吸引球迷。目前申花较大的球迷协会为蓝魔球迷会、吉祥联盟球迷会、蓝宝球迷会、盛世球迷会、铁杆球迷会、申花群星联盟、车友球迷会等。不过，并不是所有球迷都加入了这些俱乐部，也有些球迷以散客的方式存在。

（二）风格的构成："蓝血人"的亚文化图腾

在伯明翰学派的研究中，从光头仔到嬉皮士，各种各样的青年亚文化群体通过服饰、乐器、仪式及口号等物品和符号生成了该群体的独特风格。而在所有有申花球迷活动的场域中，我们不难发现许多在社会其他地方所不能看到的东西出现在这些青年球迷群体的仪式性活动中，并被赋予了新的意义，且这种意义是非常"私人化"的。下面我们将对一些被申花

---

❶ 资料来源：http://www.shenhuafc.com.cn/club_about.html.

❷ 参见"懂球帝"APP 上海申花 2018 年官方数据。

球迷挪用的部分物品进行介绍。

1. 围巾。作为一种保暖的服饰配件，冬天才佩戴的围巾会在炎热的夏季被球迷围在脖子上，上面刺着球迷们自己精心设计的各种口号，而围巾的真正作用到了球赛开场时才发挥出来，起立的球迷会双手将围巾举高，对着入场的球员喊球队口号，并在国歌放完之后将其收起，或在机场的候机通道里迎接球员时发挥出它的用处。如果我们仔细观察申花球迷佩戴的各式各样的围巾，就会发现它们都有着共同的主题，印有俱乐部的标志或颜色、城市的名字，以及球队球星的肖像等。从什么时候起围巾变得如此重要？根据国外历史学者的调查，早期的球迷看球都穿着黑领大衣和帽子御寒。而处于欧洲北部的英格兰的联赛则跨越了整个冬季，球迷不得不加上围巾抵御寒气。后来他们发现可以在围巾上印上俱乐部的名称，以表达自己对球队的热爱。早期的设计很简单，只是俱乐部主色调的条纹。随着时间的推移，技术允许更复杂的设计，如将标志或一些球星面孔以刺绣的方式放在上面。❶到今天，围巾文化已经成为球迷文化中最重要的部分之一了，如笔者在虹口球场访谈的一位球迷，他认为"围巾是在任何地方展示他们的支持和自豪感的一种手段"。不难想象，当申花的第一代球迷开始注意到围巾的意义时，很快他们就发展出了自己球队的风格特征，并在赛场或其他球迷活动的地方将围巾从他们俱乐部蓝色的海洋中拿出来，唱着球队颂歌。这是一场足球比赛最重要的仪式之一，在笔者几十次在虹口主场的田野观赛中，没有哪次是缺少这个步骤的（见图 6.1 和 6.2）。

图 6.1　赛前高举围巾的申花球迷

图 6.2　球迷举围巾迎接球员

---

❶　资料来源：Soccer365，"Soccer Scarves: Where Did They Come From And Why Are They So Important?"，http://www.soccer365.com.

2. 信号弹（手持烟雾）。信号弹一般用在消防救援中，相比传统的烟花，其有焰温低、气味轻等特点，而且在燃放时有光，能产生鲜艳夺目的烟，有焰火观赏效果，且不会爆炸，不产生灼热的残渣，危险性低等。信号弹燃点在 60℃～80℃，外部温度 30℃～50℃，对人体无伤害。这些东西会被疯狂的球迷用来造势，以渲染一种类似于战场的氛围，激发进攻情绪（见图 6.3 和 6.4）。通常使用的场所是在主客场球场外的球迷聚集区或者球场内的看台。2015 年足协下达规定●之后，原来前几年还有球迷在球场内放烟的行为，但是随着俱乐部的几次被罚，目前虹口球场内已经见不到手持烟雾的身影了，而球场外也由于比赛日上海市对虹口球场周围的治安管制，也没有球迷敢冒险放烟了。

球场内燃放烟雾是球迷的一项重要活动，但由于球迷们无法把握好燃放的尺度，目前许多国家的联赛对燃放的标准都有所规定。主要就是规定烟花的种类，以及燃放的规则等，也有少数国家明文规定禁止这种行为的发生，中国就是其中之一，但我们偶尔也能在国内一些低级别联赛中看到这些现象的发生。然而随着 2015 年的规定下达，再加上几次严厉的处罚，此类现象似乎已经匿迹了。

图 6.3　正在燃放手持烟雾的申花球迷

●　中国足球协会于 2015 年 6 月 9 日发布了文件：足球字〔2015〕246 号《关于禁止在足球赛场燃放冷烟火的通知》。

图 6.4　申花球迷在南京客场燃放信号弹

3. 助威歌曲。申花球迷们将他们经常在足球场上喊的口号和标语拼凑成歌词，再根据经典《马赛曲》改编成曲：

　　上海申花至高无上
　　我们流着蓝色的血
　　胜利终将会属于我们
　　胜利终将会属于我们
　　噢嘞　噢嘞
　　噢嘞申花噢嘞
　　噢嘞　噢嘞
　　上海申花至高无上
　　我们流着蓝色的血
　　胜利终将会属于我们
　　胜利终将会属于我们……

　　　　　　　　——《上海申花至高无上》，曲改编自《马赛曲》

　　类似的助威歌曲还有好几首，篇幅有限，笔者在此不一一列出。这些助威小曲可以发生在任何有球迷聚集的实地中，尤其是在球场上的时候，紧张的气氛配合着斗志昂扬的歌曲，追赶着那有节奏的敲鼓声，气势磅礴。除了在足球场和古代沙场上，笔者再也想不到还有什么地方可以感受到这种氛围，自己也会抑制不住参与其中。通过这种通俗的曲调和重复的短句，这些旋律和歌词很容易为球迷群体所接受，并在适宜之时"表演"出来，在球迷那里产生重要的意义，这种意义包含着球迷的情感与认同，而球场和互联网空间等球迷聚集区域则成了球迷表达这些意义的归属地。因此，符号（图腾）成了球迷表达这种意义的载体，任何一句歌词、一个Logo甚至一个球员的名字，都能成为申花球迷乐此不疲地追逐与互动的对象。被赋予了新的意义的文化符号在球迷那里产生了群体认同，通过一些仪式性活动展现出来。在这个过程中，符号融入仪式，产生了独特的亚文化风格。

球迷们十分在乎自己在运用与设计这些图腾时的话语权。如果任何球队的标语、引援、主帅的任命或周边产品的设计得不到球迷的认可，将会立即引发强烈的争议并迅速在球迷圈里传开，俱乐部及球迷协会的管理人员会迫于舆论压力改变其立场或者出面澄清，以缓和来自球迷的压力。这种现象英国社会学家泰勒有所讨论，他在研究英超球队诺丁汉森林，讨论到俱乐部与球迷之间的关系时，借用政治学的概念"参与式民主"来解释这一现象，他认为这是由于球迷对俱乐部拥有强烈的归属感和感情❶。

为了更深刻地理解申花球迷挪用大众文化创造自己的文化图腾的行为，我们还可以借用结构主义人类学的一个概念——拼贴（bricolage，也译为"拼凑"）。这一词来自人类学家列维－斯特劳斯所构建的符号学，在《野性的思维》这本书中，他借用"拼贴"这一概念来描述原始部落中人类的思维方式，即通过挪用的方式，从原有的物品和意义中创造出一种新的意义——通过"在一个总体意指系统的内部，重新组织并将对象放在新的语境中以传达新的意义的方式"❷。这些被球迷"挪用"来的东西并不是凭空出现的，而是商业社会的副产品。球迷们通过把物体重新进行排序，或在新的语境下进行解读，由此来产生新的意义。克拉克认为这样的意义"包括了被使用物体上所连带的、原先的和沉淀的意义"❸，也清楚地表达了

❶　Taylor I., *Football Mad: A Speculative Sociology of Football Hooliganism*, DC 1st Symposium (November), 1968.

❷　列维－斯特劳斯：《野性的思维》，北京：商务印书馆，1987年，第22—24页。

❸　Clarke J., Jefferson T., "Politics of Popular Culture: Culture and Sub-culture", *Working Papers in Cultural Studies*, Stencilled Papers by CCCS, 1973, 4(14), pp.1–11.

青年足球迷的文化政治

除了拼贴之外的现实含义。

但在此笔者需要指出的是，伯明翰学派在此所提到的"拼贴"概念与列维－斯特劳斯的定义有些不同的地方。与原始人所做的拼贴行为相比，它存在着很多区别、超越以及变通之处。首先最明显的地方就在于原始人所拼贴的物品都是自然物，而亚文化群体所拼贴的则是具有社会意义的劳动商品，劳动产品与天然的自然产品存在差异，商品已经不再是对个体的存在意义那么简单了，其背后还隐藏着复杂的社会关系；其次亚文化群体对于商品运用的形式本身也能产生新的、对立的意义，如夏天佩戴围巾的申花球迷的行为；最后一个不同的地方就在于球迷文化中的拼贴与商业文化（大众文化）之间有着不解之缘，而原始社会的拼贴只是在自然需求中形成的。正因为如此，亚文化才具有强烈的颠覆作用，它会以不守规矩、反转的形象对现代"物质文明"发出致命的挑战，它在吸引了那些对该文化有着强烈认同的人群的同时，也引发了那些不感兴趣的"观众"的道德恐慌。

（三）为什么是亚文化？

文化研究一直以来都是以跨学科壁垒和研究对象的复杂多变而著称的。"亚文化"这一术语虽然 20 世纪中叶就有人提出了[1]，但正如"文化"一词一样，一直存在着许多争议。其原因主要有两点：一方面是对于这一概念存在不同的指称，另一方面由于参照的主文化群体不同，会不断地出现新的亚文化群体，所以亚文化的鉴定发生了变化。[2]文化的生成与变化，是一个逐步积累而漫长的过程，亚文化也是如此。它是由一群有着共同的情感、认知以及反应行为的边缘行为主体所组成的群体在特定的时空中所表现出来的一种受众范围有限而极具颠覆意义的文化。与大众文化一样，它里面同时包含着风俗、仪式及行为规范等。在这个意义上，亚文化与大众文化的差别的最主要特征我们就可以说成是受众大小的问题。那么，我们为什么说申花青年球迷所表现出来的行为特征具有亚文化的意义呢？

首先，在文化符号方面，申花球迷在互联网的互动中所表现出来的行为表征具有亚文化的含义。如我们在上一节中介绍申花球迷的文化符号时

---

[1] 阿诺德·W. 格林（Arnold W. Green）在他 1946 年的文章中反复地交替使用"亚文化"与"人群"这两个概念，同时他有时又提及"高度整合的亚文化"，并与对精神取向问题的论述相联系。可见这一词出现时的模糊性。

[2] 黄瑞玲：《亚文化：概念及其变迁》，载《国外理论动态》，2013 年第 3 期。

所指出的，球迷通过对主文化的领域中物品的挪用，产生了新的文化意涵，这是亚文化最重要的特征之一。因为被球迷赋予了新意义的物品，已经具有某种凝聚的力量，它无时无刻不唤起球迷们对于文化空间的想象以及对于其他文化空间侵蚀本文化空间的臆想，因此青年球迷文化产生了力量，而追寻这些文化的球迷也找到了自我与群体之间共同发生反应之后的想象共同体，同时也找到了个人存在的意义，即一种对于自我、他者和我们、他们关系的理解。

其次，申花青年球迷的年龄阶段符合亚文化产生的阶段。芝加哥学派在研究亚文化时，将亚文化的研究领域定位为三个方向。1. 研究种族及移民问题。这一主题方向研究的代表学者为托马斯、兹纳涅茨基、帕克及弥尔顿·戈登等人。他们主要关注美国移民同化问题及由此引发的一系列社会问题。2. 异常行为及犯罪行为。这一领域的学者有斯雷舍、科恩等人。3. 职业亚文化。这一领域的代表有克里希及萨瑟兰等。三个方向的研究学者都将目光转向了青年群体，也由此而产生了青年亚文化研究的"越轨"范式。伯明翰学派在继承该研究范式以后，将目光对准了青年一代，试图在这个群体身上找回后福利国家背景下的阶级反抗意识，并引发了一场文化研究的热潮。因此，我们可以将伯明翰学派所做的亚文化研究说成是对青年的研究。而笔者认为申花青年球迷所表现出的文化行为，必然也可以从主文化以及亚文化之间的关系考量，并从中解读出亚文化的文化政治意涵。

最后，青年球迷文化与主导文化存在根本矛盾。这种对立可以说是来自家庭之间的代际问题，表现最为突出的就是与父辈文化之间的代沟，也可以说是来自学校教育过程中的一种叛逆（反叛），或者也可以说是刚刚步入工作岗位的工薪阶层对于现阶段分配制度不满的无奈举动。在这些矛盾产生的过程中，青年球迷急需一个想象性解决问题的空间，将他们所有的"不成熟"表现都发泄出来，并从高度的认同中找到自我价值与行为的意义。从这一点上来说，球场内及关于球场的互联网空间为青年群体提供了一个安全的"避难所"，只要不做出过分的反叛行为，在这些空间中他们可以找到他者给予的尊严，同时也能帮助他人，寻找到自我行为的意义。

三、抵抗：解码"蓝血人"的躁动

伯明翰学派认为亚文化的核心概念是抵抗，之所以常常发生在休闲领域，是因为那里给了边缘群体足够的反霸权想象空间。申花青年足球迷的文化以各种奇特的抵抗风格出现在社会中，但这种抵抗是哗众取宠还是另有隐情？它是否有阶级的性质？还是与父辈之间的叛逆关系形成的结果？这种亚文化风格的真正目的是什么？试图圆满地解答这些疑问，理解申花青年球迷的亚文化风格的意义无疑是比较有难度的，但也不能过于悲观。同样，伯明翰学派的杰佛逊也说过："不幸的是，目前为止仍未有固定的语法去对亚文化风格的文化符号进行解码，只能去观察它出现的语境。"❶借鉴人类学参与观察的方式去解码青年足球迷的亚文化风格能让我们更深刻体验这种风格的意义，也使得我们的解读更接近于球迷群体本身。下面我们将介绍申花球迷在足球场上的几种反抗霸权的抵抗行为，以此来解码青年球迷抵抗行为背后的意义。

（一）俱乐部：想象性解决问题的空间

球迷热衷于时刻关注球队的任何消息，并认为自己对俱乐部的许多看法都应该得到足够的重视，因此也将俱乐部看作是"参与民主"的想象空间。通过借助互联网虚拟的平台，如论坛、贴吧、微信群等，球迷在这些地方找到了自己的组织，并释放自己的观点形成公开讨论的状态，引发公议。

值得提起的是 2018 年赛季末球队主帅吴金贵下课风波。2017 年 9 月 11 日，由于赛绩不佳，前主帅波耶特向俱乐部提出辞职；申花官方也同意波耶特的辞职申请，由技术总监吴金贵出任球队主教练。在接棒主帅之位后，吴金贵的球队成绩较之前有所好转，且在该赛季末还击败了同城死敌上海上港，赢得了 2017 年赛季中国足协杯冠军，这简直是申花这几年来的最大成就。我们不妨来看一下夺冠当天网络上一些评价吴金贵的言论。

吴金贵的确有能力，技战术、凝聚力、运气都完胜对手博阿斯。这个冠军意义非同凡响。

——（新浪微博，用户：译神闲）

❶ Jefferson T., "The Teds: A Political Resurrection", *Working Papers in Cultural Studies*, Stencilled Papers by CCCS, 1973, 4(22), pp.10–33.

明显感觉波耶特是个坑，而且很特别所以是特别坑；吴金贵对上海很热爱——无法放弃的金子般珍贵！

——（微信公众号，用户：金金）

越来越喜欢这个教练了，颇有风度，不失礼节，尊重对手，长得也帅，喜欢！

——（懂球帝 APP，用户：Bupt_fc）

然而，赞美之声随着 2018 年赛季球队开赛初的节节失利而开始变得微弱，联赛不断推进的同时，对吴金贵的质疑声开始涌现。尤其是在 8 月 26 日 1 比 3 惨败给北京人和之后，全场球迷在球场内和赛后的球场外喊出了"吴金贵下课"的口号。11 月 16 日，赛季结束后的第五天，申花官微发布了一条关于青训梯队思想教育以及 U17 队伍❶出征冠军杯动员会的消息，短短几分钟之内球迷的情绪完全爆发出来，致使该微博下的评论区被"吴金贵什么时候下课"刷屏（见图 6.5）。

图 6.5　微博截图

❶　U17 即 Under 17 的缩写，表示申花队梯队中由 17 岁以下的青少年球员组成的队伍，一般是指球队的青训储备人才。目前，除了备受申花球迷关注的 99 后、00 后梯队成员之外，申花从 U19 到 U17，U15，U14 和 U13 的几只主要梯队都在参加全国的同级别联赛赛事（与同年龄段的球队进行比赛）。本篇后文提及的 U23 政策亦可如此理解。

青年足球迷的文化政治

以下是该条微博评论区的部分截图：

图 6.6　微博评论截图

　　值得注意的是，波耶特刚上任时的情况也与吴金贵的情况有些相似，都是承载着许多球迷的赞美之声上任的，而最后也因抵不过球迷的声讨而被迫下课。这次也同样迫于压力，申花不得不在转会市场上寻找新的教练，并于 12 月 25 日宣布西班牙籍教练弗洛雷斯（Flores）接替吴金贵出任该队的主教练，吴金贵则退居俱乐部体育总监的位置，这才平息了球迷掀起的这场下课风波。

　　（二）足协：球场上的不公之源？

　　在本节中，笔者打算讨论申花球迷对于中国足协的态度，以呈现出中国足球迷的基本共识。球迷们大多都认为足协不够职业化，其所制定的规则对本俱乐部的利益与长远发展只会带来限制的效果，不利于球队的长期发展。球迷对于球队的感情在这个时候会通过各种方式表现出来。根据肆客足球通过微信、微博及线下问卷等方式对中国球迷调查所回收的 119421 份问卷结果来看，多数球迷对于中国足协近些年的表现并不满意。笔者接下来挑选近年来部分中国足协颁布的较有争议的条例来叙述这一现象。

表 6.1　"如何评价中国足协"的投票结果 ❶

看法	比例
退步很大	22.77%
退步了	11.28%
没什么感觉	28.47%
进步太小，还需努力	34.13%
进步很大	3.36%

足协近年来不断调整 U23 政策。2017 年 5 月 24 日晚，中国足协官网突然发布了一条针对 U23 政策的调整通知，通知内容大概是说从 2018 年赛季起，中超、中甲联赛俱乐部在参加中超、中甲联赛、中国足协杯赛的过程中，俱乐部累计上场的 U23 国内球员（港澳台除外），必须与整场比赛累计上场的外籍球员人数相同。也就是说，每支球队报名参赛的 18 名球员中，必须有两名 U23 以下的球员，其中必须有一人首发出场。该政策的初衷在于保证年轻球员的上场时间，培养年轻国脚，从而提升中国男子足球国家队的水平。但该通知刚发布，在互联网上就引发了大量球迷的讨论与解读。以新浪微博为例，"中超 U23 新政"一词占据了该日微博热搜榜的头条。在浏览了当天互联网上球迷聚集的各大论坛及社区的评论之后，笔者将球迷们的反应概括了起来，主要有以下几方面：首先，有些球迷认为该政策是一项足协官方出于功利的思维所做的政绩工程，这与球迷对于中国足协以往的刻板印象有关；其次，稍微理性点的球迷认为这个规则会破坏球队比赛的观赏性，相比以往，上场的 11 名球员中由于缺少了一名外援，被增加的 U23 球员表现平平，拉低了球队的竞技水平，同时也降低了比赛的观赏性；再次，也有些球迷认为这样的行为只会阻碍中国职业联赛的足球市场化进程，因为其违反了优胜劣汰的职业联赛机制，在缺乏自由竞争的情况下，对于那批年龄刚过 23 岁的球员是极为不公平的。

115

因为俱乐部会出于规避政策的考虑，将这些球员打包出售到低级别联赛，这就会造成年轻球员可能因为其年龄过了 23 岁就"未老先衰"、变得没有商业价值的状况。此外，也有少部分球迷是支持该政策的，这部分球迷主要关注国家队层面，认为此规则是培养国家足球队后备人才的一种新尝试，这是出于一种爱国情怀。但是无论如何，从结果来看，该政策实施了一个赛季并无多大效果，随着中国男足在比赛日的节节失利，对该政策的质疑声越来越大。即便如此也无济于事，为了配合足协政策，至今也没有哪个俱乐部做出过违反该规定的行为。

然而，在新政实施了一个赛季之后，2018 年赛季后足协又发布了新的 U23 政策。该规定如下：

1. U23 球员必须有至少一人为首发球员；

2. U23 球员单场累计上场的人数不少于外援单场累计上场的人数；

3. 不强求 U23 球员在单场比赛的 90 分钟内始终在场。

该政策除了旨在达到之前的目的外，更重要的是为了制止前规定的漏洞被俱乐部合理规避的现象。因为前 U23 政策中核心的一条是保证有每场联赛比赛有一名 U23 球员必须首发出场，具体出场时间未做规定。许多中超球队主教练在首发一名 U23 球员之后会在短短几分钟内将其替换下场●，例如在 2017 年赛季的比赛中，江苏苏宁就曾创下 6 分半钟将 U23 球员替换下场的最快纪录。而在这次的规定下，规则发生了变化。如果某球队想让自己的外援球员得到最大利用，那么就应该首发三名外援加上一名 U23 小将，在开场后不久上一名 U23 球员，随后再用一名 U23 球员换下替补上场的另一名 U23 球员，这就符合了方案。但是这样一来，那些非 U23 的当打球员只能争最后一个换人名额，而且教练的战术调度空间也变窄。因此，无论是从强制性 U23 政策的角度，还是从对外援的依赖程度上来看，说到底还是中国足球的青训后备不足。笔者认为这才应该是政策的着力点。但不得不说，经过笔者长期的观察，球迷现在讨论的主题已不再是该政策本身了，而转向了球队比赛该使用哪名 U23 球员的话题，这也在某些方面反映出足协与俱乐部联合收编球迷之后达到了一定的效果。

● 　一般一场联赛足球比赛中，会有 3 次换人调整名额，主教练可以在 90 分钟加补时阶段（一般几分钟）之内做出换人调整。如果不是突发意外（如有球员受伤等），主教练一般在上半场（45 分钟）结束之后才做出换人调整。

客观地说，足协官方近年来颁布的规定都与职业联赛的发展模式背道而驰，这才是使球迷们极为反感的重要原因。一般喜欢足球的球迷都熟知国外顶级联赛的运作规则以及这些联赛的足协与俱乐部所扮演的角色。同时，他们也目睹了国外俱乐部在各方面所取得的巨大成就。中国足协及俱乐部所做的任何决定都会即刻得到球迷的反馈，这对于熟知两套足球联赛制度的双料球迷们不是什么大困难。在互联网时代，只要没有人为干预，任何公共政策与公众反馈都能以一种即时的、迅速的方式传播开来，并曝光于任何想获取该信息的公民。这种契机"可以提高公众对政治舆论的关注程度，使公众对政治舆论从以往的被动接受变为现在的主动获取"❶。当然，公共部门也可以从公议中得到反馈意见。然而，我们会发现，球迷们这种单向的反馈似乎没有产生太多作用，更多的时候只是球迷们一厢情愿罢了。更何况，这种热议风波往往也会在几天之内消停。球迷们的理性也在这个时候得到了显现，或许他们觉得此刻发生在休闲领域中的争议已可有可无。面对足协的一次次"任性"，球迷们多数时候摆着一副"只要有球看就行"的态度。

　　至此，我们可以明显地看出球迷的所有抵抗都源于足协的"非职业化"做法。足协把改变中国国足的重心放在了"速度"上，所以才会不断出现朝令夕改的情况。而更重要的是"普及足球运动，让人民群众体会到足球所带来的美好，踢球过程中诸如团队合作、集体荣誉等等将会潜移默化地融入参与者身心。而作为职业联赛所需要的职业选手，大多数仍需要通过专业的青训机构来选拔并长期培养"❷。很明显，球迷们都知道这一点，但却十分无奈。

　　（三）德比：谁是"上海滩"老大？

　　球迷容易受自己对球队强烈的归属感所支配，为了维护球队的胜利与荣誉，他们的敌意发泄对象往往是其他俱乐部的球迷、球员以及裁判所做的不公判决。杰佛逊在研究战后英国光头仔足球迷时指出，这种现象的产生往往是因为青年亚文化所产生的反应是一种"象征性地维护一种不断受到威胁的空间和一种衰落地位的尝试"❸。结合杰佛逊的论述，值得我们思

---

❶　郭小安：《网络政治参与和政治稳定》，载《理论探索》，2008 年第 3 期。

❷　姜浩峰：《脆弱的伪职业联赛》，载《新民周刊》，2016 年第 118 期。

❸　Jefferson T., "The Teds: A Political Resurrection", *Working Papers in Cultural Studies*, Stencilled Papers by CCCS, 1973, 4(22), p.7.

考的是这种不断受到威胁的空间是如何产生的？申花球迷为什么要担心球队地位不断衰落？在笔者看来，这是一个关乎文化霸权的问题，即文化空间上的争霸。

要尝试回答以上问题，我们不得不提及申花队近年来的处境。2012年，随着申花在资金链上出现了问题，球员及工作人员的工资无法正常发放。当时队内有德罗巴这样的球星，所以该新闻也被闹得沸沸扬扬，引发国际足坛热议。一时间，申花的"丑闻"接踵而来。2013年年末，球队一度被曝将搬迁至云南，并入主云南红塔集团足球基地。由于上海市体育局及股东们的反对，这一计划才未能达成。这样的情况在2014年1月30日绿地集团接手后才稍有好转。作为中超老牌劲旅，以及上海市的一张名片，球迷自然是舍不得也接受不了自己强烈认同的球队遭遇这样的处境。然而，事态似乎对申花越发不妙。2013年赛季末上港集团巨额注资刚升入中超的上海东亚球队，并改名为上海上港。自那以后，上海上港表现出强劲的势头，在近几年的球员转会市场上大做文章，签下了许多球星。联赛上的成绩也节节攀升，并于2018年下半年夺得了该赛季中超联赛的冠军，打破了广州恒大垄断中超冠军7年的常态，惊动了整个中国足坛。而对比上港的强势，申花则显得十分平庸。在绿地集团接手后的几年中，申花成绩平平，一直处于联赛中游状态，也有几个赛季面临降级❶中甲联赛的危险。同期，上海上港吸引了大批新球迷的关注，球迷基数不断飙升，比赛场均球迷人数达到25000左右，要知道，还未征战中超之前，上港前身东亚队的比赛场均观赛人数还不足1000人。同城死敌越发得意而自己却处处面临着窘境的现状似乎也给两支球队的同城德比注入了更足的火药味。截至2018年赛季末，两支球队联赛交手的次数为12次，足协杯交手2次，共14次交锋。上港以17胜3平4负占据上风，曾踢出过5-0、6-1的大比分，这些无疑都是对申花球迷的致命痛击。

---

❶ 即降到更低级别的中国联赛。目前中国联赛有四个级别：中超、中甲、乙级、丙级联赛。其中中超、中甲、中乙是职业联赛，有升降级制度，中丙联赛属于业余联赛，没有升降级制度。中超联赛作为中国职业联赛的最高级别，其规则是参赛的16支队伍经过30轮的联赛后，积分最低的两支球队降级中甲联赛，而中甲联赛的冠亚军分别升级中超联赛。几乎所有足球职业联赛都设计了升降级规则，以保证联赛的活力。

表 6.2　近 6 个赛季申花队与上港队的比分情况 ❶

年份	申花主场对阵上港比分	申花客场对阵上港比分
2013 年赛季	2-1	1-0
2014 年赛季	1-1	1-1
2015 年赛季	0-5	1-2
2016 年赛季	2-1	1-1
2017 年赛季	1-3	1-6
2018 年赛季	0-2	0-2
2017 年赛季（足协杯）	2-3	1-0（客场净胜球胜）

　　从 2013 年赛季两队的第一场德比开始，两队球迷就常被媒体报道有场外冲突事件的发生，如"311"事件 ❷。之后，无论是在上港的主场还是申花的主场，只要是德比之战，我们就会发现当天的安保强度一定会比平时与其他球队的交锋有很大的加强。"谁才能代表上海"的问题一直是两队球迷及中超球迷谈及两支球队时的争议话题。从实力对比上，上港比申花强得多，但从心理士气方面，老大身份的申花却比上港霸气、自信。但未来几年内如果申花仍保持这样的战绩，结果就不好说了。笔者也发现，近年来上港球迷总喜欢在互联网舆论场上反问对手"除了底蕴你还有什么"之类的话语，申花球迷在面对此类问题时除了谩骂之外再别无回击之力，底气也显得没有之前那么足了。更令申花球迷不能接受的就是近几年出现的申花球迷"叛逃"上港的行为，每当论坛上出现球迷"叛逃"的证据，都会引起球迷们的广泛议论。从球迷的言论中不难揣测出，球迷已经开始接受上港崛起的事实。但面临"文化地盘"不断丧失的处境，申花球迷时常会感到焦虑，这种焦虑会在球迷的行为上表现出来，最直接的方式就如我们之前提到的冲突，且两队之间的冲突多半是申花球迷引发的。同时，据笔者这两年的观察，申花球迷在互联网上讨论上港的话题也变得比之前多了许多，例如 2018 年在申花贴吧站内搜索，带有"上港"两字的主题帖较 2013 年增长了 8 倍多 ❸。现在，每当有这样的帖出现在论坛中，

---

❶　该数据来源于懂球帝官方统计。在 2017 赛季的足协杯比赛中，其实双方最后进球数为 3—3，而申花凭借客场进球数多胜出，战胜上港赢得了该赛季足协杯的冠军。

❷　2016 年 3 月 11 日，中超迎来第二轮上海德比，双方球迷更是在场外爆发激烈冲突，引发武警出动，场面混乱，多名球迷在冲突中受伤。

❸　笔者通过贴吧数据库统计出的结果。

回复都会超过几页❶。此外，我们之前在描写申花球迷风格的部分提过球迷热衷于生产各种文化符号，近几年，申花球迷创造的各种新的标语、口号以及在球场外的活动，都在释放着一种与上港球迷及球队对峙的态势。从笔者线下接触的申花球迷来看，大家对这几年上港的强势崛起都表现出一种忧心忡忡的心态，仅有极少部分球迷对球队的现状表示出了耐心与理解。

四、收编与反收编："蓝血人"的宿命

在霍尔等人对英国青年群体的研究中，他们发现尽管青年文化只是以符号层面的抵抗为主，并不能对现有的社会秩序造成实质性的颠覆，但它还是以噪音的形式干扰到了霸权集团在现有秩序中的舒适度，并破坏了现有秩序之下的社会"共识"，从而引发了自下而上的传播过程。不过支配文化也不会坐视不管，媒体、市场及警察不断地对其进行界定、贴标签、压迫、利用……试图通过这些方法将亚文化的风格整合并吸纳到现有的社会秩序中。这就是亚文化被"收编"的过程。类似的思考路径也被笔者引入到本研究的讨论中来，笔者拟运用该学派的亚文化理论中关于收编部分的理论来解读对申花球迷文化的收编过程，并讨论该过程中球迷们是如何进行反收编的。

（一）收买：商业收编的秘密

一般来说，高度商业化的社会都需要在其所有的商品和服务中追求个性与时尚，以提升人们的购买欲望。因而"大众消费时代是抢占注意力的时代，各式各样的'注意力杀手'们呕心沥血，惨淡经营，争相抢占消费者的注意力"❷。而当新颖的亚文化群体通过群体自身的创造，产生了富有个性及对抗性的亚文化图腾，并引起了商业家们的注意时，这些图腾的风格也很快地被商品化并流入市场。与之不同的是，球迷挪用大众商品，并改变了这些商品的意义，使之脱胎成一种富有政治意涵的物品。而商业收编的目的并不是改变该文化图腾（符号）的意义，而是试图将其意义大肆宣扬、渲染，以获得一种标新立异的广告效果，获取那些刻意追求个性的

---

❶ 百度贴吧每个主题的回复一页大概是30条左右。但也不一定，如果贴了图，页面回复楼层就会减少，如果纯文字回复，回复楼层就会增加，笔者估计的数字是根据球迷们日常发帖的习惯所做出的判断。

❷ 林和生：《"文明的兽性"：大众消费社会的深层危机》，载《社会科学研究》，2005年第4期。

消费者的青睐。

在一次线上田野调查过程中，笔者发现球迷在讨论申花卡的办理与使用的问题。笔者出于好奇就在贴吧里询问，原来浦发银行联合上海申花足球俱乐部发行了一款信用卡，上面印着申花队的头像，还印着"不狂不放不申花"的字样（见图6.7）。银行卡发行商通过一种精心包装的商业手段将球迷收编，激发球迷对于球队的情感和认同，并将富有个性的文化图腾内嵌于商品中，在这个过程中通过捆绑的新型销售方式，使其商业价值最大化，令球迷产生一种消费欲望，并为之买单。

图6.7　浦发银行的申花信用卡　　图6.8　平安银行的申花信用卡 ●

笔者也从网上了解到其他银行也有类似的做法，如平安银行（见图6.8）。笔者认真解读了平安银行信用卡的规则，其年费并不比一般的卡便宜，但实际上又附加了一些其他商家和平安银行合作的条款。这是一种常见的商业策略，实质上是把年费免了，但又收取权益费用，还是要收费的，且费用与普通的平安信用卡一样。由于其与俱乐部合作，再加上其较低的申请门槛，曾广受青年球迷群体的欢迎。平安银行为什么会成功？要解读原因，我们需要从亚文化出现的领域思考。亚文化一般发生在休闲领域中，信用卡的出现则为发生在该领域的消费行为提供了新的动力。作为一名球迷，在进行消费时更多关注的是该商品（服务）是否与球队有关，是否有自己熟悉的文化符号，这些才是激发球迷购买这些商品（服务）的最主要因素。而商家则正抓住了此切入点，把球迷认同转换为商品的某种吸引人的属性，将符号的文化图腾意义在商业包装后最大化地发挥出来。类似的情况在世界杯期间比比皆是。如世界杯期间，啤酒商、可乐商以及运动品牌商会赚得钵满盆满，这也是在世界杯期间到处充斥着这些厂商广告的原

● 此卡为样板卡，图片来源于平安银行官网，http://creditcard.pingan.com/kazhongjieshao/atcard.shtml.

因。其目的就是通过一种商业策略使球迷进入一种非理性的认同消费状态。但笔者不禁要问，商业收编就一定能获得成功吗？答案当然是否定的。

在2018年赛季最后一场中超主场比赛中，由于正处于"双十一"购物节，阿里巴巴集团旗下的天猫商城联合申花俱乐部制作了一张巨型的Tifo❶（如图6.9），在比赛中场休息期间，俱乐部协同球迷协会负责人借用主席台对面的观众撑起该Tifo。笔者当时正好坐在主席台侧的位置，听到旁边的申花球迷的叫骂声、嘘声，笔者感到十分疑惑。本以为是针对客队所做的行为，但当时中场休息，球员们都已回休息室，笔者也看到北看台角落里的山东鲁能球迷并没有做出什么过激的举动。这时旁边的几位球迷声嘶力竭地对着对面大声喊出"这不是Tifo，这是广告"，笔者才恍然大悟。随后负责暖场的主持人也用洪亮清脆的声音在广播里喊出"感谢天猫商城，别忘了今天的'双十一'"的话语。话音刚落，又引来一阵嘘声，横幅很快被收起。当天赛后的申花官方微博下，也聚集了大量的球迷在讨伐俱乐部当天"出卖"他们的商业行为。

图6.9 "双十一"当天申花球迷在主场举起的巨型Tifo❷

---

❶ "Tifo"文化诞生于意大利。主要指球迷为表示对俱乐部的支持，比赛中在看台上展示的旗帜、横幅、画像和拼图等形式的作品。一般都是狂热球迷自绘在巨幕上。参见文章：【看台文化】正在崛起的中国Tifo，搜狐体育，http://www.sohu.com/a/278279657_99981621。这里需要指出的是，由于球迷经常将很多具有攻击性的口号、标语及图案绘制在Tifo上，所以中国足协对Tifo的绘制内容是有严格规定的，违反者会受到足协的处罚。由于惩罚力度与管理尺度的严格，俱乐部担心球迷们不能把握好尺度，一般不允许球迷将其带入看台。类似的情况同样适用于中超其他球队。

❷ 红色轮廓为天猫商城的Logo图像，2018年11月11日摄于虹口足球场。

由此可以看出，球迷反感后面这种商业收编模式。与第一种银行信用卡的"套路"相比，后面这种商业收编策略简直就是在挪用球迷文化的符号，改变了该群体符号原有的意义，这才是遭球迷唾弃的根本原因。而银行策略的高明之处在于放大这种意义，从而得到了球迷的认可。在某种层面上，银行收编的成功也可以解读为帮助球迷扩大其"文化地盘"的一种行为。因此，这不得不让我们陷入了一个问题——商业成就了亚文化还是毁了亚文化？由此便产生了文化乐观论与文化悲观论两种的不同观点。文化乐观论的主要观点是"艺术在现代资本主义制度中得到繁荣发展……资本主义的财富和文化多样性增加了艺术家培育批评者和受众的自由"❶。持有类似观点的费斯克似乎比本雅明走得更远，因而被人称作是"激进的民粹主义"的代表。在讨论对亚文化的收编的时候，他并不关心收编的过程，而只关注结果，他认为"亚文化在消费大众文化的商品时，亚文化被收编后变成大众文化，这并不会导致亚文化失去抵抗意义，反而使亚文化持续地反收编"❷。他认为这样导致的结果就是亚文化不断创造出新的活力，再创造快感和意义，以至于麦克盖根在评价费斯克时，认为他是一位"不加批评的民粹主义和消费至上主义者"。不过，这样的态度也引发了文化悲观论者的质疑。以法兰克福学派阿多诺为代表的文化悲观论者则认为，在大众文化范围内的亚文化在收编过程中所蕴含的公众反抗的潜能几乎为零，他们也不承认消费社会中媒介技术的积极含义，强调纯粹的文化与艺术，反对政治宣传干预文化与艺术❸。依笔者之见，文化悲观论在这个问题上似乎过于吹毛求疵，作为大众文化一部分的亚文化之所以产生政治含义（文化政治），更多的是因为它本来就是亚群体在符号领域所构建的微观抵抗。之所以没有消停，是因为该领域所发生的一切并不是真刀真枪的"战争"，而是一种非制度化政治参与下的政治诉求罢了。但是不得不说，亚文化无论是拒绝还是接受商业收编，通过风格在主流话语体系内进行抵抗的亚文化都无法逃离被体制收编的宿命。

（二）规训：源自"主流"的道德恐慌

"规训"源于福柯在《规训与惩罚》中用以解释现代社会权力的一种

❶　考恩：《商业文化礼赞》，严忠志译，北京：商务印书馆，2005年，第20—37页。
❷　费斯克：《理解大众文化》，王晓珏等译，北京：中央编译出版社，2006年，第26页。
❸　胡翼青：《文化工业理论再认知：本雅明与阿多诺的大众文化之争》，载《南京社会科学》，2014年第12期。

青年足球迷的文化政治

有效收编方式。实际上，亚文化的风格特征注定了其宿命不是强制和武力式的镇压，更多的是引导与说服。一种风格的亚文化出现后，借助媒介及网络，会得到迅速的传播。但是这也会给亚文化带来风险，极具颠覆性的特征使它受到了主导文化的关注，这样，对亚文化的收编便悄然发生了。通常，这个过程是"主导文化（警方、法官和新闻界）对亚文化风格进行'界定'和'贴标签'"❶。这有点类似于我们常常说的"污名化"，通过媒体的大肆宣扬，引发社会的焦虑及担忧，即一种"道德恐慌"，最后，亚文化被编码为一种刻板印象（stereotype）。

在开始本研究之前，笔者很早就听朋友说申花球迷是中超联赛球迷中最不安定的群体之一，也时常听闻网络媒体对申花球迷暴力行为或主动挑起舆论风波的报道。但笔者在所做调查的近两年间，时常关注与申花有关的所有动态，并未发现有类似于几年前听闻的较大冲突发生，偶尔会出现的是与对手球迷之间的口水战，但随着互联网管控的加强，举报及删除力度的加大，目前很少出现口水战的情况了，即便有，也是通过段子或表情包等较为隐晦的方式出现。但笔者更关注的是"他者"眼中的申花球迷，为此笔者在互联网上访谈了几位非球迷身份的朋友。受访的非球迷对于球迷的印象都不是很好，认为他们是无所事事的问题制造者。类似的观念我们可以用越轨社会学在研究青少年亚文化时所提出的一个术语来概括——道德恐慌，它源于"特定的场景、事件、行为者或行为群体……并被判定为对社会共识和社会价值观的一种威胁过程"❷。科恩认为，这样的恐慌是经过大众媒体和社会心理的互动而产生出来的，是现实生活中"尚未解决"的问题导致了球场上的暴力行为，而媒体等支配文化却将球迷文化当作了"替罪羊"。球场上的暴力行为，起初是几次球迷群体事件的发生，媒体报道之后变得敏感及戏剧化，然后被符号化，穿蓝色衣服、戴围巾，各种怪异的发型等再加上他们好斗的形象使其成了社会恐惧的对象，最后引发社会控制。需要指出的是，球迷文化本身就是一种泄压文化，这也是球迷为什么喜欢足球场；并不是所有球迷都喜欢踢球，更多的是享受这种现场的氛围，通过叫喊、狂躁，他们在工作及家庭领域的压力得到了释放。然而，球迷文化的力量在面对这些强而有力的威胁时肯定是无法与之

❶ 胡疆锋：《伯明翰学派青年亚文化理论研究》，北京：中国社会科学出版社，2012年，第222页。
❷ Cohen S., *Folk Devils and Moral Panics: The Creation of the Mods and Rockers*, New York: Routledge, 2002, p.9.

抗争的，最后也不得不面临被收编的命运。

（三）说服：回归家庭的"蓝血人"

亚文化被收编的另一种方式常常发生在家庭领域。在意识形态收编上，除了使用"道德恐慌"的手段之外，另一种常见的收编方式就是将亚文化重新安置回主流文化的社会组织单元（家庭等）之中。在笔者与贴吧球迷的互动中，有一位球迷就是经历了从"叛逆青年"到"好丈夫"身份的转变。对家庭的妥协，是部分球迷放弃到现场支持球队的重要原因之一。工作的负担与家庭的责任，使他们不得不拿出一副成熟的家庭顶梁柱的担当来。对一个如此重视"家"的概念的民族来说，家庭说教是最好的解决问题的方式之一。也正因此，在我们这个共同体中，多数人无法接受自己的亲人成为一位"叛逆"到底的年轻人，在适当的时候浪子回头也是一种"有责任感"的安慰，就好比过了 25 岁之后，家人及亲友不断对我们催婚时的情景般。那么，这样的一种角色转换是怎样完成的？对于这一问题，赫伯迪格的解答就更为精妙了，他认为媒体在这个过程中扮演了一个"政客"的角色来协调家庭与亚群体成员，并将这种收编方式分为两种做法：一方面通过负面的报道，把亚文化描述为影响家庭共识的威胁，这样，家庭成员不顾报道的可靠性，而对亚文化群体所产生的威胁深信不疑；另一方面又通过正面的报道，致力于详细描绘亚文化群体与家庭的生活细节，弱化亚文化的意义。如此，就让球迷们觉得，他们所创造的文化与大众文化并没有什么区别。这样，亚文化被弱化之后便失去了它在球迷心目中最纯粹的意义。例如纪录片《看台》❶，里面很多情节描绘的就是球迷在家庭中是如何充当父亲与儿子的角色的，所有的这些镜头都是为了将球迷的"异他性"削弱，同时也使亚文化失去了抵抗的意义。

五、结论

通过对青年球迷所创造的亚文化现象的解读，我们发现亚文化群体

❶ 这是一部由中央电视台纪录频道（CCTV9）所拍摄的关于中国足球迷的纪录片，介绍国安、申花、恒大以及全兴足球俱乐部代表（或曾经代表）的所在地域的足球文化，以及四地球迷支持球队的行为的地方文化色彩，通过对四地球迷故事的记录，展现中国足球文化的现状。转述自 CCTV 节目官网：《看台》简介，http://tv.cctv.com/2017/11/01/VIDAWUYn8dGIlOMAS7m99ZOu171101.shtml。

125

在创造一种文化时，并不单单是为了表达自身，表达背后也蕴藏着文化政治的内涵，这是一场发生在微观层面的非制度化的诉求。青年通过"挪用"符号，并给这些符号赋予新的意义——亚文化风格，将这些附带抵抗色彩的诉求在球场上或网络空间中表达出来。通过对这些抵抗的风格进行解码，我们又发现了该抵抗风格的力量的微弱而远远达不到"有影响力"，以至于球迷文化不得不面临着被收编的宿命。在这个过程中，球场与网络空间的私密性为球迷文化的表达提供了舞台和想象空间，并帮助球迷实现了身份的转换，在这里，足球对于球迷生命历程的意义得到了升华。

当我们讨论申花青年球迷们创造出的亚文化时，我们要注意的是这个群体所产生的文化风格并没有完全独立于社会政治语境之外。笔者解码这个群体的抵抗行为之后发现：这种文化的风格其实是从微观的层面显现出青年群体的认同问题，同时也是一种群体抵抗的符号的象征。换句话说，这个群体在球迷身份中所表现出来的文化现象的背后其实是一种"反对控制的斗争"的意识，即以一种力量有限的抗争形式对自己目前生活形式中某种控制的反对尝试，而这些尝试只有在该群体共有的空间中得以通过仪式互动行使、表达。这也是为什么球迷文化中的抵抗，许多时候只停留在表征及符号的层面，对来自主流群体的霸权似乎也没有产生实质性的颠覆作用，反而引起霸权群体的警觉，导致本群体文化面临生存的危机。而球迷文化所表现出来的抵抗性质及结果，正如伯明翰学派的研究所指出的："尽管不能定义为意识形态，但亚文化具备意识形态的特征，不同的亚文化为工人阶级青年提供了一种与其共存的团体存在进行协商的策略，这些策略极具仪式化和风格化的态势表明出其试图对该群体意识到的难题提出一种解决策略——主要是符号层面的、注定要破产的方案。被支配阶级的难题可能会得到同情、协商和抵抗，但得不到解决。"[1] 至此，我们可以沿着伯明翰学派的思路对申花青年球迷亚文化未来的方向做出这样的推测：这种对霸权或控制集团发出的挑战仅仅是想象性的，也不能根本地解决亚文化群体的问题，并且他们也最终会面临被收编的宿命。

---

[1] Hall S., Jefferson T., eds, *Resistance Through Ritual: Youth Subculture in Post-War*, London: Methuen, 1976, p.47.

同时，通过第四章我们发现，亚文化群体反收编的成功往往只发生在商业领域，而为什么来自社会及家庭的意识形态收编往往会成功地将球迷规训？究其原因，笔者认为，在面对商业领域的收编时，球迷们通常可以以协商、漠视或者退出的方式来应对。而当他们面临意识形态的收编时，青年球迷显得无能为力，他们被现实的处境"说服"，并因此被"骗"回到家庭、学习或工作场所中，毕竟没有球迷愿意因为自己对足球的狂热而被贴上"流氓""不顾家""不成熟""坏学生"等标签。同样需要指出的是，支配文化对该文化圈之外的亚文化进行再鉴定和规训的过程，与传统的暴力式收编不同，这是一种微妙而又有效的方式，它能够在降低亚文化群体警觉性的同时，通过柔性的驯化、整合、消毒和化解的过程抚平亚文化。不过，在讨论这些问题的时候，我们还发现，对球迷文化的收编不是一个单向的过程，无论是以商业的手段还是意识形态的手段，在收编的过程中都会产生抵抗（反收编）现象。即便如此，我们也不排除有些亚文化的横空出世本身就是为了炒作，从一开始其出发点就是为了引发商业市场和社会的关注度，它们也从未回避过任何的收编手段，有时候甚至乐享其成，借此来获取"亚文化资本"，别有用心地将这种社会的"道德恐慌"变现为一种炒作的方式，借此获取名与利，这与现在网络上很多"炒作"手段如出一辙。

从广义上来说，任何边缘、次属的文化生成类型都可纳入亚文化的范畴。因此，我们甚至可以认为：亚文化研究并没有一个"绝对的开端"，它一直都是个相对的概念，即任何文化都可以从主文化和亚文化的角度去思考。但这可能产生两种不同的文化阐释的结果，从而引发文化争议，就如同伯明翰学派一直以来所遭受的"待遇"。但这不就是我们做文化研究的目的吗？正如有人指出："有意义的文化研究并不是一种具有普遍意义的理论和方案，而是一种深刻地嵌入（embedded）到具体文化语境和社会生活中的不懈努力。文化研究在策略上是以文化的方式展开的边幅式协谈，具有某些'改良'特征，在此基础上，作为知识分子群体对于社会的自觉承担的路径的文化研究，其能量和意义才有可能。"[1]而笔者做出此研究决定的初衷也是想站在中国大众文化的视角去理解球迷文化的独特之

---

[1] 雷启立：《文化研究的意义及其可能——从个人经验出发思考》，载《文艺理论研究》，2007年第 6 期。

处，以及想借此研究来思考这样的文化对于我们站在全人类的视角中来讨论人性（humanity）或者社会存在（social existence）会有何种微妙的启示。所以，从这个意义上说，青年亚文化的研究不仅呈现了一种"下一代关怀"的人文情怀，也是我们如何构建一个更加公正、和谐的社会的着眼点之一。

Cultural Politics of Youth Football Fans:
A Cyber-ethnography of the Chinese Super League

Xu Wang

Abstract: This article mainly discusses the daily cultural practice of the young fans of the Shanghai Shenhua Team in the Chinese Super League. Drawing on the subculture theory of the Birmingham School, this study focuses on the interpretation of the cultural and political connotations of the young fans' interaction on the court as well as in the Internet space. The field points are divided into online and offline parts by adopting ethnographic methods such as anthropological participation in observation. Online field work is mainly carried out in the virtual space of the Internet by collecting empirical materials through long-term online interaction and observation. The Offline field work as a supplement to online part. Through the linear activities before, during and after the games, it tries to get deeper interpretation of the football from the fans's perspective.

Keywords: youth football fans; cultural politics; Birmingham School; cyber-ethnography; Chinese Football Association Super League

情感能量与"饭圈"共同体

——一个线上明星粉丝社群的情感动员机制

杨艺凝

摘要：通过网络民族志的研究方法，本研究以群体共识的形成为切入点，对一个明星的网络粉丝社群（"饭圈"）开展了网络田野调查。研究展示了该"饭圈"的日常工作与群体事件，并认为粉丝个体在其中对于情感能量的追求是形成群体共识的条件，由此产生群体的团结和高效的组织与行动力。本文将柯林斯在互动仪式链理论中提出的情感能量概念置于网络社会的场域中，应用于对共同体意识的形成与动员机制的研究，是对网络与现实交互的社会治理和整合的有益补充。

关键词：线上社群；群体共识；情感能量；动员机制；网络民族志

一、导言

这项研究是一项为期一年的、关于中国某明星新浪微博的粉丝社群的网络民族志。基于柯林斯提出的情感能量概念，本文主要描述了一种群体共识的形成，讨论了这种共识在动员群体成员方面的机制。在此基础上，通过一种赛博社会中的典型现象，笔者希望发展社会学的相关理论，以强调一些网络共同体参与文化的社会价值：在当代网络社会与现实社会高度相融的背景下，这种活跃的网络趣缘群体通过一系列活动来建构一种共同体形态，群体共识由此形成，并在后续的集体活动中进一步提升；这种基于对情感能量追求的动员机制和产生的群体共识对于当代社会整合与治理具有参考价值。

从 20 世纪 80 年代开始，粉丝研究在西方作为一个相对独立的研究领域开始发展。[1]粉丝文化研究学者亨利·詹金斯（Henry Jenkins）提出粉

---

[1] 尹一伊：《粉丝研究流变：主体性、理论问题与研究路径》，载《全球传媒学刊》，2020 年第 1 期。

丝文化是一种"参与式文化"（participatory culture），在中国的新媒体环境中，以偶像明星为中心的参与式粉丝文化形态被称为"饭圈"。它为原子化的个体生活提供了社群生活的体验，并形成一种趣缘导向的共同体。共同体的本质是通过积极的关系而形成的族群，这个族群统一地对内和对外发挥着作用。❶在信息社会中，技术在共同体的构建与活动中的作用举足轻重。网络平台将粉丝聚集在一起，不受时间、空间、地域的影响，并且突破了以往单维度的联系方法，使得粉丝群体中的个体可以同一时间获得与传输各方的信息，从而为粉丝更自在地追星并在此过程中创造价值提供了更多的可能。

以情感能量对于明星粉丝线上群体的动员作用为研究的切入点，本研究尝试为网络时代的社群建设提供一些观点。本文首先梳理既有相关文献，并提出本文的分析工具与研究方法。然后，文章将介绍一个具有代表性的明星粉丝群体通过在新浪微博上的情感动员，来塑造线上共同体的过程。最后，本研究将从经验材料和情感能量概念的进一步结合来探讨情感作为一种要素在群体共识形成中的社会价值。

二、文献综述与分析框架

对粉丝文化的研究是基于大众文化研究的重要转型——从文本研究转移焦点至受众研究——并日益成为大众文化研究领域之中的一个重要分支。随后历经几十年的发展，经历了三次研究转变。❷第一次为20世纪80年代的粉丝研究由"被动受众"转向"主动受众"。突出身份概念的奇观/表演范式（SPP）❸逐渐取代以权力为核心的收编/抵抗范式（IRP）。从阿多诺对文化工业的批判，把粉丝观众看成"被动接受者"，是消费主义的牺牲品，到斯图亚特·霍尔的编码与解码理论和约翰·费斯克强调粉丝是"生产者"❹的积极自主性意义，体现出粉丝文化研究由法兰克福学派将大众视作文化傀儡的论调向伯明翰学派"积极受众"理论的转变过程。

---

❶ 滕尼斯：《共同体与社会》，林荣远译，北京：商务印书馆，1999年。

❷ 杨思宇，刘鸣筝：《粉丝文化研究简史：历史脉络、理论梳理与趋势探析》，载《传媒观察》，2019年第6期。

❸ Michel Maffesoli, *The Time of the Tribes: The Decline of Individualism in Mass Society*, trans. by Don Smith, London: Sage, 1996.

❹ John Fiske, "The Cultural Economy of Fandom." In *The Adoring Audience: Fan Culture and Popular Media*, ed. Lisa Lewis, London and New York: Routledge, 1992, pp.30−49.

情
感
能
量
与
"
饭
圈
"
共
同
体

第二次是 20 世纪 90 年代中期，粉丝文化开始被纳入到社会、经济、文化阶层中研究。在伯明翰学派的影响下，粉丝文化研究的主流倾向认为，在商业资本以及文化、政治意识形态的介入下，粉丝并不是盲目被动的个体，而是对大众文化中各种力量的博弈有着清醒的认知和自主的判断。第三次就是在新媒体快速崛起的背景下，粉丝文化的研究范式面临着新发展与新挑战。

受中国大众文化的快速发展和西方学术界的影响，国内粉丝文化研究自 21 世纪逐渐开始。早期的主要关注点是粉丝群体的心理，尤其是青少年的偶像崇拜方面。❶粉丝文化开始受到学界广泛关注是在 2005 年湖南卫视的"超级女声"选秀节目之后，"超级女声"节目将平民偶像崇拜推向一个新的高度，娱乐草根性偶像崇拜现象开始出现。媒介的发展变化使个体性的偶像崇拜行为发生转变，粉丝开始在社交平台上聚集，并以群体的名义开始文化实践。学者开始更多地发现粉丝所具有的主动性、拥有的生产文本内容的能力和消费能力。在国内市场化加快的背景下，粉丝的参与性、过渡性和区隔性最终都将呈现为各种消费行为，表现出符号消费与情感消费的主要特征。❷随着移动互联网的发展，技术打破了时空的距离，尤其是新媒体的出现更为粉丝的线上聚集提供了便利。于是粉丝在网络社群中的行为、粉丝社群的形成机制❸、社群的互动❹以及群体身份认同❺等成为学者关注的热点。在社交媒体的环境下，粉丝在虚拟网络空间围绕对某一对象的共同喜爱而结成的社群组织就是粉丝社群。学者们认为，粉丝为了寻求身份认同而加入粉丝社群，在群体中通过主动参与事务寻找归属感。粉丝群体满足了粉丝的诉求，赋予其虚拟角色，帮助其建构全新的网络人际关系——粉丝身处其中可以获得群体归属感。

就上述的文献梳理来看，对于粉丝的研究基本上是建立在功能性基础上的群体文化研究，这些研究帮助人们理解以"粉丝"作为主体的多元亚文化。研究重点的转变也体现出粉丝文化研究的时代性，特别是在当前这

❶ 岳晓东，严飞：《青少年偶像崇拜之心理机制探究》，载《中国德育》，2006 年第 12 期。
❷ 蔡骐：《社会化网络时代的粉丝经济模式》，载《中国青年研究》，2015 年第 11 期。
❸ 王艺璇：《网络时代粉丝社群的形成机制研究——以鹿晗粉丝群体"鹿饭"为例》，载《学术界》2017 年第 3 期。
❹ 吕鹏，张原：《青少年"饭圈文化"的社会学视角解读》，载《中国青年研究》，2019 年第 5 期。
❺ 赵艳娇：《网络空间的社群共同体——基于百度贴吧粉丝群的考察》，载《北方民族大学学报（哲学社会科学版）》，2019 年第 5 期。

个网络社会中，人和作为信息控制工具的网络共同组成了一套信息处理系统，作为赛博格的人在这套信息处理系统中接受、处理和发布诸多信息。❶在此基础上，借助网络所形成的"群"与现代所倡导的涂尔干式的有机团结的"社会"共存。❷人们参与虚拟社区所依的是个人的兴趣与意向，具有如"社会"般的片面性互动及利益考量成分。虚拟社区兼具社区经营和人际关系经营两者的优点，构建了一种新的人际关系类型。❸就像真实社区一般，网民在虚拟社区中互动，逐渐发展出特定的规范与语言沟通模式，也形成了一个有意义的语言与符号世界，让人们能够依循其间所设定的沟通互动模式，建构一个"真实的"网络共同体。以新浪微博上的明星粉丝群体为例，个体通过一系列集体性的文化实践活动融入粉丝社群，同时社群也在不断固化共同体边界，维护群体团结，甚至呈现出自我秩序化的特征。笔者还注意到这样的现象：单独行动的粉丝个体容易对粉丝行为感到厌倦，难以长时间保持对偶像的关注和热爱，"脱粉"❹的可能性很大，而加入"饭圈"的粉丝的表现正好相反——对于粉丝活动的积极性以及对偶像的迷恋程度逐渐提高。由此引发了笔者的思考：粉丝对于偶像的情感需要通过"饭圈"的一系列文化实践来维持和加强，在此过程中也能形成群体共识，从而为粉丝群体的组织与行动提供动力。

基于上述假设，笔者开始了此项研究。在学界中，以情感作为一种重要的分析工具具有普遍性。特纳将社会事实分为日常互动的微观层面、公司和单位的中观层面以及作为制度与社会分层的宏观层面❺，情感在微观层面能够唤起行动、交易需求、符号、地位、角色、人口以及生态的力量，这些力量促成了社会互动的形成与运行。当人们面对面互动时，他们会在创造文化符号时激发情感，同时也会找寻自身的社会定位以及需要扮演的角色。❻在中国社会中，个人借由对自身所在的社会群体的情感忠诚而与

❶　阮云星，高英策，贺曦：《赛博格隐喻检视与当代中国信息社会》，载《社会科学战线》，2020年第1期。

❷　姬广绪，周大鸣：《从"社会"到"群"：互联网时代人际交往方式变迁研究》，载《思想战线》，2017年第2期。

❸　黄少华，翟本瑞：《网络社会学：学科定位与议题》，北京：中国社会科学出版社，2006年。

❹　"脱粉"意指不再是某人的粉丝。

❺　Jonathan H. Turner, *Human Emotions: A Sociological Theory*, London: Routledge, 2007.

❻　同前。

他人和制度确立关系，也有助于形成个人和集体认同。[1] 情感在群体中有着不可替代的作用，共同体的实质就是共同情感，是人嵌入在家庭、邻里、社区、民族、国家甚至虚拟社群中的重要原因。[2] 借助情感连接起来的群体就是情感部落[3]，而且无论是情感型社群还是情感部落，最本质的特征都是具有神圣性和"集体感性"（collective sensibility）的"在一起"的社会关系。

社会学家兰德尔·柯林斯（Randall Collins）提出的情感能量（emotional energy，简称 EE）概念是学界研究群体行动机制的良好理论工具。情感能量概念来源于互动仪式链（IRs）理论[4]，类似于心理学中的"驱动力"，它不是通常意义上的一种特定情绪，而是一种长期稳定的社会情绪。个体的情感能量通过互动仪式可以进行交易，目的是寻求共同关注。当不同个体按照最大化的原则完成互动仪式中的情感能量、象征资本的储备并进行下一次互动仪式时，整个社会就形成了互动仪式链。集体共同的情感能量可以创造符号资本和塑造互动仪式的类型，互动仪式又可以强化人们的情感能量与信念，粉丝社群的群体团结正是由此产生，也正是如此，群体高效的组织与行动才得以可能。

三、研究方法

本研究主要采用网络民族志作为研究方法。网络民族志是一种记录不同网络社会互动中的文化的研究方法。它要求研究者长时间沉浸在网络环境中，利用网络交流参与和观察。在选取合适的研究对象方面，网络民族志的核心主题是集体，即一个群体、集合或人的集合。[5] 在方法论上，网络民族志中的虚拟空间更强调体验、参与和互动的文化发现过程。[6] 网络空间中虚拟社区的"田野"是由一系列电子文本构成的信息世界，其中

❶ 黄少华，翟本瑞：《网络社会学：学科定位与议题》，北京：中国社会科学出版社，2006 年。

❷ 陈昕：《情感社群与集体行动：粉丝群体的社会学研究——以鹿晗粉丝"芦苇"为例》，载《山东社会科学》，2018 年第 10 期。

❸ Jonathan H. Turner, *Human Emotions: A Sociological Theory*, London: Routledge, 2007.

❹ 兰德尔·柯林斯：《互动仪式链》，林聚任、王鹏、宋丽君译，北京：商务印书馆，2009 年。

❺ 罗伯特·V. 库兹奈特：《如何研究网络人群和社区：网络民族志方法实践指导》，叶韦明译，重庆：重庆大学出版社，2016 年。

❻ 段永杰：《网络民族志：如何探究在线社群的意义生产与文化构建》，载《青海民族研究》，2019 年第 1 期。

的社区主要依靠文本的互动来完成其运作。[1] 笔者选择男明星 X 的粉丝社群作为调查对象，网络田野地点则是 X 本人及其主要工作组的微博，重点围绕以下两个方面展开：一是注重网络社群中情感团结产生的环境，二是关注情感团结产生与强化的过程。笔者通过对其日常文化实践与突发性集体事件的描述，来讨论和回答研究问题。

在后现代阶段，民族志在实践理念上更加注重对被调查者社会文化的"融入"和"移情"，从形式到内容地瓦解了传统民族志的话语权威，强调民族志文本中"我者"和"他者"的共鸣。[2] 在网络田野调查期间，为了更好地体验现代民族志中"互为主体性"[3] 的意义，笔者扎根 X 的粉丝社群，加入了三个微博粉丝群与其他粉丝互动交流；同时关注各工作组的微博，跟进了解其带领粉丝进行日常工作的内容；在社群中观察模仿、亲身实践、嵌入有边界的网络空间，在田野调查过程中具有重要意义的粉丝集体行动参与并进行记录，为研究提供典型资料。

除了参与观察外，在线访谈也是网络民族志获取第一手信息的一种方式。[4] 笔者选取了通过线上互动认识的 6 位 X 的粉丝进行在线访谈，笔者事先整理好相关问题，通过微信文字或语音聊天的方式对她们进行了一对一的采访，对回复的答案进行整理总结，在厘清每个人的想法和观点后根据研究的需要进行补充访问。

表 7.1　访谈对象列表

序号	性别	年龄	职业	追星时长
1	女	22	学生	6 个月
2	女	25	办公室职员	2 年
3	女	26	学生	1 年
4	女	24	学生	2 年
5	女	23	美容师	10 个月
6	女	25	公司职员	1 年

[1]　李志荣：《网络文化：人类学研究的新课题——兼评〈天涯虚拟社区——互联网上基于文本的社会互动研究〉》，载《广西民族大学学报（哲学社会科学版）》，2007 年第 1 期。

[2]　杨旭：《人类学民族志的发展及其范式取向》，载《贵州民族报》，2020 年 5 月 6 日。

[3]　阮云星：《民族志与社会科学方法论》，载《浙江社会科学》，2007 年第 2 期。

[4]　成伯清：《情感的社会学意义》，载《山东社会科学》，2013 年第 3 期。

情感能量与"饭圈"共同体

　　基于以上方法，2019年6月，我开始以X粉丝的身份参与其"饭圈"活动，并开始了为期一年的网络田野观察，在2020年6月结束。笔者选取偶像明星X的粉丝社群作为研究对象的原因是在这些群体成员的共同努力下，X在2019年获得了多种奖项●，并因为高涨的人气获得参演2020年中央电视台春节联欢晚会小品的机会。2019年暑期X主演的剧集播出后"爆火"，X本人成了具有代表性的流量明星。以此为契机，其粉丝群体规模不断扩大，"饭圈"影响力不断增强，笔者见证了X本人及其"饭圈"的快速成长。

　　线上田野工作主要分为两个方面：一是日常活动的参与式观察，为了确保对粉丝活动的深度参与，笔者投入大量时间在粉丝聚集地——X的相关超话社区，在保持与其他粉丝"共情"的状态下碎片化地搜集资料；二是对于2020年2月的一次群体事件的系统性资料搜集整理，笔者将此次事件称为"X事件"。这次事件不仅在微博上引发巨大争议，其影响力也扩散至其他网络社交平台，对X本人及其"饭圈"造成了深远影响，在"饭圈"文化中具有现象级意义，也帮助笔者更深入地认识了"饭圈"。

四、研究发现

（一）X"饭圈"与"X事件"

1.X的"饭圈"结构

　　"饭圈"是明星粉丝群体的一种组织形态，也是明星粉丝群体进行日常互动仪式所在的单位。从外部来看，"饭圈"也叫"粉圈"，是"粉丝汇聚形成的圈子"，是粉丝对所属的追星团体的总称，也指代现代网络社会中的明星粉丝群体及其集体行动，类似于"粉都"（fandom）。喜爱和支持同一个明星的粉丝就同属于一个"饭圈"。

　　明星粉丝社群是以明星本人及其附属品为兴趣点而形成的趣缘群体，所以，有关明星本人的信息就是粉丝社群的共同关注焦点。通过微博，明星本人能够实现与粉丝群体的互动，所以在粉丝社群中，明星本人是核心焦点，其余粉丝的位置则根据信息获取与传递的能力向外扩展形成了一个圈层结构，这也是"饭圈"之名的由来。

● 　在笔者的田野观察期间，X获得的有粉丝参与打榜的奖项多达17项。

图 7.1　X 的"饭圈"结构

　　从纵向的层级分布来看,"饭圈"内部结构可划分为四个层次。站姐、大粉与工作组处在较为核心的位置,因为其能够与明星直接接触,处于消息获取渠道的前端。成为站姐、大粉和工作组管理者需要相当程度的财力与时间精力的投入,除此以外还需要多渠道的信息获取能力,所以其人数在"饭圈"中占比并不大。站姐就是在偶像出没的地点用照相机、手机等摄像设备抓拍偶像的人,她们通过在一些明星的非官方场合中与偶像近距离接触从而获得追星"前线"的第一手资料。大粉意指具有较多关注者的粉丝,这类粉丝多为唯粉,且多从明星出道初期就开始关注,她们的言行中透露出对于明星的无条件喜爱和支持,具有高度的忠诚度。明星平日与粉丝的互动十分有限,而明星的大粉则非常活跃,频繁转载和原创有关明星的资料,有时甚至能获取有关明星的第一手资料,也能与其他粉丝们保持互动。在"饭圈"中,大粉具有相当程度的号召力,扮演着意见领袖的角色。工作组在"饭圈"中担任管理者的角色,以 X 的"饭圈"为例,工作组主要有后援会、控评组、反黑组、数据站、资源组、公益站,以及各地区分会。

　　从横向的属性分布来看,"饭圈"中存在着因个体偏好不同而形成的具有不同属性的子群体,如唯粉、妈粉 / 姐粉、女友粉 / 男友粉、CP[1] 粉

---

❶　目前对 CP 的解读有两种,一种为英文单词 coupling(配对)的缩写,另一种为 character pairing(角色配对)。无论哪种解读,都是粉丝将某个影视作品中的角色或者现实中的真人进行配对形成的假想情侣。

等等。其中，唯粉和 CP 粉经常处于敌对关系，原因是：

唯粉认为自己喜欢的偶像也喜欢自己，但是 CP 粉却认为自己喜欢的偶像是喜欢别人的，所以唯粉大多数都很讨厌 CP 粉。（访谈对象 3）

你希望你喜欢的人喜欢别人吗？当然不，所以唯粉当然会不喜欢 CP 粉。（访谈对象 4）

粉丝群体是围绕共同的情感依赖对象而形成的情感群体。在核心粉丝的引领下，社区内部自主地形成了一套明确的规范体系和层次结构，并建立了内部合法性机制，社区内部秩序得以实现。[1]核心粉丝在维护社群秩序中起着至关重要的作用，良好的秩序为组织的劳动分工提供了条件。当粉丝群体就团队目标达成共识时，就脱离了一般意义上的趣缘群体，开始出现职能分工，并逐渐演变成人们继续承担不同的角色分工，以实现共同的目标和继续合作的持续性组织。[2]粉丝群体为实现短期和长期目标，发挥网民的自组织作用，是一个由内部机制驱动、由简单到复杂、由粗糙到细致，在组织内部演化的系统。[3]以图 7.1 为直观说明，如果没有处于核心层级的站姐、大粉和工作组的存在，明星本人作为关注焦点对于粉丝群体的吸引力与辐射面就会大大减少。因此，明星以及核心阶层的粉丝对"饭圈"的组织与维系起到了举足轻重的作用，为群体情感团结的产生奠定了组织基础。

2."X 事件"

"X 事件"是一场由男明星 X 的部分唯粉对一篇以 X 和另一位男明星 W 为主角的同人文[4]的举报而引发的网络舆论事件。事件的起因是一位作者在自己的微博中发布了自己创作的小说最新一章在另一同人作品分享平台上的链接，此作者及其作品在 X 和 W 的 CP 粉中广受欢迎，正在连载的这部小说也备受关注。小说的两位主人公与 X 和 W 重名，文中的 X 是一位有性别认知障碍并从事性工作的"发廊妹"（社会性别为女，生理性

---

❶　陈昕：《情感社群与集体行动：粉丝群体的社会学研究——以鹿晗粉丝"芦苇"为例》，载《山东社会科学》，2018 年第 10 期。

❷　喻国明，石韦颖，季晓旭：《网络时代粉丝群的形成与衍化机制初探——以自组织理论为视角的分析》，载《青年记者》，2019 年第 13 期。

❸　彭兰：《自组织与网络治理理论视角下的互联网治理》，载《社会科学战线》，2017 年第 4 期。

❹　同人一词来自日语的"どうじん"（doujin），作为 ACGN（Animation、Comic、Game、Novel，动画、漫画、游戏、小说的合并缩写）文化的用词，所指的是，由漫画、动画、游戏、小说、影视等作品甚至现实里已知的人物、设定衍生出来的文章及其他如图片影音游戏等等，或"自主"的创作（解释来自百度百科）。

别为男），W 则是爱上"她"的未成年高中生，文章中有 X 和 W 的性行为描写。基于此设定，X 的部分唯粉认为这是对 X 的侮辱，所以在两位具有号召力的大粉的组织带领下，部分唯粉对此文章和作者进行了举报。因为此文章是发布在另一个国外同人网站上，且此网站为同人文化爱好者的主要关注平台，大量的举报导致此平台的中国用户无法继续登录，所以本来是"饭圈"内部的唯粉和 CP 粉的斗争，逐渐发酵为 X"饭圈"和同人圈、二次元圈等其他亚文化圈的冲突。

　　这次事件对 X 和 X 的"饭圈"造成了严重影响，X 的影视作品被打低分，商业代言资源减少，在传出 X 可能要上某电视台综艺的消息后，有网友在该综艺主持人的微博下发布抵制 X 的评论。X 的"饭圈"也被认为是滥用权利、破坏网络和谐的典型。此事件引发了社会的广泛关注，在今年两会上就有代表委员呼吁对于"饭圈"乱象的治理，包括对理性追星的引导和对故意造谣引战的营销号的管制（图 7.2）。

#2020两会# 【#代表委员呼吁社会共同治理饭圈乱象#】不理性的追星行为和"饭圈"乱象，在多个"线下"场合和"线上"空间产生。今年两会，多位代表委员关注到"饭圈文化"存在的一些乱象，呼吁理性追星。全国政协委员、北京大学教授张颐武表示，追星并非这些年才有的新事物，只不过随着娱乐业的发展，追星行为更加普遍。年轻一代追星，张颐武认为必须遵守三条"规则"：一是不能因为追星影响自己的正常生活；二是不能对其他群体造成伤害，比如"饭圈"争斗，有时上升到人身攻击，甚至触犯法律；三是不能造成违反公序良俗的事端。详情戳： 代表委员呼吁社会共同治理"饭圈"乱象 查看图片

代表委员呼吁社会共同治理"饭圈"乱象

图 7.2　来自 @ 中国青年报官方微博

（二）情感能量的产生与强化

1. 日常工作：共享情感状态

"饭圈"作为粉丝社群的一种组织形态，具有任务发布、价值引导和成果反馈的功能。粉丝们为了维护自己偶像积极正面的形象，避免偶像"人设崩塌"，"反黑"和控评就成了日常工作的重要环节。"反黑"即粉丝对在互联网上寻找到的关于自己偶像的黑料进行举报的行动。"控评"在"饭圈"中被谐音成"空瓶"，即在任何公开媒体和自媒体发布的跟自家明星相关的内容下发布好评，引导舆论。这两种工作都是为了维护偶像在粉丝心中至高无上的地位，粉丝们愿意相信自己的偶像是具有超凡魅力的独一无二的存在。偶像的超凡魅力还体现于其在各方面取得的优秀成绩，在"万物皆可量化"的信息社会中，这种"优秀成绩"用"流量"和"人气"来衡量，打榜、做数据也是"饭圈"重要的日常工作。

在"饭圈"中，粉丝会围绕明星进行一系列的生产活动。粉丝的生产活动在"饭圈"互动仪式中具有最明显的情感能量输出的特点。技术型的粉丝运用自己的视频剪辑和图片美化技能，从明星以往的作品或者采访中选取片段进行再生产，然后将产出放在自己的微博上，其他粉丝会将效果好的产出进行转发，起到广告的作用。路人们在刷微博的时候可能因为一张照片或者一小段影视资料而对明星产生兴趣，进而搜索明星的相关消息，了解其品质，最后有可能也变成粉丝。另外还有明星周边的生产与流通，明星"周边"就是一些印有明星真人或者卡通形象的物品，而非官方的周边产出则主要来自站姐和一些具有绘画技能的粉丝，这些粉丝会自己制作画册、手幅、钥匙扣、胸针等物品向其他粉丝贩卖或者抽奖赠送（图7.3）。周边流通的过程基于成员身份符号（membership symbol）所在的互动仪式市场。互动仪式市场中最重要的两种资源就是情感能量和作为成员身份的符号。❶对于粉丝来说，附有明星符号的周边不仅仅是一个物品，更是一种具有观赏和收藏价值的"艺术品"，明星的形象在周边的交易过程中变为符号资本附着在商品上，然后勾连起粉丝之间的意义产出和接收，意义的传递价值大于物品的使用和收益价值，并在流通过程中实现情感能量的价值转化。

❶　王鹏，林聚任：《情感能量的理性化分析——试论柯林斯的"互动仪式市场模型"》，载《山东大学学报（哲学社会科学版）》，2006年第1期。

图 7.3　两位大粉自制的 X 的周边

　　将集体信念和虚拟应援转化为一系列相对具体、既定的行动和实物道具，成为粉丝日常的基本动员任务，也在营造模拟动员的过程中，培养了粉丝下意识的习惯。日常运营任务有效地构建了群体内的文化符号和行为规范，并以此维持社区的有效运行。❶ "饭圈"内成员的认同性建构和积极的意义产出，通过文字、图片和视频的方式，经过粉丝群体的大量转发，可以在群体内部强化共识。霍尔提出信息是以解码与编码的方式传递的。粉丝们将明星被主流媒体报道和采访的内容或者参加节目时的表现，凝练为突显个人特质的词语，且这些词语都是正面积极的评价，这是解码的过程；然后在粉丝群体内部的信息传播中将这些特质不断重复，在脑海中留下印象，而每位参与讨论和转发的粉丝都会在与其他粉丝互动的过程中强化这种印象，这样明星们优秀的品质就会在粉丝心目中无限放大。粉丝们保持着这种情感状态的共享，在此基础上形成群体共识，作为粉丝的个体加强了对粉丝身份和粉丝群体理念的认同，粉丝群体的集体意识也得到强化。

　　2. 意见领袖的情感策略：引导群体共识

　　明星粉丝社群的情感动员策略主要有精准化目标、构建苦难以及抒发自我价值。❷ 当社群需要最大限度地激发内部动员力量时，往往采取营造群强环伺的恶劣生存环境的策略，这样会有效触发社群内部勠力同心以及

❶　吕欣，戴春旭：《明星粉丝社群的网络动员机制研究》，载《传媒》，2019 年第 24 期。

❷　同前。

遇强则强的共同信念和"战斗"热情。在"饭圈"组织中，处于核心位置的工作组因为被认为是官方代表而不能进行过多的情感导向，所以就由相同层级的大粉们承担起引导粉丝社群的意见领袖的任务。在粉丝互动仪式链中，大粉因为其强大的粉丝资本而具备较高的情感能量，并且粉丝实践活动经验丰富，无论是悲情、蒙冤、苦难叙事、道德谴责，还是积极的自我价值的肯定，大粉们都能够感知粉丝群体的情感动态，而后采取不同方式建立价值导向来达到某个目标，并且随着事情的发展变化而不断调整情感策略。

"X事件"是一场粉丝为了维护偶像至高无上的形象而对其他文化圈造成影响的文化冲突事件，从事件的起始到后续的自救措施，大粉们充当着意见领袖的角色引导着粉丝行动。在"X事件"中，刚开始两位大粉的"战略指挥"和成果反馈形成了整个举报运动的信息发送和反馈机制，粉丝们参与其中会产生粉丝身份的获得感和自我价值实现的认同感，激发情感能量；虽然后续他们被置于舆论中心的自救工作中，其他大粉们的意见领袖角色依然起到了关键作用。在坚定粉丝社群、增强对偶像的信任的情感基础的同时，意见领袖们通过对网络舆情和粉丝群体的动态的监测来引导粉丝行动，目的是积极挽救X以及其粉丝群体的口碑和形象。因为此事完全是由粉丝引起，所以粉丝应该为了"赎罪"而积极参与事态的挽救工作，内疚感和弥补心态也是大粉们的情感策略之一（图7.4）。

3月1日 21:52 来自

真的对不起//@ ⬛⬛⬛⬛⬛:对，要清醒的意识到，这次是我们害了他，不要和我扯初衷如何，起因如何，程序如何，请你们看一看结果。我们闯的祸，如果拍拍屁股走人，就真的不是人了。我们可以追好好多明星，我们可以换好多好多ID，他就只有一次当明星的机会，不可以删号重练。

🎓

每个人都在输出意见。但我只想讲点实在的话。

这事儿就是粉丝给他惹来的大麻烦，参与的没有及时发现问题阻止的都是对不起他，我们不能躲 可能解决不了，但我们得对得起自己的良心，因为是我们自己惹了麻烦。

哪怕日子不好过，不好过的也不是拔掉网线吃喝正常工作学习完全不受影响的我们；是因为粉丝被推上风口浪尖莫名其妙多了一批黑粉，折损了很严重一部分路人缘的我哥哥。

做粉丝就要有粉丝道德，现在要撑下去陪他走过去，哪怕接下来很长一段时间不好过也不可以离开，因为从来都是我们的错。

还有熬过去也不要觉得是一次胜利，说什么大家更团结了，丧事喜办要不得。是要痛定思痛从此以后再也不给他添任何麻烦 收起全文 ⌃

3月1日 20:48 来自 🐦iPhone客户端 已编辑   ↗ 3454   💬 52   👍 4189

3月2日 00:06 来自

转发微博

有些事不是粉丝可以解决的，也不能参和，请粉丝淡化存在感，专注存澄清，保护商务，做好数据，不要去任何平台和论坛跟他人产生争论解释试图说服对方，也不要再发送任何可能产生矛盾的微博言论，粉丝将自己的存在感放到最低，现阶段难过一点而已，再坚持几天，拜托大家~~

现在全力保护好他，在这件事淡化之前，谁都没资格放弃，这是我们欠他的。 收起全文 ∧

请闭麦

3月1日 23:50 来自 微博 weibo.com 已编辑　☑ 4126 │ 💬 533 │ 👍 6750

图 7.4　两位大粉的微博截图

总比不做好一些，这段时间看见一些趁机黑他的帖子就难受得不行。（访谈对象 1）

喏，这事就是粉丝们惹出来的，他本人又没什么错，希望大家以后理智一些吧。我最近看见澄清就转，希望能被更多人看见，其他的不去看也不去想。（访谈对象 2）

现在只有等这件事慢慢过去，粉丝说什么都是错。就只有跟着大家一起团建❶，找点事做，好好等他回来。（访谈对象 6）

在这场网络舆论事件的补救过程中，身为意见领袖的大粉们运用情感策略，将群体的共有情感凝结成符号资源（微博帖），通过对粉丝群体的引导控制形成群体共识，规避可能产生的风险。

3. 作为群体共识的道德

对于粉丝而言，自己的偶像是全世界最好的偶像，对于偶像的强烈情感不仅是支持粉丝进行互动仪式实践的情感能量，也是粉丝群体道德感形成的基础。粉丝社群作为情感社群的一种类型，是围绕着同一个情

情感能量与"饭圈"共同体

───────────────

❶　这里的团建指完成转赞评（转发、评论、点赞）工作后在微博群打卡。

143

感对象建立起来的社群，具有明显的排他性。●而情感排他性会引起情感冲突，进而导致群体冲突。网民的共同信念和情感表达是一种典型的网络集群行为，或是网络集群行为发展过程的重要阶段。●笔者在访谈中问及对"饭圈"冲突的看法，访谈对象对此都表示并不理解也不会参与：

只谈内地娱乐圈的话，"饭圈"已经成为一个贬义词，一个巨大的泥沼。谁听了"饭圈"不闻风丧胆？谁沾了边能轻松摆脱？"饭圈"和资本交织，已经不是纯粹热爱明星的一群人聚集在一起分享快乐了。充斥着撕，抢，流量之争。每家有着明确专业的分工，一群容易被说服的年轻人被另外一群别有用心且有能力调动资本的人牵着走，甚至能以群众之舆论力量倒逼经纪公司改变决策。其实每个个体都有想要参与公共活动、行使某些权力的欲望吧，"饭圈"给了广大民众这样的机会宣泄。（访谈对象1）

内娱"饭圈"，更像变形的附属娱乐经济产业，一种小范围人群的个人崇拜。粉丝会将自身对偶像的幻想投射在所喜欢的明星身上，获得情感满足上的回报。同时，因为投入了情感和金钱，普遍上粉丝对于明星有各种程度上的掌控欲或者占有欲。此外，由于"饭圈"粉丝年龄层偏低，缺乏独立思考能力，较容易被带节奏影响判断（导致网络暴力等情况发生）。（访谈对象2）

大粉极具煽动力，"饭圈"经常虐粉，莫名其妙与别人家吵架，把爱豆看成脆弱的"宝宝"，饭圈乌烟瘴气，还是不要混"饭圈"了，没有意义，还把自己弄得阴阳怪气，会失去追星的快乐。（访谈对象3）

"饭圈"文化现在已经变质，从一开始因为自己喜欢的明星而聚集起来的一些人形成一个群体，现在已经变成为了自己喜欢的明星去任意攻击其他明星的群体。第二，"饭圈"的一些行为形成的饭圈文化现在让人无法理解，如微博热搜有一个明星的新闻，评论点进去必然是这个明星粉丝大规模的复制粘贴式表白或者夸自己爱豆的文案，毫无意义。并且作为一个只想看关于这位明星发生事件相关评论的吃瓜群众，他们的举动实属占

● 陈昕：《情感社群与集体行动：粉丝群体的社会学研究——以鹿晗粉丝"芦苇"为例》，载《山东社会科学》，2018年第10期。

● 乐国安，薛婷：《网络集群行为的理论解释模型探索》，载《南开学报（哲学社会科学版）》，2011年第5期。

用公共资源。如花费巨额只为在某广场、地标的 LED 显示屏上投放过路人都不会去看的明星宣传广告。希望"饭圈"文化以后能回归本质，不要再继续成为网络暴力、扰乱网络公共秩序的温床。（访谈对象 6）

为何并不被认同的"饭圈"冲突仍不断发生？笔者认为"饭圈"冲突的根本在于情感冲突。情感不仅是粉丝个体与偶像之间的某种关联的体现，还是粉丝群体道德感的基础。柯林斯将冲突与团结作为对立面进行统一性的分析，将组织当作冲突的场所，而在互动中组织作为场所也成为互动走向冲突或者团结的媒介。❶道德感在互动仪式链理论中被界定为道德标准，对于违反道德标准的行为，仪式参与人员会表达出正当愤怒，并有可能进一步实行"惩罚"措施，而这往往成为网络冲突事件发生的原因。

对于 X 唯粉群体来说，自己与偶像之间情感的独特性是群体道德感的核心，CP 粉的行为是对唯粉群体道德的挑战。所以"X 事件"最开始只是 X 唯粉针对 CP 粉的驱除行动，没想到后来事情却一发不可收拾，将这场群体内部的"战争"引向了整个 X 粉丝群体与其他同人创作者和爱好者等群体对立的局面。

除了粉丝群体内部的冲突，由于不同情感对象引发的不同"饭圈"之间的冲突也屡见不鲜。在这批以"率性""忠诚""狂热"著称的人群中，冲突随处可见。❷明星粉丝文化虽然以一个整体较为完整的面貌呈现，但是因为不同粉丝追捧的明星不同，所以形成了不同明星的"饭圈"。不同的"饭圈"也因为追捧的艺人不同，时而产生冲突。这种冲突通常是无预谋的突发性事件，引起冲突的原因很多，但都是因为偶像在自己心中至高无上的地位遭受他人的动摇。另外，在希望偶像能够越来越好的情感驱使下，粉丝之间的有关偶像的流量争夺与资源矛盾也是引起冲突的导火索之一。因为"粉丝行为，偶像买单"的"饭圈"规则，粉丝之间的冲突往往会上升至对明星的攻击。

2019 年 12 月 19 日北京互联网法院发布的《"粉丝文化"与青少年网络言论失范问题研究报告》显示，自 2019 年 1 月 1 日至 11 月 30 日，北

情感能量与"饭圈"共同体

---

❶ 刘云杉：《简明西方社会学史——互动仪式链理论》，微信公众号：启蒙群学社，2015 年 2 月 27 日。

❷ 蔡骐，欧阳菁：《社会与传播视野中的"粉丝"文化》，载《淮海工学院学报（社会科学版）》，2007 年第 2 期。

京互联网法院受理的以青少年为涉嫌侵权主体的网络侵害名誉权行为，集中表现为从事演艺工作的公众人物名誉权侵权案件，共计 125 件，占全部网络侵害名誉纠纷的 11.63%。值得注意的是，在这类案件的审理过程中，法官通过追踪案件的网民反应发现，这些案件从立案、开庭到宣判整个过程都会受到所涉及的明星双方粉丝的高度关注，同一"饭圈"的粉丝对被告的"声援"与"追捧"仍然不止，这不仅体现在被告收获了大量表示支持或鼓励的网络评论，甚至出现被告微博粉丝数量在诉讼期间成倍增长的态势，引发公众关注和上亿话题量讨论。这也体现出"饭圈"这一共同体的团结性与成员对群体道德感的维护的积极性。情绪感染力超越理智，喜欢发表偏执与带有对其他明星明显攻击性言论的人不仅不会被"饭圈"抵制，反而能够成为"饭圈"内部的道德领袖。

五、结论与讨论

本文以明星 X 的粉丝群体为主要研究对象，借助情感能量概念，主要分析了其在粉丝群体团结的形成和动员机制中的作用。短期情境性的情感以情感能量的形式跨越情境，借助潜在的群体成员的共鸣，逐步建立起互动仪式链。[1] 明星粉丝的日常工作营造了文化实践的情境，从中产生的情感能量不断积累，同时集体事件作为外部情感刺激集体的情感能量，体现在粉丝社群团结强化的结果上。

柯林斯强调情感能量是互动的真正动力，这比追求文化资本对人们更具吸引力。人们通过参加互动仪式产生积极的情感能量。同时，互动仪式也引起了大家的共同关注。在此过程中，仪式参与者之间将产生共同的情感，并在此基础上形成情感共鸣。当面对突发性事件的情感刺激时，群体道德被内化为群体团结，这可以激发最大的情感能量。

一方面，在群体团结形成的过程中，共同参与的日常工作满足了粉丝积累情感能量的愿望。粉丝在文化实践的共同参与和互动交流中保持情感的共享（包括不断取得的成就和共同克服的苦难），在这些活动过程中实现情感能量的产生和积累，在集体行动中凝聚集体意识，将集体意识升华为粉丝身份的道德感，在此基础上增强群体团结。对于偶像的崇拜与支持能够促使粉丝遵守"饭圈"规则以及对意见领袖的听从。对于数量庞大的普通粉丝来说，偶像以及处于核心层级并且在粉丝群体中占比较小的工作

---

[1]　兰德尔·柯林斯：《互动仪式链》，林聚任、王鹏、宋丽君译，北京：商务印书馆，2009 年。

组和大粉具有很高的情感能量，在寻求情感能量的准则下，普通粉丝自愿追随偶像甚至大粉来获取情感能量。所以在面对作为互动仪式的集体行动时，在目标一致的前提下，粉丝群体的情感能量能够最大限度地转化为高效的行动和组织力。

另一方面，群体事件强化了群体共识与群体团结。"X 事件"中，作为意见领袖的大粉们通过有节奏的引导和反馈来强化群体情感，从而激发群体行动力。因为粉丝群体的感性特征，他们的情感归属性往往让他们只愿意跟随各自意见领袖的引导，不成熟的意见领袖将引起反作用，放大竞争的负面情绪，引发群体效应，最终导致网络暴力和恶性竞争的产生。❶无论是举报还是自救，粉丝因为参与仪式而获得情感能量，同时也在大粉的引导下将情感能量转化为行动的内驱力，行动的目标一致进一步强化了群体团结（图 7.5）。

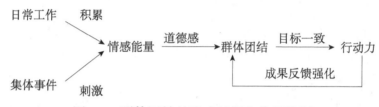

图 7.5　群体团结的形成过程和作用机制

情感能量本来是现实中"面对面"的互动仪式中的关键因素，但同样可以应用到对网络群体的相关研究中，特别是其对于群体共识形成的作用。在韦伯的超凡魅力概念中，由超凡魅力引发的创新（或变革）纯粹是基于对领导者非凡才能的信任和信仰。❷群体的核心人物必须具有最多的情感能量，由此吸引群体其他成员的关注与向往。对于情感能量的追求构建起群体的共识，即对成员身份角色和责任的深刻认识。个体的认知通过群体性的互动逐渐汇集并凝结为群体共识。内部共同的、有约束性的理想信念是共同体内的"默认一致"（consensus），它具有团结成员的作用。❸在群体成员就自己的身份和责任达成共识之后，违反和挑衅这一共识被视

❶　蓝芳玲：《试析微博平台上的粉丝群体意见领袖》，载《新闻研究导刊》，2016 年第 3 期。

❷　安东尼·吉登斯：《资本主义与现代社会理论》，郭忠华、潘华凌译，上海：上海译文出版社，2013 年。

❸　滕尼斯：《共同体与社会》，林荣远译，北京：商务印书馆，1999 年。

情感能量与"饭圈"共同体

为对群体道德的挑战。群体对于违反群体道德的正当愤怒，在明星粉丝社群中表现为：长期沉溺于"信息（与情感）茧房"中，群体团结在逐渐增强的同时，道德感也随之提升，保守的道德感与单调的情感能量的交换更加容易激化群体间的矛盾，群体容易被极端情绪掌控，做出群体之外的人们所无法理解的事情。

Emotional Energy and "Fandom" Community:
An Emotional Mobilization Mechanism for an Online
Celebrity Fan Community
Yining Yang

Abstract: Taking the online ethnography as research method, this research starts with the formation of group consensus and conducts an online fieldwork on a star's online fan community ("fandom"). The research shows the daily work and collective actions of the "fandom" and it believes that the pursuit of emotional energy among individual fans is a condition for the formation of a group consensus, through which could produce group unity and efficient organization and action. This article puts the emotional energy concept proposed by Collins in the interactive ritual chain theory in the field of the network society and further applies it to the study of the formation and mobilization mechanism of community consciousness. It is a useful supplement to the social governance and integration of the interaction between the network and reality.

Keywords: online community; group consensus; emotional energy; mobilization mechanism; online ethnography

情感能量与「饭圈」：共同体

虚拟偶像及其粉丝消费生产之赛博格

——洛天依个案网络民族志

徐佳怡

摘要： 基于 VOCALOID 合成技术和全息投影技术的虚拟偶像"洛天依"在中国积累了大量人气。在消费理论视角下，虚拟偶像粉丝的消费行为表现出多种形态，突出体现了受众的文化消费主动性和文化生产内生性。在生产权威被技术优势弱化的背景下，粉丝通过创造群体公共价值锚定个体的集体身份，完成了消费与生产的融合，最终以一种生产式消费的方式维持自下而上生长出的趣缘自组织的秩序，完成了孤立个体的再联结，提示了未来社会自治的一种图景。

关键词： 消费理论；虚拟偶像；粉丝研究；洛天依

一、引言

她灰发绿瞳，发饰碧玉，腰坠中国结，她吃货天然呆，既有着能够为了别人而流泪的温柔，也有着无论经历多少挫折也绝不放弃的坚强。[1]她是新一代青少年偶像代表人物洛天依，在新浪微博拥有 275 万粉丝，百度洛天依贴吧关注用户 36 万，公开发布的原创曲目超过 14000 首，其中 32 首在 bilibili 视频网站上的点击率超过 100 万（以上数据截至 2018 年 6 月 23 日），被粉丝称为"传奇曲"。其于 2017 年 6 月举办首场线下全息演唱会，定价为 1280 元的 500 张 SVIP 票 3 分钟内一抢而空[2]，到场粉丝超过万人。以上诸多数据，足以显示洛天依作为偶像的火热程度和粉丝响应度。

但事实上，虚拟偶像洛天依并非真实存在的物质实体，看不见摸不着，其形象背后只是一个数字人声合成软件。随着二次元文化在中国青年一代群体中的广泛流传和 VOCALOID 语音合成引擎技术的成熟，近年来

---

[1] 参考洛天依百度百科词条介绍 https://baike.baidu.com/item/ 洛天依 /6753346?fr=aladdin。

[2] 数据参见 http://tech.ifeng.com/a/20171213/44802865_0.shtml。

的中国本土虚拟偶像正越来越多地活跃于人们的视野中，洛天依是其中最早出现、最知名也最成功的一个虚拟偶像。虚拟偶像的大获成功主要依赖两个要件，一是技术进步和团队运营，二是广泛的受众群体的存在，也可以理解为潜在粉丝基础。

虚拟偶像的粉丝群体不同于传统的真人偶像粉丝，他们的崇拜对象并非真实存在，缺乏物质载体；但也不同于小说漫画人物的粉丝，他们的崇拜对象能够开线下演唱会、生日会，也能在微博等社交媒体上与粉丝亲密互动。这种介于虚拟与真实状态之间的偶像，究竟为何能够吸引如此规模的粉丝群体，创造出独特的粉丝文化，带动强大的虚拟偶像经济呢？与传统的真人偶像相比，她又具有什么不同呢？

鉴于洛天依之技术基础来源于日本虚拟偶像初音未来，后者早在2007年便已面市并取得热烈反响，因此学界已有诸多关于虚拟偶像及其粉丝群体的研究。总的来看，对虚拟偶像的研究可以分为技术与人类学角度的探讨和对其商业与文化影响的探讨两类：前者包括对虚拟偶像与人类审美、自我与技术关系的研究[1]、虚拟偶像作为人类延伸的终端身份研究[2]、数字伦理研究[3]等；后者包括对其数字商业运营模式[4]、音乐文化影响[5]、网络互动[6]等的研究。但对于其粉丝群体的特殊性以及对未来人类社会与文化的启示的研究仍不足。虚拟偶像的产生是偶然还是必然？是需求驱动生产还是生产创造了需求？虚拟偶像粉丝群体的表现是传统粉丝文化的延续还是创新？又对粉丝文化研究有何新的贡献？

本文基于以上问题，采用网络田野观察的研究方法，观察洛天依粉丝群体的存在状态，并试图从对观察结果的分析中得到关于以上问题的答

[1] Daniel Black, "The Virtual Idol: Producing and Consuming Digital Femininity", in Patrick W. Galbraith, Jason G. Karlin, ed., *Idols and Celebrity in Japanese Media Culture*, London: Palgrave Macmillan, 2012, pp. 209-228.

[2] Guga J, "Virtual Idol Hatsune Miku", in Brooks A., Ayiter E., Yazicigil O. ed., *Arts and Technology. ArtsIT*, 2014, pp. 36-44.

[3] 成怡：《"初音未来"：虚拟技术与现实世界的伦理碰撞》，载《传媒观察》2013年第3期。

[4] 吴玥，王伟：《数字内容产业开放商业模式研究——基于"初音未来"的案例》，载《云南师范大学学报（哲学社会科学版）》2013年第1期。

[5] 宋岸：《从"初音未来"看虚拟歌手对音乐文化的影响》，暨南大学硕士论文，2017年。魏丹：《虚拟音乐角色的音乐文化与传播影响——以"初音未来"为例》，载《音乐传播》2016年第1期。

[6] 李镓，陈飞扬：《网络虚拟偶像及其粉丝群体的网络互动研究——以虚拟歌姬"洛天依"为个案》，载《中国青年研究》2018年第6期。

虚拟偶像及其粉丝消费生产之赛博格

案。研究以百度贴吧为主田野场所（百度贴吧最符合社群特征，组织程度高），以新浪微博、bilibili视频网站（以下简称B站）、洛天依中文网为辅助材料来源进行参与式观察，观察期包括2018年6月近一个月的集中观察和2018年6月至写作本文时期的不定期观察，主要以田野场域内发生的重大事件和日常运作模式为重点观察对象。在互联网时代，虽然这是"一种过程的体验而非结构性规范的呈现，但由此感悟性的散点式民族志书写正在成为一种必须"❶。

二、消费理论与粉丝文化

若要探究虚拟偶像为何出现，还是要从其拥趸入手。作为虚拟偶像的粉丝，他们既属于传统的粉丝，又应该具有新的特质，使得他们将对真人偶像的青睐转移到了一个虚拟形象，或者说是一些数字符号上。因此，本节内容将回顾粉丝文化研究的已有成果。同时，粉丝作为文化的受众，其诸多行为都是一种消费行为，粉丝也可被看作是"过度的消费者"（excessive consumers），因此，本文将主要从消费理论的视角来看待粉丝文化研究。

（一）接受、挪用与生产

粉丝作为消费者，其消费行为在不同的阶段被定义为不同的性质。法兰克福学派站在对大众文化的批判立场认为，文化消费是由资本主义社会制造出来以愚弄大众的"阴谋"，该学派创造了"文化工业"一词❷，将文化生产和资本主义生产模式联系起来，以说明大众文化的操控意图。此时，大众的消费行为被看作是一种被动的接受，受众只被当作资本社会操控的对象。但法兰克福的批评具有较强的时代背景和文化背景，且更偏向于对文化生产的批判，对受众的讨论停留在表浅的层面，片面地强调了受众的被动性和生产的绝对地位。

随后，消费理论研究中出现了对消费行为更丰富的意义解读，尤其是把消费更多地与社会关系和社会结构相结合。大众并不完全是"沙发上的土豆"（couch potato），而其消费行为也不仅仅是被动地接受。让·鲍德里亚（Jean Baudrillard）认为消费还具有交际功能。大众的消费也是一种社

---

❶ 赵旭东：《微信民族志时代即将来临——人类学家对于文化转型的觉悟》，载《探索与争鸣》2017年第5期。

❷ 杨玲：《西方消费理论视野中的粉丝文化研究》，载《长江学术》2011年第1期。

会认知体系的构建，个人对物品的消费不仅是为了获取其价值，还为了标记社会地位。❶布迪厄则进一步构建了资本结构理论，使用文化资本的概念将消费行为及其文化属性与社会结构联系起来。

以上经典理论对受众的消费行为仍然主要理解为被动接受、被操控与被标记。而伯明翰学派则开始转向积极受众理论，核心变化是逐渐开始重视消费行为的自主性和受众在接受层面的能动性。作为代表的理论贡献有霍尔的编码与解码理论（1973年，《电视话语的编码和解码》）。他认为文化生产者的生产过程是一个编码的过程，但到了受众（消费者）这里，生产者的意图并不是直接被接受，受众会按照自己的意愿进行解码，因此受众最终得到的信息和生产者试图传达的信息并不存在绝对的对应关系。而在解码之后，受众还会对已得到的文化信息进行"挪用"，也就是在解码的基础上进一步发挥主观能动性，将所得文化或符号信息挪用到其他领域，进行重塑和互动。

如果说挪用还是一个比较保守的说法，那么德·塞托在《日常生活实践》一书中更加鲜明地指出了消费者的"偷猎""盗用"行为。❷他将消费行为看作"第二生产"，强调了消费者的能动性和创造力。消费者虽然在文化领域是弱势一方，但他们可以使用消费的策略（tactics）这一"弱者的武器"来抗衡生产权力的战略（strategies）。这种抵抗也是对福柯所谓无所不在的规训机制的回避。大众之所以只能回避而不能彻底反抗，是因为大众在整个文化生产体系当中仍然处于弱势地位，绝大多数受众没有自己生产文化产品的能力，只能盗用呈现于他们面前的文化产品，进行符合自我需求的改编。另外，相比文化生产权力主体的统一的"战略"和固定的生产空间及时间，受众的"策略"是分散的、没有固定空间的，也是转瞬即逝的。❸

以上理论观点虽然在消费与生产的关系上进行了发展，但实际上并未跳脱消费与生产的二元关系。在现代社会，随着以互联网为标准的革命到来后，消费对象不仅仅脱离了物，甚至脱离了文化符号，而随着消费实体逐步被替代，消费与生产的边界愈加模糊。就此，鲍德里亚在其消费符号理论的基础上进一步发展出"类像（simulacra）理论"。他首先

❶　让·鲍德里亚：《消费社会》，刘成富、全志钢译，南京：南京大学出版社，2000年。

❷　米歇尔·德·塞托：《日常生活实践》，方琳琳译，南京：南京大学出版社，2009年。

❸　陶东风：《粉丝文化研究：阅读—接受理论的新拓展》，载《社会科学战线》2009年第7期。

虚拟偶像及其粉丝消费生产之赛博格

是提出了"类像三序列"（the three orders of simulacra），将自文艺复兴以来的生产主导模式分为仿造（counterfeit）、生产（production）和仿真（simulation）。仿真即代表了目前被代码主宰的时代。在互联网社会，符号的真实指涉终结了，生产的真实性也终结了。文化生产从反映现实发展到了"纯粹是自身的类像"，失去了与真实的联系。在鲍德里亚的后现代主义文化理论当中，已经难以看到传统的关于控制与被控制的权力结构的讨论，最终他暗示了在高科技社会下主体对客体统治力的丧失。这也暗示了在互联网以及今后的技术取向下，生产与消费的主体与客体已经难以分辨，融为一体。

（二）粉丝文化研究

粉丝研究发端于 20 世纪 90 年代，其源流属于大众文化研究。随着大众文化研究的重心从文本转移到受众，以粉丝为代表的受众研究登上舞台。亨利·詹金斯、丽莎·A. 刘易斯（Lisa A. Lewis）等学者开启了大众文化受众研究和粉丝研究的篇章。

粉丝作为消费者的独特之处在于，他们对文化的挪用和生产具有超乎寻常的热情。粉丝身上完美地体现了消费理论对受众行为的解读，既有接受，也有挪用和生产。正如粉丝文化研究的先驱詹金斯所说，粉丝构成了消费者中特别活跃和善于表现的一个社群，其活动吸引着我们关注文化挪用的过程。❶

詹金斯延续了德·塞托对受众在消费过程中的主动性的强调，与此同时他也修正了德·塞托关于粉丝之间关系的认知。他认为粉丝并非一个个孤立的个体，而是通过对文化和符号的挪用形成一个分享社群。并且这个社群也成了盗猎来的暂时的文化再生产结果的巢穴，从而受众的第二生产物不再是转瞬即逝的，而成了这个群体稳定的持久的文化基础。在这个社群中，粉丝之间利用已保留的文化材料不断交流、协商和再创造，由此形成了特定的社群文化，而这个社群文化改变了粉丝作为受众在传统的文化生产权力面前的弱势地位，他们的武器不再只是暂时和零散的策略，也拥有了持久性的战略。从这个角度来说，粉丝对文化产品的消费是一个社会过程，而不仅仅是一种行为。

当粉丝拥有自我生产出来的文化积累之后，他们就拥有了一定的对抗

---

❶ 郑熙青：《任载体变迁，不变的是爱和创造力》，载《文汇报》2017 年 4 月 11 日。

文化生产权力的武器，从而获得了抵抗能力。费斯克在《粉丝的文化经济》一书中详细阐述了这种大众的生产力和抵抗力，他认为粉丝文化能够与官方文化形成"既分离又映照"的关系❶，互相影响和塑造，从而在一定程度上消解了一部分文化权力差距，这是一种自我赋权的表现。

此后，随着媒介的发展和消费对日常生活的渗透，粉丝研究越来越正面化。粉丝文化逐渐从小众的亚文化走向范围更大的草根文化和商业文化的融合体，人人都可以被称为粉丝。当今社会不断兴起的选秀偶像、各种品牌、影视节目的忠实跟随者和密切关注者，不论他们在主流社会文化中处于什么样的地位，都会在某个瞬间成为过度消费者，成为粉丝。

而在理论界，新的观点认为以往的粉丝研究都将媒介生产者与粉丝消费者进行了二元对立。❷的确，新媒体、自媒体的出现正在模糊生产者与消费者的边界，参与性文化的发展也早已将受众纳入到文化生产的过程中。本文所要关注的对象——虚拟偶像，其生产就是依靠部分受众完成的，在虚拟偶像及其粉丝身上，我们已经很难看到生产者和消费者的边界，但这是否意味着，传统的文化权力边界就不存在了呢？第二波粉丝研究的核心关注之一是粉丝所好对象的选择，而在第三波粉丝研究中，学者又质疑粉丝与其所粉的对象之间并不是简单的两个主体之间的关系，而是一种"自恋性的自我映射"（narcissistic self-reflection）❸，是同一主体的自我延伸。这一观点恰是本文解答粉丝选择虚拟偶像而非真实偶像这一问题的重要线索，而下文也将沿袭消费与生产的视角来阐述这一问题。

三、虚拟偶像和她的粉丝们

相比于传统的粉丝研究，洛天依及其粉丝群体具有两个层面上的虚拟性。第一是洛天依作为数字合成偶像的虚拟性，第二是洛天依与粉丝以及粉丝之间的互动主要集中于互联网虚拟空间。这两层虚拟性的指涉，前者偏向于对消费对象的性质的思考，从物品到身体再到虚拟的数字代码，消费对象的物质性逐步消解，这意味着什么？后者偏向于对粉丝消费行为的思考，消费行为的线上化对粉丝而言意味着什么，又会对社会结构与经济带来什么样的影响？在解答这些问题之前，首先需要对田野对象做一个简单介绍。

❶　约翰·费斯克：《粉丝的文化经济》，陆道夫译，载《世界电影》2008 年第 6 期。
❷　Cornel Sandvoss, *Fans: The Mirror of Consumption*, Cambridge: Polity, 2005.
❸　同前。

虚拟偶像及其粉丝消费生产之赛博格

（一）赛博格偶像的本质

洛天依主要由视听两方面构成，其听觉呈现依托于以 Yamaha 公司的 VOCALOID3 语音合成引擎为基础制作的全世界第一款 VOCALOID 中文声库，音源来自国内配音演员山新（王宥霓）；其视觉呈现来源于 2012 年 12 月公开征集的形象设计，最终采用稿来自对画手 MOTH 和 ideolo 的设计的改编整合。其人物设定是一名 15 岁的中国少女，身高设定 156cm，生日为 7 月 12 日，性格为软萌可爱、温柔天然呆、细腻敏感，拥有一只名为天钿的电子宠物。洛天依的产权归属于上海禾念信息科技有限公司。因此，洛天依虽然是仿照日本虚拟偶像初音未来的产物，但完完全全是一名"中华少女"，其整体设计风格也处处体现着中国特色，诸如其姓名取自中国古文如《诗经》等作品，服饰中有碧玉、中国结等传统中国文化元素。

洛天依的形象征集始于 2011 年的 VOCALOID ™ CHINA PROJECT，于 2012 年 3 月最终定样。2012 年 7 月其声库在第八届中国国际动漫游戏博览会上推出，此后持续升级改善，以更符合真人演唱效果为目标。虽然洛天依是一个虚拟形象，却在诞生后不久就打破了"次元壁"，在现实世界中以全息投影的方式出现于各类演唱会活动中，包括在各类地方卫视的晚会节目、真人歌手的演唱会等与真实歌手互动、共演。2017 年 6 月，洛天依与其他同公司的虚拟偶像在上海举办了首次大型演唱会，通过全息投影、实时动作捕捉、线上 AR 直播等方式达到与真人歌手演唱会类似的效果。

洛天依的作品主要来自背后大量 90 后—00 后知名原创音乐人、视频制作者（PV 师）、画师等的创作，而较少由洛天依自己或其背后的运营团队创作。创作者们购买官方发布的数字复制技术 VOCALOID 编辑软件❶，可自主创作、编制歌曲，以二进制数字形式将创作的歌曲录入设备，通过软件的转换，歌曲便可以由洛天依演唱出来，这一过程被粉丝称作"调教"。再配上视频制作者和画师对人物形象的设计和软件制作，就能够产出一首完整的 MV 作品。这些作品通常由个人于分享型社交平台（主要是 B 站）上发布，随后由粉丝搬运到各类音乐 app、贴吧等扩大讨论范围或

❶ 一种对人的声音进行复制，并加以反复利用的技术。VOCALOID 软件的基础是一套通过专业发声系统对人声进行大量的音频资料采集，通过专业技术处理之后的数据库，真实的人只提供特定的音调，将音调制成歌曲则是由软件的用户完成的。

供粉丝下载收藏。在主要的作品分享网站 B 站上，目前洛天依相关视频播放总量远超 600 万。根据田野观察的记录，一首好的作品传播速度极快，粉丝响应度非常高。例如 p 主[1] "Z 新豪" 发布的作品《黑凤梨》的播放量突破 100 万只用了 6 天 21 小时 39 分，刷新了此前洛天依创作作品突破百万的最快时间记录。在 6 月 20 日晚 20 时之前，在线观看人数从 826 人上涨到 934 人只用了 13 分钟。B 站每日洛天依相关视频的投稿量在 30 个左右，任何能够使用 VOCALOID 软件的人都可以自由创作并投稿。

此类背后创作者是支撑洛天依虚拟偶像产出的主要组成部分，且大多不为利益，只为兴趣，追求的目标多是作品在 bilibili 视频分享网站上的点击率、播放率和粉丝反响（弹幕内容）等。在洛天依贴吧推出的对知名 p 主的采访中，大多表示，喜欢用洛天依来进行创作，一是因为该方式比寻找真人歌手更方便，创作内容也更自由，二是因为主要以此作为兴趣，创作的作品能得到大家的喜爱是最重要的。

DELA： 我的定义就是我们团队对于故事的整体理解也不能代表别人的想法，因为我们故事做的也是开放性的。

DELA： 我在实习，很忙，很久没有投稿了。很对不起，也很无奈。7 月肯定不投稿了，8 月没准会有。我网易云会及时更新摸鱼，请你们别忘了我，我爱你们（对粉丝说的话）。

雨霖仙： 像我们这样写歌的，很希望写出来歌就有人能够演绎出来，找歌手的话时间就比较长了，虚拟歌手不仅时间快而且能按照自己想要的方式唱出来。其实很早就知道初音了，一直想要一个能唱中文的虚拟歌姬，正好听说洛天依出来了，就拿过来试试以前的曲子。

雨霖仙：（御台提问：雨霖仙大大觉得 vc 初期的创作环境跟现在有什么不同呢？）没啥不同，都是玩儿，哈哈哈哈哈。

阿良良木健：（御台提问：觉得 VOCALOID 有什么特点？）写完歌再也不用请歌手了，省钱又省力（虽然买一套软件的费用也差不多够请一名唱见的了）。

（截取自洛天依贴吧策划的对知名 p 主的定期采访）

那么，究竟是什么造成了人们选择虚拟偶像而不选择真实存在的偶像呢？也许用赛博格来定义洛天依的本质能够帮助我们理解它与真实人类偶

● P 主是指 producer，即 VOCALOID 创作歌曲的音乐制作人。

虚拟偶像及其粉丝消费生产之赛博格

像的关系。20世纪60年代，曼弗雷德·克莱因斯和内森·克莱恩创造了赛博格这一概念，在扩大后这一概念指代"为了让生物体（尤其是人）超越自身的自然限制，而将其于非有机体之间拼合而成的新的生物形态"❶。洛天依本身是数字合成技术、全息投影技术、人声的合成体，超越了人类的自然限制（例如虽然自称吃货却无须进食），但又以人的形象存在。显然，洛天依相比人机赛博格，直接取缔了人身，只保留声音，概念更为超前。洛天依作为赛博格，其"虚拟身体是对身体的修饰——几乎每一张在社交网络上展示的关于自己身体的图片或者描述都经过严格挑选和精密修改，它同时也否定、抽空了身体，在网络介质中取而代之"❷。但与其他虚拟角色，如文艺作品中的角色相比，洛天依又能够实现真人的行为，可以开演唱会，可以与粉丝进行现场互动。其形象也不像文艺作品中的角色一般，一经生产便固定下来，读者只能对其进行个性化的解读而不能改变其固有特征，洛天依的许多特征都是由其粉丝赋予而得到大众认可最终固定下来的（如吃货的形象）。

因此，赛博格偶像既能够实现粉丝对真人偶像的绝大部分期待与要求，还比真人偶像更加可控，粉丝何乐而不"粉"呢？

（二）中介与主体：粉丝及其自我对话

实际上，正是虚拟偶像的这种"身体的缺席"，让粉丝感受到安全感和掌控感，可以放心地进行情感投射。虚拟偶像不存在真实的粉丝无法控制的个人意志，她的全部都属于所有粉丝群体，因此她不会做出让任何一个粉丝失望的行为，不会在某一天失去她原本具有的容貌、能力等。她的一切都可以被建构，一千个人心中就有一千个洛天依，洛天依其实是粉丝通过一种虚拟媒介对自我的外在投射。也正因此，大多数洛天依的作品都带有着强烈的青年群体精神活动的特征，诸如表达对现实生活的不满、倾诉感情生活等，也有人通过洛天依展示自己对历史的爱好等，这些作品的吸引力在于，每个粉丝都能从不同的作者作品中获得个人独特的感受和共情，因此引发了一种惺惺相惜的联系。例如，在贴吧对百万传说曲的介绍中有"唱出了广大宅男的心声而受到广大宅男的好评"的评价。也有吧友留言"很喜欢……很适合我的处境呢。听着感同身受"，"只有真正孤独过

❶　赵柔柔：《斯芬克斯的觉醒：何谓"后人类主义"》，载《读书》2015年第10期。
❷　同前。

的人才能体会到那种感受，不论你矫情还是愤怒，任性还是冷漠，她总会默默守在那，等着用充满电流的嗓音安慰你、激励你"❶，"她唱出调教者的心声，而我们听到的，是有共同语言的人，我们会因为这首歌感同身受"。与虚拟偶像的共情，是粉丝选择她的主要原因。

在这个过程中，洛天依作为一个虚拟形象，发挥的是一个中介平台的作用，真实的对话对象是粉丝的内心自我。他们根据自我的心理特征和情感需求创造词曲，通过洛天依表演出来，完成了一个内心自我的可视化过程。他们与洛天依的沟通，实际上是一种通过数字中介完成的自我沟通。偶像作为情感投射对象的主体性转移到了粉丝自己身上，粉丝与偶像之间的关系不再是一种两个相互独立的人或主体之间的关系，而是一种同一主体的两种表现形式的关系，粉丝自己既是情感产生的主体，也是情感对话的受体。从本质上来说，虚拟偶像粉丝的偶像崇拜行为是一种自我对话。

三、虚拟空间的消费与生产

洛天依粉丝不仅所粉的对象是由数字构成的虚拟偶像，其主要的活动与互动场所也集中在互联网虚拟空间。虽然有线下的演唱会、生日会等形式，但相比于传统的偶像经济模式，虚拟空间内的消费与生产更突出了现代科技社会消费与生产关系变革的特质。根据消费理论，粉丝的线上行为也仍然可以分为消费与生产两个模块加以分析。

（一）消费：主动性

以 B 站粉丝互动为例，粉丝的消费既包括对实体的物的消费，也包括对虚拟符号的消费。通过田野观察可以发现，虚拟偶像的粉丝线上消费行为并不是非此即彼的被操纵抑或解读、挪用和抵抗，多数时候这些行为都共同存在于粉丝活动区域中。但总体上，粉丝消费行为并非完全受文化工业和资本体系的操控，在虚拟偶像的文化生产环境中，粉丝甚至从侧面被鼓励进行主动的解码和挪用式消费。也就是说，粉丝的消费行为是一种主动的需求表达和实现，而不是被操控的被动行为。

1. 接受

在最初的消费理论认知中，受众处于一个被动接受的角色，其消费行为是受到文化生产者的规训而产生的。在虚拟偶像粉丝中，这种接受式的

---

❶ 引自李镓，陈飞扬：《网络虚拟偶像及其粉丝群体的网络互动研究——以虚拟歌姬"洛天依"为个案》，载《中国青年研究》2018 年第 6 期。

消费主要表现在购买洛天依产权的所有公司所生产出的各种周边实体商品上。

接受式的消费可以分为直属式产品、商业合作式产品。前者主要是指洛天依所属上海禾念信息科技有限公司出品的各类相关实体产品，在其线上商城的产品分类中可以清楚地看到，主营商品类目主要分为 VSINGER 周边、演唱会和 VOCALOID 声库三类，其中周边又分为生活用品、文具和数码用品三类。如图 8.1 所示的盒蛋是具有专门纪念意义的摆设用品，但因其具有虚拟歌手的附属符号价值，该商品的价格所反映的就不仅是其使用价值了。这里的符号价值在日常必需品上（如毛巾、笔记本等）体现得更为明显。此时，这种需求并不是粉丝本身具有的原始生理需求，但他们仍然会产生购买行为，也就是说，粉丝接受了文化生产的主导者（这里主要指洛天依的产权所有公司）所创造的文化产品。

图 8.1　上海禾念信息科技有限公司所属淘宝店铺及代表商品

而商业合作产品主要是指洛天依所属公司和其他商业公司的合作，类似于真实偶像或明星的代言行为。此时，洛天依官方公司会为该产品创造歌曲、舞蹈、广告等作品，目的是借此吸引洛天依的粉丝去购买其代言的真实产品，下图 8.2 是 B 站洛天依官方账户主页陈列的部分商业合作作品。

【洛天依&必胜客】必胜的旅途　　【洛天依&维他柠檬茶】够真　　《就这样Shining》【洛天依
　　　　　　　　　　　　　　　　才出涩　　　　　　　　　　　X雀巢咖啡丝滑拿铁】

▶ 18.3万　🕑 2018-8-4　　▶ 38.2万　🕑 2018-6-11　　▶ 15.1万　🕑 2018-12-24

图 8.2　洛天依"代言"的几款商品：必胜客、柠檬茶、雀巢咖啡

在此类产品上，受众并没有太多可发挥的空间，因此只要没有引起他们的反感，他们一般都会支持这类商品。这类商品既满足了产权所有者的商业目标，同时也满足了粉丝对文艺产品的需求。就这部分消费行为而言，虚拟偶像的粉丝与真人偶像的粉丝，甚至是传统文艺作品当中特定角色的粉丝没有太大的区别。

2. 区隔

如鲍德里亚早期的消费理论所阐释的，大众消费行为不仅是为了获取物品的价值，也是为了标记自身的地位。布迪厄也指出消费行为能够使个体与特定的社会结构联系起来。笔者将这种消费称为区隔式消费，意指那些不是为了获得实体使用价值，而更多的是以建构身份认同，形成集体形象，从而与他人产生区隔为目的的消费。

比较幸运的是，在笔者的观察期内，恰好经历了洛天依粉丝群的一次集体线上活动——庆生会准备活动。这次 B 站推出的庆生会活动集中体现了诸多区隔式消费。

2018 年 7 月 12 日是洛天依的生日，洛天依所属公司将为她筹办线下生日会。而在线上，B 站则组织了一次大型的庆生会作品筹集活动。在 B 站搜索洛天依，或者从音乐区进入 VOCALOID 专区，就可以看到"bilibili 2018 洛天依·言和庆生会"的广告，点击进入后是一个为庆生会专门设计的页面。页面主页显示：

即将到来的 7 月，是一个明媚美好的时节，也是同样明媚美好的洛天依和言和（洛天依同公司的另一个虚拟偶像）的生日。在洛天依和言和生日即将到来之际，快用你独特的方式，向两位女孩儿送上祝福，为她们应援吧！

在此次庆生会作品筹集期内，相关的 p 主可以按照筹集活动的规则发布自己制作的洛天依视频作品，筹集期从 6 月 15 日持续到 7 月 12 日。许多洛天依作品由此带上了【2018 洛天依庆生会】的前缀和 B 站特制的标签，以与平时作品区分。粉丝可以为 p 主们专门为此次生日会制作的视频投票。

参与此次活动的作品可以是视频、专栏、动态图文、小视频、音频投稿，但是要求必须是原创，而粉丝所投出的优秀庆生作品会得到 B 站的推广，且只要是参与筹集活动的 up 主（up 主的意思是作品上传者）都可以获得系统发放的庆生会头像挂件两枚。这一奖励更为明确地区分了各位 p 主作为洛天依粉丝的身份，强化了符号认同。

在生日会的过程中，粉丝看似没有发生实际消费行为，但是实际上粉丝对喜爱的作品表达支持的部分方式是需要充值的（例如 B 站设计的投币行为，是对视频主的一种支持，但 B 币需要用现实货币进行购买）。同时，网站往往也会制作一些专有的标志（如头像或昵称标志），用户可以通过一些特定的活动获得这些标志，以凸显自己的粉丝身份。这是一种典型的符号消费，也是一种用以区隔和维护群体认同的消费。

3. 为我所用

根据德·塞托的"消费乃第二生产"的观点，部分粉丝的消费行为已经具有生产的特质。我们同样可以从庆生会中瞥见这种生产性质的消费行为。

在参与到洛天依庆生会的粉丝当中，除了界面上显示的普通粉丝制作的视频投稿之外，在评论区还能够看到知名的 p 主，他们在消费洛天依这一形象及其产品的同时，还挪用了这个形象创造属于他个人的品牌和粉丝群体，这部分粉丝既保留了粉丝身份，也更像是在洛天依这一虚拟偶像背后，对其形象进行借用和转化的"台后偶像"。

"台后偶像"的特征是，不以个人真实身份示人，主要以洛天依的视频创作者身份活跃于各类洛天依相关平台，接受粉丝对他们的赞美，也乐于看到粉丝因为他们的作品而产生的对洛天依的喜爱与赞美。但一般只有成为洛天依的粉丝之后，才会进一步关注到台后偶像的存在，对于不是洛天依粉丝的群体来说，也许听说过洛天依，但是较少了解洛天依背后的 p 主。这也是本文将此类精英粉丝定义为"台后偶像"的原因。

台后偶像一般被简称为 p 主。在他们的粉丝心目中，这些有较高人气和能力的 p 主也被称为"大大"，来表达普通粉丝对他们的尊敬。粉丝们可以通过微博、B 站直接关注 p 主，获取他们的最新动态，与台后偶像进行互动。B 站最知名的台后偶像 ilem 的 B 站粉丝数达到了 67.9 万，视频播放数高达 4141.6 万（截至 2018 年 6 月 25 日），ilem 创造了第一首播放量突破百万的歌曲作品《普通 disco》，因此也被粉丝称为教主。洛天依的粉丝可以因为喜欢不同的 p 主而进行次级粉丝群体的分类，但一般次级粉丝群体对外都以"锦依卫"或"御厨团"（洛天依粉丝团的称号）的共同身份示人，不会出现分歧。

在庆生会筹备期间，台后偶像们只要在评论区发表评论，就能得到普通粉丝们的强烈响应。比如一位知名的台后偶像"阿良良木健"留言"7 月 12 日见"，这条留言收获了 520 个点赞（截至 2018 年 6 月 25 日 17：13），普通粉丝会以"大师球""大大大师球"等回复表示对台后偶像的喜爱和见到台后偶像的欣喜之情。"大师球"的意思来源于一款日本游戏，其中可以通过精灵球捕捉动物，因此"大师球"的意思是在评论区捕捉到一位大师，而前面"大"字的个数代表的是对台后偶像的喜爱和尊敬程度，"大"字越多，喜爱和惊讶程度越高。

台后偶像在庆生作品筹集会中的地位是特殊的，除了在评论区获得点赞和留言，还有一点便是他们制作和发布的洛天依作品会被其他粉丝疯狂效仿和改编，有粉丝将投稿的作品直接取名为"我永远喜欢 Z 新豪（一个 p 主）"，另外还有粉丝留言：

3c 兔宝：黑凤梨居然占了一半洛天依的投稿！！！

3c 兔宝：那些大佬一定要到 11 月 12 号才投稿吗？

夜白穹：啊天依，言和，期待大佬们的作品。

萌新之神：为新豪大大新曲疯狂打尻！！（获 7 赞）

这些留言表示了在庆生会中，台后偶像的存在不论对台前偶像（洛天依）生日会的成功，还是对普通粉丝互动资源的创造和情感的满足，都是十分重要的。这次线上庆生会活动中，不同粉丝们的表现反映出了虚拟偶像粉丝群体的典型生态。在纯互联网场域内，台后偶像与台前偶像之间由此构成了一种权力转移与绑定的关系。

台后偶像集体为台前偶像创作作品，使得台前偶像能够积累更多的人气，在不同的曲风方面都能有所擅长，从而积累不同口味偏好的粉丝，扩大影响面。一个台前虚拟偶像的风格是不限定的，例如洛天依的作品中就

包括了古风、电音、流行等多种歌种，实际上它们都来自不同风格的 p 主。从某种角度来说，台后偶像掌握着塑造台前偶像的权力，台前偶像虽然有一个官方设定，但其人设当中的细节都可以由台后偶像通过自己的作品进行补充。最典型的一个例子是，p 主"H.K. 君"创作的《千年食谱颂》（被粉丝称为党歌），由于其强大的影响力，奠定了洛天依最知名的人设特征——吃货。相比于传统的真实歌手，虚拟偶像的这种可塑造性是台后偶像存在的一个重要原因，相当于把前者的个性与人生权转移到了后者的手中。

台前偶像则成为台后偶像的一个主要表达和展示渠道。台后偶像的形成离不开台前偶像积累的强大粉丝资源，如果不借助洛天依这一渠道，也许他们就无法获得如此大的影响力和高黏度的粉丝群体。本次生日会，B站为参与活动的优秀作品提供了推广的机会，而这些优秀的作品往往来自已经有粉丝基础的台后偶像，这实际上就是台前偶像洛天依带给台后偶像的一次绝佳的展示机会。相对于传统的作词人等职业来说，这种渠道的时间、资金成本要小得多，且创作相对自由，无论创作何种作品都能够在公共平台上展示，而是否能得到认同则需要依靠粉丝的自我选择，因此，台后偶像的粉丝往往具有很强的稳定性，此类粉丝可被称为高黏度粉丝（从本次生日会中普通粉丝对台后偶像的拥护和期待中可以见得）。台前偶像不仅为台后偶像提供了资源，也满足了这部分"精英群体"的生产欲，赋予了他们高度的个人成就感，而这些是大多数台后偶像真正的追求。

台后偶像对洛天依的官方形象进行了解码和挪用，从而也满足了他们自身在创作方面的需求，他们的消费是一种将官方文化产品"为我所用"的表现。

（二）生产：内生性

挪用或"偷猎"等"为我所用"的消费已经带有生产的意味，但本文将生产与消费分开论述，不是为了突出消费与生产的二元性，而是为了强调在虚拟偶像粉丝群体中生产行为的特质，即其生产的素材来源是内生的而不仅仅是简单来自对主流或官方素材的"偷猎"或挪用。这直接反驳了对大众普遍没有创造文化产品的能力的认知，强调了在技术支持下，一种全民生产式的文化氛围的生成。

1. 解构：生产权威的弱化

内生性的生产源于个体对集体身份的需求，因此在互联网社会当中，个人需要通过共享与协同的方式将自我与团体进行绑定。这种绑定是非正式的，并不依赖于传统的组织形式，各自联结的纽带可以仅仅是对某一对象的共同喜爱。笔者将这种情感需要称为"自我锚定"，即粉丝借助虚拟偶像实现个人文化身份的定位和集体认同的再生。

那么，为何这种锚定在现代社会表现得极为明显呢？而自我锚定的方式又是如何选定的呢？

时至今日，互联网对人类社会与人类自身的改造已不仅限于生存环境，而更多地蔓延到人的内部，包括身心两方面。一方面，电子产品已经成为人体的一部分，移动互联网仿佛成了人类的外置大脑，帮助有限的人脑存储着爆炸式的无尽的信息。另一方面，人们将自己的内心世界延伸到互联网，从而创造了另一个与物质身体相分离的内在我。互联网使得时空破碎化，人无法使用唯一的时间和空间概念来界定自己在社会中所处的位置，寄存于互联网不同场域的多个各不相同的内在我之间也无法完全统一，虚拟世界成为碎片化的世界，没有"我"和"他"，"独立存在的个体"走向"多个版本存在的个体"❶。

传统权威、机构和垄断渠道失去了中心地位与控制力，社会的基本单位降解为个体，甚至个体还可以再分化为多个自我。以往的权威意识形态控制一般通过政治社会化，通过统一的说辞创造一个单一的精神环境，以实现对人的行为和精神的训诫。但互联网显然使得社会环境多样化和复杂化了，文化冲击也越来越广泛，而相对的信息获取成本日渐降低，信息阻断的成本却不断升高。即便在初期信息化时代，传统权威还能够借助资源用技术阻断弥补政治训诫的不足，但如今技术阻断已经越来越无力对抗信息蔓延。信息爆炸，一方面使得人人都能够掌握更多用于自我价值判断的信息资源，因此传统权威（国家、政府、君主）等对个人的精神规训和意识形态控制越来越难以实现，人们的文化与精神追求可以更加多样化。从这个意义上说，web 2.0 时代是一个威权崩塌、个人为王的时代。

但信息爆炸带来的另一方面却是消极的，它既带来了精神平权和社会文化资源的重构，却也造成了社会集体信仰漂浮、权威意义消解所带来的人类对自我认知和对所处社会集体的迷茫。信息爆炸使人难以从中寻找到能够无条件相信的东西，每一种信念与知识都存在与之相反的冲击力量，人们需要不断地自我说服，自我抚慰。每一个人都是孤独的，只能相信自

---

❶　段永朝：《互联网：碎片化生存》，北京：中信出版社，2009 年。

x

虚拟偶像及其粉丝消费生产之赛博格

x

x

己，他们强烈地需要共同情感来在社会中锚定自己的位置。对于虚拟偶像洛天依的粉丝来说，洛天依便成了那个确定自己群体归属之"锚"，作为洛天依的粉丝，他们与数百万人一起共享着"锦依卫"的集体身份。而相对于真实偶像，虚拟偶像洛天依是完完全全属于每一个粉丝个人的，粉丝个体在真空的虚拟偶像身上投射自己，从而获得自我安抚与自我对话，永远不用担心洛天依会出现背叛自己的那一天，而这也满足了个人主义时代的个体独特性需求。相比于任何实体崇拜，洛天依同时满足了粉丝们的个人主义与集体需求，成了粉丝们的意义寄托的最佳对象。

2. 重构：公共价值的锚定

当人类社会日渐原子化，集体权威消解时，个人再难以从集体权威中获取公共价值，个体需要自己创造公共价值。而个体创造公共价值的最好方式便是共享与协同，如赵旭东所说："人们不再是团体性地或者差序性地相互联系起来的模式关系，而凡属于这方面的实践活动都得到了一种推翻和倒转，取而代之的则是一种互惠、互联与共享的价值模式。"❶

在洛天依粉丝群体中，技术精英粉丝们正是通过共享创造着公共价值，他们不寄希望于通过创作为个人带来经济利益或私人利益，而更希望通过对洛天依形象的再造，为粉丝集体创造共享符号和互动资本。❷除了为洛天依创作歌曲，他们也热衷于写作关于洛天依的同人文❸，这部分技术粉丝主要集中于洛天依百度贴吧，例如贴吧用户"天依 hime"创作的长期连载作品《十夜昼晓》的讨论帖数已达到 14914 帖（截至 2018 年 6 月24 日 11：12），其他用户作品如中篇小说《半世泯灭》的讨论帖数达 2076帖，长篇小说《洛神纪元》的帖数达 1778 帖。这些作品是个人为集体创造的公共价值，一方面为个人在粉丝集体当中获得了新型权威，另一方面增加了粉丝之间的互动资本，巩固了粉丝群体之间的联结。

个体技术精英粉丝创造的公共价值成了粉丝群体长期保持活力和影响力的重要因素。在贴吧具有 11.2 年吧龄，发帖量达 3.2 万的长老级（经历了贴吧发展的全过程）权力精英（管理者）"Horp"在贴吧撰写的洛天依

❶ 赵旭东：《微信民族志时代即将来临——人类学家对于文化转型的觉悟》，载《探索与争鸣》2017 年第 5 期。
❷ 李镔、陈飞扬：《网络虚拟偶像及其粉丝群体的网络互动研究——以虚拟歌姬"洛天依"为个案》，载《中国青年研究》2018 年第 6 期。
❸ 即以洛天依及相关的虚拟偶像为主角的虚构文学作品。

吧历史志中提及，由于一开始洛天依的影响力较小，许多技术精英还未加入，所以粉丝们"基本上没有什么可以发的，于是这个时期水（指聊无实际意义的话题）成为了贴吧的主题"，但缺乏与偶像相关素材的互动并不能够扩大虚拟偶像的影响力，只起到了联结少数吧友交情的作用。而后期随着技术精英产出的互动资本的逐渐增加，吧友们的讨论对象就更为广泛了，与此同时，也不完全禁止吧友之间分享"有趣的事、生活的烦恼、意外的发现，还有天依相关的消息等等"。可以说，技术精英为群体创造的互动资本发挥了重要的群体公共价值。

Horp：总体上来说，处于一个相对平衡的状态，既有不少不错的原创帖和搬运帖，同时也有很多讨论帖供少年们可以没有门槛地参与。这也使得这一时期很多吧友活跃在线，互相之间也有了不错的交情，反映在可见的层面，就是很多人的个人吧在这一时期建立或者被建立起来，并有交情不错的吧友入住，同时论坛洛水天依也随着吧友的入住蓬勃发展起来。

共享与协同是理解互联网社会资源与权力结构分配逻辑的关键。❶然而需要进一步追问的是，为何虚拟偶像崇拜能提供公共价值，成为新的个体信仰呢？实际上，粉丝对洛天依的喜爱，不仅仅是因为上文所提到的，洛天依成为粉丝与外在自我对话的虚拟媒介，也是因为支撑洛天依共同符号背后的群体情感共享。粉丝个体不仅仅可以通过自我需求建构洛天依，也可以通过与其他粉丝们之间的情感共享"抱团取暖"。这种情感联结，表面起作用的是共同趣缘，背后则是出于人类群居本性的集体情感需求。情感在人类集体行为的发展中起着关键作用，而社交网络上基于情绪的交流、唤起、共振则是集体认同实现的必要条件。❷在传统集体社会，人们的多样化情感需求大多来源于一个复杂的多功能集体，诸如对亲情、友情、爱情的需求都可以通过宗亲关系实现，但在原子化时代，人们多样的情感需求不用再从一个组织中获得，个体可以从家庭中获得基于血缘关系的亲情，也可以从虚拟的粉丝大家庭中获得基于共同感受（诸如悲伤、对社会的不满等）的亲情，在洛天依的粉丝社群中，常见"小窝""后宫""家族"等在传统社会代表亲族关系的词。当这种关系发展到较深的程度，也会从线上蔓延到线下，在粉丝群组中还有"面基"（指线下见面）群等；

❶　喻国明，马慧：《互联网时代的新权力范式："关系赋权"——"连接一切"场景下的社会关系的重组与权力格局的变迁》，载《国际新闻界》2016 年第 10 期。

❷　同前。

而官方层面，洛天依的运营公司也会为洛天依举办线下生日会，使得粉丝群的关系在线下也能得到蔓延。

虚拟歌手经纪人Vsinger：但是，我们还是想与大家一起为她们庆生！在现场一起为她们应援，一起唱起《生日快乐》，跟她们对话、做游戏……线下的生日会，意义毕竟不同。感谢各位p主的授权，感谢粉丝俱乐部的应援，感谢技术团队不懈的努力，也感谢两位爹爹@山新@kkryu_k的高度配合。这是一次粉丝回馈，纵然执行成本极为高昂，我们依然选择不售票。【全部门票通过粉丝俱乐部（QQ群）、微博、微信、贴吧等各平台活动放出。】

粉丝群体为了维护这种集体情感认同和精神信仰的稳固性，会设置较高的加入门槛，防止反对力量对共同精神寄托的破坏。粉丝群体一定程度上是通过"抗拒性认同"来建构自我/我群主体性的。❶抗拒性认同具有强大的划定边界的作用，以区分集体成员与非集体成员。例如，注册洛天依中文网站时需要填写申请理由，而且不同于普通网站的机器验证，该网站采取的是人工审核，如果填写的申请理由不被粉丝管理者认可，就无法成功注册，而且注册后还需要完成一系列和洛天依话题相关的任务，才能够正式发帖和查看帖子。在申请加入核心粉丝QQ群时，也需要回答一连串与"洛天依"相关的问题，才有可能获得资格。另外，洛天依线下生日会的门票不公开售卖而是在粉丝俱乐部内部发放，这一点也证明了对虚拟偶像运营者来说，维护核心粉丝群体的集体认同比商业利益更为重要（商业利益一般通过广告和商业出演实现）。

总而言之，虚拟偶像粉丝群体通过技术精英创造互动资本，维护公共价值，粉丝群体共享情感"抱团取暖"，设置"抗拒性认同"维护集体认同，自发地形成了一个新兴网络社会自组织，将原子化社会中的个体重新纳入集体，从而重构了"信仰之锚"，即精神皈依的对象。

3. 合体：生产式消费

洛天依粉丝群体所形成的VOCALOID参与式文化具有一个鲜明的特点：生产与消费的合二为一。传统偶像的粉丝只是偶像文化的消费者，无权决定其所消费文化的形态。相比于真人偶像或小说漫画等人物偶像，洛

---

❶ 曼纽尔·卡斯特：《认同的力量》，夏铸九、黄丽玲等译，北京：社会科学文献出版社，2003年。

天依的作品和周边产品的生产权则部分掌握在粉丝群体手中❶，粉丝因此不是完全服从于偶像所属的公司权威和偶像所必须符合的大众文化标准。粉丝所掌握的文化生产权不来源于任何传统权威，而来源于自我赋权，或者说是互联网赋权。粉丝不仅仅是偶像文化的消费者，也是偶像文化的生产者。

这预示着互联网时代文化资源的控制和分配权逐渐从国家行为体向个人和市民社会转移，并呈现出离散的趋势。"互联网作为一种新的权力来源，它对于个体与自组织群体的激活，更多地为社会中的'相对无权者'进行赋权，使权力和垄断资源从国家行为体向非国家行为体转移"。❷在所有的社会资源当中，文化最符合信息的一般特征，也最容易因为信息技术的发展而得到传播与扩散，因此文化垄断权也是最先被分散的。在虚拟偶像的情境下，粉丝对文化的生产权打破了传统权威对文化的垄断。

除了对传统权威的文化反垄断，生产与消费的合体也能够打破人们对赛博时代人工智能终将取代人类的疑虑。在意义消解的后工业化时代，消费主义文化一度盛行，"买买买"的口号遍布社交网络，这也似乎成为现代人解压和实现生活意义的唯一方式。而当生产过度，消费社会又利用商品符号"刺激、引导并培育着人类的社会态度和社会需求，控制着市场行为"❸。消费行为逐渐从以满足生活需求为目的转变为以追求符号象征（社会地位、生活方式、社会认同等）为目的，这必然带来消费的异化。而在人工智能发展惊人的赛博时代，有人担忧人工智能现在已经能够取代流水线工人的简单实物商品生产，再加上科技公司开发的智能 AI（例如微软小冰）已经能够创作简单的古诗词，那么未来文化创作的生产是否也能够被人工智能取代？果如此，人类便将成为人工智能的控制物。

然而，洛天依粉丝群体源源不断的文化创作和生产所体现的，是人们对文化生产的本能需求，而不仅仅是对文化消费的需求。"人工智能并不

虚拟偶像及其粉丝消费生产之赛博格

---

❶ 部分真人偶像和文学漫画作品的粉丝也会进行自我创作，但他们的创作在圈内被称为"圈地自萌"，一般需要与偶像的真实生活相隔离，避免对真人或原作者产生影响或侵犯其私人权利。而在虚拟偶像粉丝中，这种属于粉丝的创作权是被官方认可的，洛天依的官方微博经常会转发相关粉丝的创作并进行赞美，在演唱会中洛天依也会表演由粉丝创作的曲目。

❷ 喻国明，马慧：《互联网时代的新权力范式："关系赋权"——"连接一切"场景下的社会关系的重组与权力格局的变迁》，载《国际新闻界》2016 年第 10 期。

❸ 肖显静：《消费主义文化的符号学解读》，载《人文杂志》2004 年第 1 期。

能替代一个人对创作的需求"，[●]将生命简化为纯粹的消费行为，是"人工智能控制人类生产"的想法产生的根源。虚拟偶像粉丝对虚拟偶像作品的生产、消费，并从中所获得的精神满足，体现出人类大脑的本质价值，思考与创作是人类获得快感的本原，即笛卡尔所言"我思故我在"。

4.自组织：孤立体的再联结

伴随着文化生产权力的重构和再分配，社会资源的分配格局和社会关系结构也相应发生着变化。在特定领域内，多元主义社会形态的自组织模式逐渐取代了传统社会资本的垂直分布模式，且基于趣缘的粉丝社区表现出了成熟的自组织形态和高度的参与效能感。洛天依虚拟粉丝自组织社群（以贴吧为代表）的自然发生一定程度上印证了喻国明所提出的互联网新权力范式——关系赋权。

喻国明认为，互联网时代的赋权是通过关系形成的，相比于传统社会的强连接，互联网社会的弱连接（"泛泛之交"）发挥着更大的作用。而自组织则是关系赋权的基本单位和结构性驱动力。用户生产与传播内容、交换信息，都能自行组织、自主创生与演化，从无序走向有序，从低级走向高级，表现出内生的秩序。相对于以往的组织结构，关系赋权下的自组织虽然存在权力中心，但总体是扁平化和流动性的。

从洛天依百度贴吧的发展历程来看，虚拟偶像自组织的产生、发展与管理确实符合以上"关系赋权"理论的特征。在没有外部干预的情况下，虚拟偶像的粉丝们自发组织了两次"反占吧斗争"。一开始少数人之间密集的交流产生了"互相之间不错的交情"，不到5000人的洛吧"每个吧友都是亲人"，是"很有人情味的时代"。随着影响力的不断扩大，人数逐渐增多，贴吧的管理需求逐渐增强，于是在"血色"吧主主导的时期，贴吧逐渐摸索出一套自我管理原则，包括删帖规则等。但权力过分集中于少数管理者时，也出现了少数吧友的反对和不满，内部出现过一定的无序。例如，吧友"－洛水天依－"于2017年12月28日在吧规帖中回复管理者："我这帖子刚发就被删了，根本没几个人回复，恐怕是某位吧务故意的吧？"虽然后续得到贴吧管理者的回复，但该吧友仍然表示了不满。时至今日，洛天依吧发展到第三代管理者时代，贴吧内部已经具有一套完整的管理体制（见图8.3）。

● 参见颜峻：《人工智能睡了你的女朋友（上）》，http://subjam.org/blog/319。

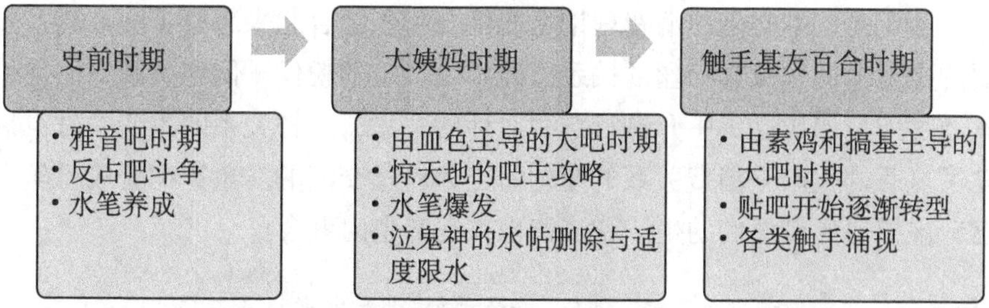

史前时期	→	大姨妈时期	→	触手基友百合时期

- 雅音吧时期
- 反占吧斗争
- 水笔养成

- 由血色主导的大吧时期
- 惊天地的吧主攻略
- 水笔爆发
- 泣鬼神的水帖删除与适度限水

- 由素鸡和搞基主导的大吧时期
- 贴吧开始逐渐转型
- 各类触手涌现

图 8.3　百度洛天依吧 Horp 书写的贴吧历史 ❶

从洛天依贴吧的历史记录可以看到，在个体化和去中心化时代，传统的官方权威确实在瓦解，但是新的自组织权威也正在诞生。因此，不应该笼统地说互联网时代是一个权威瓦解的时代。各种新兴的自组织正在利用关系网络和曝光度再造着新型权威。这种权威由于具有较强的集体情感认同基础，因而甚至比以垄断暴力为基础的传统官方权威更加有吸引力和影响力。

事实上，虽然互联网社会看似是一个越来越个人主义的社会，个体虽然通过个体智慧成为相对独立的"传播基站"，但是个体仍然存在很大的集体情感需求，个体创造公共价值便是为了重新将个人定位到新的组织框架之中。

贴吧一类的粉丝自组织群体也印证了詹金斯关于粉丝文化创作产物积累的理论观点。自组织社群的存在使得粉丝们对文化和符号的挪用不是暂时性的，而是通过集体组织进行积累和重复创造，从而形成特定的社群文化。这种积累下来的具有专门的空间和时间占有性的文化生产成果一定程度上提高了传统粉丝在文化生产权面前的弱势地位，他们所拥有的武器也从零散的策略升级为具有持久性的战略。

四、总结

粉丝研究虽然起步较晚，但由于媒介技术的迅速发展，研究面向的素材也在不断更新和被推翻，因此近年来成果也不在少数，而对粉丝与偶像的关系进行深度探讨的文章还不多见。同时，对虚拟偶像的研究又大多集中于技术层面或后人类主义式的探讨。

---

❶　参见 https://tieba.baidu.com/p/2802922431。

鉴于此，本文借用消费理论将偶像与粉丝结合起来考察（图8.4），重要的是虚拟偶像及其粉丝的关系已经不是传统的粉丝—偶像关系，而是粉丝通过虚拟偶像这一中介进行自我对话的关系，这种关系的改变同时也带来了显著的生产—消费关系的变化。正如粉丝交流的对象正在变成粉丝自己，虚拟偶像粉丝们的生产和消费也在逐渐走向融合。

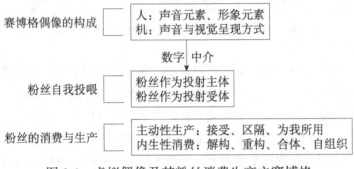

图8.4　虚拟偶像及其粉丝消费生产之赛博格

消费理论在发展过程中依次将受众的消费行为理解为被动地接受、能动地挪用以及策略性的"第二生产"，而这种发展在作为"过度的消费者"——粉丝群体身上体现得更为明显。以洛天依的粉丝群体在互联网空间中的消费与生产行为为例，粉丝们的消费行为既有传统的接受式，也有用作群体身份标志和区隔的符号消费，更突出的是"为我所用"式的挪用式消费。但与阶级分析视角下的操控论不同，粉丝的消费行为并非是被动的，而是一种基于自我情感需求的主动行为。

作为自我对话型的粉丝群体，洛天依的粉丝们集中体现了生产资料的内生性。粉丝不再需要从外界汲取创作的原始资料，而是直接从自我发掘想要表达的内容并进行创作和生产。这种生产与消费的一体化趋势产生的背景是社会结构中传统的生产权威的解构。但大众对集体情感的需求仍然存在，因此就产生了基于兴趣的公共价值生产行为，这种生产重新将个体锚定于集体，弥补了个体的情感需求。最后，本文以洛天依百度贴吧自组织的形态阐述了新的集体形态如何维持，印证了"关系赋权"理论的部分正确性以及粉丝社群与传统生产权威的地位差距的缩小。

从虚拟偶像的网络粉丝团体回归到现实社会中，我们也许能够从此类趣缘团体的组织形式展望未来的更为广泛的社会自治。当前社会存在归属感缺失、政治冷漠等问题，意识形态、文化控制都很难让人们自愿地参与组织生活，但是基于趣缘的社群表现出了高度的参与效能感。笔者认为，这种参与感很大程度上来自内容生产、个人创造公共价值的机会。在现代政治参与中，普通公民参与效能感低成为代议制民主难以克服的问题，而互联网带来了技术解决方案，基于趣缘的从个人利益向公共利益的转向率先在娱乐粉丝社会中实现。虽然这种转向在公民社会还有很长的一段路要走，但是社会纽带的重新形成未尝不可以指望基于趣缘的自我价值重判与集体建构。

总而言之，赛博格虚拟偶像自身以及其与粉丝所构成的消费与生产关系都体现出赛博格的混合性特征：人与机器的混合，有机与无机的混合，主体与受体的混合，生产与消费的混合……这种依托虚拟偶像的流行社会文化所带来的混合性赛博格特征是未来社会的一种隐喻，为我们理解更丰富的人与人、人与物的关系铺好了道路。

Study on Virtual Idols and Their Fans under Theory of Cultural Consumption

Jiayi Xu

Abstract: "Luo Tianyi", a virtual idol based on VOCALOID synthesis technology and holographic projection technology, has accumulated lots of affection in China. From the perspective of consumption theory, the consumption behaviors of virtual idols' fans reveal various forms, which highlight the initiativeness of cultural consumption and the endogenousness of cultural production endogenous. Since the production authority has been weakened by technical structure, fans groups anchor individual collective identity by creating public value, and complete the integration of consumption and production. As a result, the fans maintain growing interest derived from the organization's order from bottom to top through a production paradigm, complete the rejoin of isolated individuals, and bring inspiration to the future of social self-governance.

Keywords: consumption theory; virtual idol; fans study; Luo Tianyi

从"离歌"到"说唱"

——新媒体语境下离散族群的青年亚文化与认同[1]

石　甜

摘要：本文讨论离散族群的青年群体如何通过说唱音乐表达主张，如何运用新媒体平台传播和动员，以及在日常生活中如何接收说唱音乐中的族群动员信息，以达到传递集体记忆、强化族群认同的目的。本文基于2016—2019年在欧洲的田野调查，介绍了欧洲苗族青年的说唱音乐文化，分析其内容、传播方式和使用模式的特征，讨论苗族音乐在新的社会环境中怎样从传统的"离歌"转变为"说唱"，以及怎样鼓励族群成员行动起来。这一转变也表明了新媒体在离散社群的认同塑造中所起的关键作用，也揭示了新媒体在文化转型和传承中的重要性。

关键词：新媒体；离散族群；说唱音乐；欧洲苗族

20世纪60年代，作为越战一部分的老挝"秘密战争"，使得老挝、越南等国家的苗族[2]背井离乡。在联合国难民署协调下，苗族难民分别在美国、法国、澳大利亚、加拿大、阿根廷等国重新居住。安置计划过去四十年后，苗族青年通过社交媒体来制作、传播传统文化。[3]

本文通过对社交网站上欧洲苗族说唱音乐的传播进行分析，讨论新媒体环境下离散族群如何传承和传播传统文化，结合全球说唱音乐来创造苦难叙事，呼吁和召唤苗族年轻人行动起来，为实现民族文化的发展和繁荣而努力。这些努力表明了新媒体对边缘弱势群体的赋权作用，在当下离散

---

[1] 本研究受到国家民委民族研究项目"欧盟民族政策与欧洲苗族融入问题研究"（项目编号：2018-GMG-034）的资助。

[2] 为了行文统一，本文均用"苗族"来描述其他国家的苗人。此外，国外人口较多的苗族为Hmong；在中国，Hmong是苗族（Miao）的一个群体。参见杨培德：《解构苗族的东方学文本——评雅克·勒莫瓦纳博士的〈讲述真理〉》，http://www.chinamzw.com/WebArticle/ShowContent?ID=166，2014年。

[3] Moua Mai Neng, *Bamboo Among the Oaks: Contemporary Writing by Hmong Americans*. MN: Minnesota Historical Society Press. 2002.

族群的认同塑造中所起的关键作用，以及在文化转型和传承中的重要性。

作为第四媒体的互联网媒体，也被称为新媒体，以其"即时性""去疆域性"的特征将世界各地的人们连接起来，成为"地球村"。新媒体提供的活动空间扩大了人们的活动规模，人们在这个空间里叙述故事和想法，参与彼此的生活，分享所见所闻，在这种互动基础上形成某种归属感和认同感。学者们更关注新媒体对人类社会带来的影响，例如新媒体怎样嵌入社会关系和社会结构，日益改变人们的生活、学习和工作，重构当下的世界。诸如 Facebook、Twitter 等社交相关网站及应用程序在社会、政治、经济方面所产生的影响，已经通过"阿拉伯之春"彰显无疑。

在 web 2.0 时代，社交媒体和流媒体的出现，除了塑造不同的媒体景观之外，也对族群景观的发展有着推动作用，例如巴基斯坦青年的穆斯林朋克音乐，从创作到分享都是基于互联网完成的。这些在新媒体空间中逐渐出现的离散族群流行文化，一方面作为安全空间吸引了族群成员，愈加呈现出"信息茧房"的特征，另一方面又强化了其边缘化效应。本文通过对离散苗族的个案讨论，分析其说唱音乐结合了全球青年亚文化尤其是

❶ McLuhan, Marshall & Fiore, Quentin, *War and peace in the Global Village*. New York: Bantam Books. 1968.

❷ Rheingold, H., *The Virtual Community: Homesteading on the Electronic Frontier.* MIT Press. [1993] 2000.

❸ Adams Tyrone L., Stephen A. Smith, *Electronic Tribes: The Virtual Worlds of Geeks, Gamers, Shamans, and Scammers*. Austin: University of Texas Press, 2008; Turkle Sherry, *Alone Together: Why We Expect More from Technology and Less from Each Other*. Basic Books, 2011.

❹ Kahn, Richard, & Douglas Kellner, "New Media and Internet Activism: From the 'Battle of Seattle' to Blogging". *New Media & Society* 6(1), 2004, pp.87−95. Eltantawy, Nahed, Julie B. Wiest., "The Arab spring—Social media in the Egyptian Revolution: Reconsidering Resource Mobilization Theory." *International Journal of Communication*, 2011, 5: 18. Bruns, Axel, Tim Highfield, Jean Burgess. "The Arab Spring and Social Media Audiences: English and Arabic Twitter users and their networks". *American Behavioral Scientist*, 57(7), 2013. pp.871−898. Maximillian Hänska Ahy, "Networked Communication and the Arab Spring: Linking Broadcast and Social Media". *New Media & Society,* 18(1), 2016, pp.99−116.

❺ Ethnoscapes, mediascapes, technoscapes, finanscapes, and ideoscapes, see Arjun Appadurai, "Disjuncture and Difference in the Global Culture Economy". *Theory, Culture, and Society.* 7, 1990, pp.295−310.

❻ Murthy Dhiraj, "Muslim Punks Online: A Diasporic Pakistani Music Subculture on the Internet". *South Asian Popular Culture.* 8(2), 2010, pp.181−194.

❼ Bozdag, Engin, Jeroen van den Hoven. "Breaking the Filter Bubble: Democracy and Design". *Ethics and Information Technology* 17(4), 2015, pp.249−265.

本国主流文化元素，在创新融合中又突出了族群的心声和认同，督促年轻人团结起来，一起努力改变现实的效应。

本文选择说唱音乐在欧洲苗族社群的制作、传播和消费过程作为案例，是因为苗语说唱音乐在其日常生活中具有显性角色。它的制作、传播、消费是基于新媒体完成的，而且歌手本身也是"草根"型，他们出于对苗族处境的焦虑和警惕，创作苗语说唱音乐来促使年轻人行动起来。因此，本文以离散族群青年创作说唱音乐为切入点，揭示了新媒体在社会生活中的重要性。

本文使用的研究方法是多点民族志[1]，比较了不同城市的情况。新媒体在日常生活中与其他媒体结合起来促使社会生活运转，英国人类学家丹尼·米勒（Daniel Miller）称之为"多/媒体"（polymedia）[2]。在本文中，研究对象实际上也并没有绝对区分线上和线下的行为，线上与线下的交错切换，构成了每天的生活。

本文先回顾东南亚苗族难民的离散经历和在欧洲国家的安置情况，给全文讨论的内容提供历史背景信息。其次将通过作者于 2016—2019 年在欧洲的田野调查，介绍欧洲苗族青年的现状，为后文分析内容提供社会和文化整体氛围。再次，将详细讨论欧洲苗族青年的说唱文化以及代表人物。之后，作者将详细分析这些说唱艺术行为如何承接了苗族的传统口头艺术，又进行了怎样的创新制作，这些创新制作是怎样基于新媒体的平台和机会来实现的，这些艺术作品所蕴含的能量和力量，以及对苗族听众的意义。最后将总结主要观点。另外，本文除了知名的歌手以外，提到的报道对象名字均为化名。本文使用 RPA（Romanized Popular Alphabet，罗马字母通行文字）转写苗文。

一、20 世纪的苗族离散与难民安置

首字母大写的"离散"（Diaspora）一词，最初专指被流放到世界各地的犹太人[3]，他们远离家园但始终期望终回故里。出于各种原因，越来越多

---

[1] Marcus, George E. "Ethnography in/of the World System: The Emergence of Multi-sited Ethnography". *Annual review of anthropology* 24(1), 1995, pp.95-117.

[2] Mirca Madianou, Daniel Miller. *Migration and New Media: Transnational Families and Polymedia*. Routledge, 2013.

[3] Cohen, Robin. *Global Diasporas: An Introduction.* 2nd Edition. University of Washington Press, 2008, p.1.

的群体被迫远走他乡，在全球化背景下，跨界、跨领土与跨国的不同离散类型以及所采取的应对策略也不断激发新的讨论。❶

越战期间，美国中央情报局通过老挝皇室政府接触了老挝苗族王宝上校，为其招募的苗族士兵提供物资和训练，派去越战前线阻击游击队员。❷1975年，战争结束，大约10%的老挝人逃向周边国家，1/3的难民是苗族。❸通过联合国难民署的协调，东南亚苗族难民前往北美、欧洲、澳大利亚等地。目前，1.2万—1.5万在法国❹，70多人在德国❺，40多人在荷兰（笔者的数据）。

在西欧国家的社会福利政策下，欧洲苗族普遍都有基本的收入和社会保障，免费教育的政策让苗族有受教育机会，进而在就业市场上有求职空间。医疗保险、交通、社会治安等服务，同样为欧洲苗族的融入提供了基本的便利条件。

20世纪80年代末，德国、法国的苗族家庭用磁带、明信片、照片、电话等媒介与美国、泰国和老挝的苗族社群保持联系。进入21世纪，欧洲苗族社群用电话、网络视频电话、Facebook、电子邮件等方式与异国他乡的亲人交流。在德国苗族青年群体里，互联网、数码产品的使用非常普遍且习以为常。平时，年轻人之间都是在Messenger或Facebook上交流。他们还不断地在网络上寻找苗语歌曲、电视剧，跟进苗语新闻。

法国政府将难民家庭分散到各村镇以及法属圭亚那。❻四十年后，法国苗族的物理空间分布依然呈现离散状态，在互联网上则呈现聚集状态，

❶ 刘冰清，石甜：《族群离散与文化离散研究的来龙去脉》，《学术探索》，2012年第2期。

❷ Chagnon, Jacqui, Roger Rumpf. "Decades of Division for the Lao Hmong". *Southeast Asia Chronicle*, 91, 1983, pp.10−15.

❸ Yang Kou. "Hmong Diaspora of the Post-war Period". *Asian and Pacific Migration Journal*, 12(3), 2003, pp.271−300.

❹ Hassoun, Jean-Pierre. "Le Choix Du Prénom Chez Les Hmong Au Laos Puis En France: Diversité, Complexification et Processus d'Individuation". *Revue Française De Sociologie*, 36(2), 1995, pp. 241−271. www.jstor.org/stable/3322248.

❺ Nibbs, Faith G. *Belonging: The Social Dynamics of Fitting In as Experienced by Hmong Refugees in Germany and Texas*. Carolina Academic Press, 2014. Yang T. T., "Hmong of Germany: Preliminary Report on the Resettlement of Lao Hmong Refugees in Germany." *Hmong Studies Journal* 4, 2003, pp.1−14.

❻ Hassoun Jean-Pierre. Pratiques alimentaires des Hmong du Laos en France: « Manger moderne » dans une structure ancienne. Ethnologie française nouvelle serie, 26(1), 1996. pp. 151−167. Xiong Khou. "Hmong in France: Assimilation and Adaptation". *UW-L Journal of Undergraduate Research VII*, 2004.

即在 Facebook 上一起交流、联系。个体发布照片、视频和直播，分享生活中的事情，也转发和评论新闻与娱乐节目。另外，不少活跃者在 Facebook 上建立了公共小组，讨论烹饪、社交、体育运动、苗年等事宜。❶ 苗族青少年虽然也有 Facebook 账号，但更喜欢使用 Instagram 和 Snapchat 等。这个趋势是普遍的，调查表明，在青少年看来，Facebook 是父母一辈使用的，后两者才属于年轻一代。❷

2010 年，荷兰接受了四五个苗族难民家庭。这些苗族家庭是最近一批被安置的难民。荷兰政府把他们安置在阿纳姆市（Arhem）附近。2018 年，一个核心家庭搬到了法国。2019 年，另外一个核心家庭也前往法国寻找机会。荷兰社群也受到社群规模太小的局限，频频前往法国，与苗族家庭保持联系。对于离散族群来说，物理空间的离散状态反而促使他们用不同方式去寻找"相聚"的可能性。

二、欧洲苗族青年亚文化

全球化之下，各国经济、文化、人才都在跨国流动。21 世纪，欧洲苗族社群广泛消费各国出口的文化产品，包括在 YouTube 上看美国好莱坞电影、韩剧、泰剧、日本动漫，欣赏美国、韩国、日本流行音乐，享受日本美食等。由欧洲苗族艺术家创作的说唱音乐在 Facebook 和 YouTube 上传播广，听众多，在欧洲苗族社群里也有一定关注度。这些音乐的制作、发行和消费都是基于数字软件、音乐设备和社交媒体完成的，也在互联网世界里漂移。

本小节先介绍全球青年亚文化，尤其是流行音乐文化在欧洲社群的传播和消费情况。之后则聚焦讨论欧洲苗族的说唱音乐作品如何受到韩国流行音乐的影响，其制作、传播和消费过程如何基于新媒体来完成，以法国说唱歌手 Louchia 的创作为例来介绍新媒体时代说唱音乐的制作与传播流程。最后还将讨论说唱音乐如何融入苗族青年的日常生活。换言之，苗族青年在日常生活中如何消费、使用这些苗语说唱歌曲，实际上也反映了他们的族群认同。

---

❶ 石甜：《文化融入与族群认同：以欧洲苗族节庆活动为例》，《湖北民族大学学报（哲学社会科学版）》，2020 年第 3 期。

❷ Kusá Alena, Zuzana Záziková. "Influence of the Social Networking Website Snapchat on the Generation Z". *European Journal of Science and Theology* 12(5), 2016, pp.145–154.

从"离歌"到"说唱"

（一）全球青年亚文化的影响

定居在欧洲的苗族社群，一方面在尝试传承苗族传统文化，另一方面也吸收和融入地方文化，包括青年亚文化。苗族年轻人尝试着不同的音乐、服饰甚至生活方式。在拍摄于 20 世纪 90 年代初的一张照片上，阿贵叔穿着牛仔裤，烫着长卷发，在举行仪式的会厅里跳舞。现在，他们在 Facebook 上分享当时的照片和视频，例如在阿莫姐的视频里，90 年代的她们在跳迪斯科舞。阿莫姐转发的时候还评论说："时间过得太快了！"进入 21 世纪后，流行文化的信息获取渠道已经变成了新媒体，尤其是 Facebook 等社交媒体和 YouTube 等视频网站成为收看和消费的主要媒介。

欧洲苗族青年更喜欢韩国音乐，例如 BTS、NCT、EXO、GOT7、Twice 等组合。琳达是一个 14 岁的女孩，她很喜欢韩国流行音乐和日本动漫，也给我展示她在 YouTube 上收藏的音乐合集。她的梦想之一是，将来有机会去韩国首尔，去拜访偶像们生活的这座城市。对于孙妮来说，这个梦想已经成真。因为两年前她已经去了首尔。孙妮很喜欢 BTS，她还自学了一些韩语，并且邀请了她的韩国男友来法国探亲。

这些外来文化的影响，在欧洲苗族青年的日常生活中也可以看到。例如德国苗族男性青年在拍集体照的时候，比画的动作也是 K-pop 的舞蹈动作，他们都觉得这样的动作"很酷"。大龙是一个十七八岁的男孩，他跳街舞四五年了，工作之余也在 Instagram 上传自己的舞蹈视频，机械舞、锁舞都有，他正在摸索自己的风格。

日本动漫文化在欧洲的受众也很多。在法国苗族家里看到的日本漫画《火影忍者》《全职猎人》，在德国苗族家里看到的《七龙珠》，都显示了欧洲苗族年轻人对亚洲青年亚文化的拥抱和喜爱，诸如《全职猎人》等日本漫画，它的读者已经从第二代延续到第三代。在评价这些青年流行文化内容时，"酷"是大部分年轻人给出的评价。

（二）说唱音乐的制作与发行

欧洲苗族的说唱音乐是从什么时候开始的，各有说法。一说是 20 世纪 90 年代末就兴起了，因为长期与美国苗族社群密切往来，美国苗族的说唱文化的传播也影响了欧洲苗族社群。一说是从 21 世纪 YouTube 的出现开始，年轻的说唱歌手把作品上传到视频网站和 Facebook，得到更广泛的传播。

目前，欧洲苗族社群里的说唱歌手几乎都是兼职，虽然并非音乐学院科班出身，但是经过一段时间的探索，也都从兴趣爱好发展到风格成型。Louchia 是职业艺术家，制作平面设计内容，从 2010 年起，他逐渐上传自己的尝试作品，现在基本形成了自己的风格。Louchia 的苗语说唱音乐作品以个人创作为主，但也与法国东南亚裔的说唱厂牌 "Mekong Soul"（湄公河之魂）合作有法语说唱音乐作品。

平时，业余说唱歌手都以本职工作为主，空闲时上传 demo（录音样带）和作品。有时候节庆活动也会请说唱歌手去现场表演，例如夏日祭和一些城市的苗年活动。在 2019 年苗年期间，三位法国苗族歌手合作，创作了 "Peb Yog Ib Tsev Neeg"（《我们是一家人》）这首歌，副歌说唱部分由 Louchia 来演唱。这首歌被上传到 Facebook，召唤同胞们参加苗年活动，相聚到一起。

欧洲苗族说唱音乐的制作、传播和消费都根植于数字媒体。在制作初期，歌手会上传 demo 或者创作灵感到 Facebook，看看是否受欢迎以及评论如何。Louchia 经常对制作软件的界面进行拍照，发布到他的 Facebook 页面，用户留言表示很期待新歌发布。人声采集完成后，在诸如 FL studio 等数字音频工作站（DAW）进行编排、混音等。制作完成后，主要的发布渠道是 Facebook 和 YouTube，或者是发布在 YouTube 上，再把链接分享到 Facebook。用户可以在线收听，也可以下载或者缓存。此外，Louchia 和 Sambath 的作品还能在 iTunes 里付费收听、下载。

欧洲苗族说唱歌手创作的作品，大部分是苗语说唱，但节奏和韵律规则也受到英语和法语的偏移影响。一部分说唱音乐作品是语码转换（code-switching）类型，即一段苗语，一段法语，或者副歌部分是苗语。绝大部分说唱音乐作品，无论苗语还是法语，都没有配字幕，然而，苗语说唱音乐被转发很多。

（三）消费说唱音乐产品

在欧洲苗族社群，年轻人喜欢听法国流行音乐，包括说唱音乐，例如歌手 Soprano 的 "Mon Everest"（《我的珠峰》），但是也喜欢美国苗族歌手 David Yang 的 "Txoj Hmoo Phem"（《命运多舛》）和说唱歌手 Kevin Yang 的 "Ib Sab"（《之后》）。一些流行的法国苗族说唱歌曲包括 "Koom Meej"（《成就》，Louchia 演唱）以及 "Kuv yog Hmoob"（《我是苗族》，Louchia 演唱）。这些说唱音乐具有紧凑、节奏感强的特征，在聚会等各种场合被播放。

欧洲苗族年轻人的歌单很长，他们有各种选择，例如韩国流行音乐、日本流行音乐、法国说唱、苗语民谣等等。欧洲苗族男性青年，在家的时候用 YouTube 听，开车的时候外放下载歌曲或者直接连接网站播放，他们也听美国苗族说唱歌手的音乐作品，以及其他族裔的流行音乐，根据不同需要和心情来切换收听各种歌曲。

田野笔记（2018-8）

4 个青年和我一起开车到海边，因为今天是小妹的生日。开车的 Kub 把手机连着车载播放器，所以一路上我们都在苗语民谣、抒情歌曲和说唱歌曲之间来回切换。有趣的是，他们可以跟着播放器全程完整唱完一首苗语歌曲，尽管最小的两个少年基本不会说苗话。他们解释说，因为经常听这些歌曲，所以他们对歌词很熟悉，但是并不意味着他们会说苗话。

女孩子们也很喜欢苗语或英语的流行歌曲、韩国说唱、苗族民谣，甚至说唱音乐。在法国斯特拉斯堡市，我借宿的苗族家庭里，姐妹俩一边播放手机里的歌曲作为背景音乐，一边洗碗，跟着哼唱"Peb Caug"（《苗年》），之后还在狭小的厨房里讨论并练习舞步。另外一位喜欢法语说唱作品的女孩给我介绍了她的歌单，我们一起欣赏"Mon Everest"（《我的珠峰》）这首歌。总的说来，在欧洲苗族年轻人的生活空间中，苗族说唱音乐无处不在。

三、音乐的力量：从"伤心"到行动

20 世纪 90 年代，全球青年亚文化在欧洲苗族社群的传播，依赖于物质传播媒介，例如电视、磁带、录像带、CD 等。21 世纪新媒体出现后，青年亚文化的传播途径变成了 Facebook 和 YouTube，说唱音乐的传播和消费更是在新媒体的平台上完成的，是 24 小时无休止、跨国界的传播和享受。

从《离歌》到《我是苗族》，从传统音乐到说唱音乐，转变的不仅是音乐风格，音乐在社会生活中的作用也改变了。在苗族传统文化中，对音乐作品的鉴赏是以"动人心扉"为标准，尤其是要感受到歌词和歌声所传递的悲伤（tu siab）。这种感受可以通过"移情"来实现认同。在说唱音乐中，大部分歌词都在召唤苗族年轻人行动起来。两种音乐风格的背后是不同的目的，传统音乐以"移情"为目标，说唱音乐以"行动"为目标。

（一）从"物质"到"虚拟"

苗族各支系的口头传统非常丰富，西部方言有 piv txoj lus（谚语）、paj huam（谜语或诗歌）、paj lug（格言或俚语）、txhiaj txhais（惯用语）、dab neeg（故事）以及传统歌曲形式 Kwv Txhiaj，以达到教育、警示、娱乐的作用。●Kwv Txhiaj 在不同场合有各种唱法，以表达充沛的情感，例如开心（kev zoo siab）、伤心（kev tu siab）、感激（kev ua ntsaug）、求偶（kev nkauj nraug），或者有教育（kev mus kawm ntawv）的意义。●例如，在纪录片《捕猎老挝苗族》（2008）里，一位老人唱着《离歌》（"Seev Tsiv"）：

"Yam xyoo ua! Tuaj li kwvtij laj meem pes xeem Hmoob coob aws ca sev lub ntuj ua yoj teb ua yees teb chaws ua nqaj aw kwm keeb, yuav paub es niam tsiv teb chaws tuaj tag nrhoos nej yuav khiav thawj neej thawj tsa tseg qub teb chaws rau nej kwv kwg lawv leej tij nyob naws."

（如今该怎么办哟，苍天之下的苗族同胞们！为何天摇地动，世界分离崩析，无奈背井离乡，远离故土？为何天摇地动，家园破败，踉踉跄跄，逃向远方？●）

在这首《离歌》中，演唱者回顾了苗族先辈在山林里逃难的悲惨遭遇，他们离开家园、失去兄弟家人，找不到一块地方可以住下来。这首《离歌》的风格、韵律和节奏将听众带入文本之间的声音空间。"伤感"是评价此类歌曲的标准之一，即是否能打动听众，在音乐所编织的感官空间中一起去触及那段黑暗的记忆。

20 世纪 90 年代，青年亚文化在欧洲苗族社群的传播，主要依赖电视、磁带、CD 碟等媒介。时至今日，在欧洲苗族社群里还可以看到一打磁带和 CD 碟，已经沾满灰尘了。从这些磁带的歌单上可以看到，大部分是 Kwv Txhiaj，还有一些流行摇滚（pop rock）风格的歌曲。

刻录了 Kwv Txhiaj 的磁带、录像带、CD 碟一般可以在欧洲苗族的节庆市场以及在泰国、老挝等苗族市场上买到。但是，在新媒体的全方位包围下，一些年轻人把 Kwv Txhiaj 复制上传到 YouTube，让更多的观众可

● Vang Christopher Thao. *Hmong Refugees in the New World: Culture, Community and Opportunity.* Jefferson: McFarland & Company, Inc. 2016. pp.309−310.

● Ó Briain Lonán. "Singing as Social Life: Three Perspectives on Kwv Txhiaj from Vietnam". *Hmong Studies Journal* 13(1), 2012, pp.1−27.

● 歌词由陶永标、马雄、Tub Yaj、叠贵整理。

从
"
离
歌
"
到
"
说
唱
"

以听到这些"传统歌曲"。在法国，退休的老人们坐在客厅里，通过数码电视来收看 YouTube 上的苗语歌曲。播放得比较多的是《离歌》这类风格的歌曲，抒情又节奏缓慢。

田野日记（2017-12）

早晨，我隐约听到一阵歌声从楼下的客厅里飘过来，我醒来才意识到，这是 Cua 在看 YouTube 上的苗族歌曲。因为这几天（12 月）非常冷，她不能去菜园子，所以在家看电视。一般说来，他们都是用 YouTube 直接浏览推荐节目，点开看看前面几秒到十几秒的内容，决定是看下去还是换台。看电视的时候，她有时等不及一首歌唱完，就按键到下一首。有时听完一首后，她会评价"好难过"（tu siab heev）。

（二）从伤心到行动

作为嘻哈文化的一部分，说唱音乐根植于美国非裔的历史、语言和口头传统。随着越战余波以及民权运动的兴起，说唱音乐逐渐在 20 世纪 80 年代进入美国主流音乐产业，对各个族裔都产生巨大影响，影响了世界各地的年轻人。[1]说唱音乐在边缘和弱势群体中所呈现的"自豪、自助、自我进步"的特征[2]吸引了不同族裔背景的年轻人尝试挑战主流媒体和社会结构的禁锢传统。美国苗族年轻人在美国本土长大，也逐渐吸收了说唱音乐的艺术元素。不同的是，其中没有黑帮风格的说唱音乐中常见的"物化女性、毒品、酒精和枪支"[3]，苗族说唱歌手更关心"社会经济、种族环境甚至家庭"[4]。

作为难民后代，苗族年轻说唱歌手用说唱音乐来讲述苗族离散的社会与历史语境，描述逃难的悲痛记忆，以及安置在异国他乡时遭遇的困境。在他们的说唱音乐中，难过、孤独、两难之间的徘徊和无处可去，都表达得淋漓尽致。尽管吸收了韩国流行音乐和美国黑人的说唱艺术，欧洲苗族歌曲作者和说唱歌手有着自己的风格，既不完全是韩国那样以表演为中

[1] Laidlaw Andrew, *Blackness in the Absence of Blackness: White Appropriations of Rap Music and Hip-Hop Culture in Newcastle upon Tyne-Explaining a Cultural Shift*. Loughborough University Ph.D thesis. 2011, pp.58-72.

[2] Ibid, pp.72.

[3] Harkness, Geoffrey Victor. *Chicago Hustle and Flow: Gangs, Gangsta Rap, and Social Class*. University of Minnesota Press. 2013, p.13.

[4] Vue Pao Lee. *Assimilation and the Gendered Color Line: Hmong Case Studies of Hip-Hop and Import Racing*. LFB Scholarly Publishing LLC, 2012, pp.29-30.

心，也不是只注重节奏。例如在一首"Ntuj Hmoob"中，曲调更像是民谣与说唱的结合：

（旋律）"Taub yog ua cas, txaw mua luam, ua rau peb paub yuav ua licas? Peb mam saib, peb mam xav, yaj tom ntev, wb lub neej cia li koj?"（人们做什么，可以过得好？我们慢慢看、慢慢想，我们想要怎样的未来、怎样的生活。）

（说唱）"Kuv tus luam nce, tsis paub pab, tsis paub ua lus neej puas zoo li lawm, tsis paub ua dabtsi lawm tsis tau noj, xav dabtsi los ua tsis tau, thiab tsis muaj leej twg."（我们相互不帮助，也不知道怎样的生活是好的，不知道做什么可以养活自己，不知道想什么，也不知道做什么。）

在这首歌里，节奏缓慢以跟着旋律，而且整首歌里都是悲伤的口气。因为离散，"我们"失去了家园，不知道要去哪儿，也不知道未来如何。这是离散经历带来的那种"既不在这里，也不在那里"的流离失所。说唱音乐作品揭示了这种怀旧、无处可去的情感。

Louchia 创作过多首苗语说唱音乐作品，反思苗族在法国的处境和将来。在 Louchia 的歌曲《我是苗族》（"kuv yog Hmoob"）中，歌词如下：

（苗语）"Kuv paub kuv hais dabtsi; peb hmoob txam nyem heev, peb kwvtij nyob Nphlaug teb nyob Thai teb…peb yog Hmoob peb yuav sib hlub sib pab; kuv tsis muaj nyiaj tabsis tsis ua ca…kuv yog ib tub tub kuv yog rau siab kawm ntawv…"

（我知道我想说什么；我们苗族很悲惨，我们同胞们在老挝和泰国……我们是苗族，应该友爱互助；我没有钱，但是没关系……我是苗族子孙，我得专心学习。）

由法国苗族说唱歌手创作并演唱的这些歌曲，描述的老挝苗族逃难经历与悲惨故事，反映了作为"代际传递"的创伤❶所具有的"次生创伤效应"❷。这些说唱歌曲在与听众对话，召唤听众的参与和行动。

---

❶   Darnell Regna, "Correlates of Cree narrative performance." In *Explorations in the Ethnography of Speaking*. Richard Bauman, Joel Sherzer, eds. Cambridge: Cambridge University Press. 1989, pp. 315–336.

❷   Anna B. Baranowsky, Marta Young, Sue Johnson–Douglas, Lyn Williams–Keeler, Michael McCarrey. "PTSD Transmission: A Review of Secondary Traumatization in Holocaust Survivor Families". *Canadian Psychology,* 1998, 39(4):247–256. DOI:10.1037/h0086816. Dekel Rachel, Hadass Goldblatt. "Is There Intergenerational Transmission of Trauma? The Case of Combat Veterans' Children". *American Journal of Orthopsychiatry*. 78(3), 2008, pp.281–289.

四、总结

欧洲国家长期以来的"社群主义"原则，倡导的"多层治理"模式，在苗族难民安置和融入问题上，得到很好的实施。离安置计划已经过去四十年了，苗族难民第二代通过无形空间（声觉、视觉等等）的建构，已经把自己与苗族社群关联起来。这些无形空间甚至跨越物理国界，具有 24 小时全天候、去疆域化的特征。❶

音乐传播从磁带、CD 碟等物质媒介转变成视频网站、社交媒体等"虚拟"媒介。歌曲的创作、传播和消费也基于新媒体进行，吸引用户浏览、收听，甚至付款购买。苗族青年在视频网站上直接收看，也缓存或下载歌曲 MV，分享给同伴们。对于难民安置计划所涉及的第一代，Kwv Txhiaj 这种类型的音乐作品与悲伤、同情、移情相联系，通过声觉空间来回到那个失去的家园。但在欧洲本土出生和成长起来的第二代，他们所经历的不仅仅是父辈们的创伤记忆，还有自身的认同危机。一些人希望通过教育、经济、社会关系等途径来改变自己的生活，至少可以通过"自强自立"来努力奋斗。在欧洲苗族青年用说唱音乐表达心声的个案中可以看到，新媒体不仅提供了一个连接族群成员和传播音乐作品的平台，而且通过给弱势群体在技术上赋权，促使其发挥能动性，结合各种文化元素来创新，为处于弱势地位的族群发出声音。

---

❶ 散居族群运用新媒体尤其是 Facebok 和 Twitter 来与原居住国的族群保持联系的事例很多。最近的一些研究案例，如在 Facebook 上很活跃的加拿大阿拉伯裔群体，参见 Ahmed Al-Rawi. "Facebook and Virtual Nationhood: Social Media and the Arab Canadians Community". *AI & SOCIETY*, 34(3), 2019, pp 559–571；以及在美国的海地族裔如何与海地的社会与政治结构关联，参见 Anthony V. Catanese. *Haitians: Migration and Diaspora*（Routledge, 2019）一书第八章、第九章的内容。

From "Kwv Txhiaj" to Rap:
New Media, Youth sub-culture and Identity in Diasporic Groups
Tian Shi

Abstract: Traumatic narrative holds the crucial part in the construction of collective memory and ethnic identity in diasporic groups. In this article, based on the ethnographic fieldwork in European Hmong community, the author analyzes the social and cultural context, intertextual connotation and significance in the transformation of Hmong traditional music to rap music. This transformation reveals the importance of new media to contribute to ethnic identity in diasporic groups.

Keywords: new media; diasporic group; rap; European Hmong community

从
"离歌"
到
"说唱"

"赛博全球村"的文化相遇

——社会—技术关系的网络民族志

高英策

摘要： 针对一个在华外籍人士基于"老外"认同而建构的微信群News，本文开展了网络民族志工作。研究发现，News内部具有"休眠期"与"喷发期"两种社群交互状态。在休眠期，多元的文化观念在社群中聚集但疏远且缺乏互动。在喷发期，各种观念得以直接接触乃至猛烈碰撞。通过反思互联网社会研究中的决定论倾向，News社群互动中清晰直观的经验现象，展示出了信息技术与社会情景在建构微观的线上互动时的双重作用。

关键词： 社会；技术；微信；网络民族志；赛博社群

一、导言

进入21世纪以来，信息技术（ICTs，即Information and Communications Technologies）的研发升级过程与商业化应用过程，正在其迭代与相互刺激中迅猛发展。这一发展过程形塑了晚近以互联网线上生活为标志的当代生活模式与交互方式，而进一步引发了一系列深远的社会与文化转型。在这样的背景下，如果说赛博社群（cyber community，亦可称为互联网社群、网络社群乃至线上社群等等）❶的存在与否在21世纪之初尚是值得审

❶ 笔者不主张使用虚拟社群的概念（虽然下文引述Rheingold早期之定义时遵其论著原文使用了这一称谓），因为这一概念建构了"线上/虚拟—线下/现实"（Boellstorff, Tom, "Rethinking Digital Anthropology", in Heather A. Horst and Daniel Miller, ed., *Digital Anthropology*, London and New York: Berg, 2012, pp. 39-60）这一组时下已日趋解构的二元关系。正如库兹奈特所指出的，"参与一个线上社群越发成为人们日常社会生活的正常部分……线上社群不是虚拟的，上线相会的人们也不是虚拟的"（罗伯特·V.库兹奈特：《如何研究网络人群和社区：网络民族志方法实践指导》，叶韦明译，重庆：重庆大学出版社，2016年）。本文认为，虚拟社群的概念需要谨慎使用。

慎研究的议题❶，在短短十几年后的今天，作为一种不同于传统线下社群组织之逻辑，却又已经成为得到广泛实践的线上群体组织形式，它已经在大众话语与学术研究中获得了一席之地。尤其是互联网在 2004—2006 年间进入 web 2.0 时代以后❷，赛博社群这种基于计算机中介交互（computer-mediated communication）而实现的线上群体，其存在形式与实践活动正在变得日趋丰富与复杂，而其与线下世界的连接亦变得日趋通畅与紧密。

作为中国时下最流行与最普及的网络媒介之一，2011 年横空出世的微信为赛博社群的建构提供了一个良好的技术性的支撑结构。虽然微信作为一款智能手机上的应用（APP），其主打的服务是移动及时通信，即在功能设计上，它的个人私密性较强，大众传播能力弱，主要处理的是强人际关系❸，但是该媒介的"微信群"功能，即微信用户通过分享二维码或邀请微信好友等方式形成的讨论组，却也为赛博社群在其中的构造埋下了伏笔——笔者在本研究中所关注的，正是一个以微信群为载体的赛博社群。

本研究采用网络民族志方法。这种方法，简言之，是以长时段的参与体验为主要手段的，针对互联网社群展开的浸入式场域研究。它是 20 世纪 90 年代初为了应对互联网的挑战，对人类学领域经典的民族志研究方法进行改进形成的成果。❹应用网络民族志的方法，笔者在社群建立者的帮助下，对一个由世界各国的在华外籍人士构成的微信群——News❺，开展了线上田野工作。基于研究发现，本文着力于呈现全球化过程中高度异质性的文化观念，以及持有这些观念的全球不同族群之主体，在当代信息技术的中介下，在赛博社群中超越传统媒介之限制而直接交互冲撞的生动景观。为此，本文首先将介绍 News 作为线上田野调查点的基本情况；然

---

❶ Rheingold, H., "The Virtual Community", available from http://www.rheingold.com/vc/book, 1993. Ward, K. J., "The Cyber-Ethnographic (Re) Construction of Two Feminist Online Communities", *Sociological Research Online*, 4(1), 1999, U193—U212. Wilson, S. M., & Peterson, L. C., "The Anthropology of Online Communities", Annual Review Of Anthropology, 2002, pp.449—467.

❷ 即互联网上的信息传播由传统的"点对多"向"多对多"的平台化、参与化、社交化、草根化转变（胡泳：《众声喧哗：网络时代的个人表达与公共讨论》，桂林：广西师范大学出版社，2008 年）。

❸ 方兴东，石现升，张笑容等：《微信传播机制与治理问题研究》，载《现代传播（中国传媒大学学报）》2013 年第 6 期。

❹ 张娜：《虚拟民族志方法在中国的实践与反思》，载《中山大学学报（社会科学版）》2015 年第 4 期。

❺ 考虑到对田野调查对象的保护，News 是这个微信群的化名。

后借用"休眠—喷发"意象，描述 News 中各国用户的互动；最终，文章会基于 News 中简单而清晰的经验现象，讨论社会与技术在构建互联网社会中参与者的微观互动样态时的平行关系。

二、赛博全球村：一个基于微信群的赛博社群

（一）作为赛博社群的 News

News 是一个在微信中发起的新闻讨论群，它由一位在中国成家定居的年轻加拿大籍男子创建。这个微信群一直保持着五百人左右的规模，主要面向分散于中国各地的在华外籍人士开设（当然，其内部也存在少量包括笔者在内的中国人）。由于该群成员的线下身份均保持隐匿，笔者无法对该群成员的国籍或信仰等进行有信度的统计，但就本人对其中互动的观察看来，即便只检视那些已经在交流中主动"暴露"了自己身份的成员，News 的社群成员也早已覆盖了世界各人种、各年龄段、各主要宗教与主要国家。这使其能够被当之无愧地视为一个内部颇具文化多元性与异质性的"赛博全球村"。

微信的"微信群"功能为赛博社群的构造做下技术上的铺垫，但是，这并不意味着所有的微信群都能构成赛博社群。事实上，除了那些由寥寥数人因不同目的而结成的显然不构成社群的小型微信群，即便是那些规模更大的微信群，在许多日常生活或工作场景中，也仅仅被用作群体的通知公告栏、内部沟通与管理工具，或文件与信息共享平台等等。这些微信群内部的用户沟通无论是深度还是频度都十分有限，故而即便是在大众感知上，也与一般意义上的社群存在较大区别。那么，作为微信群的 News 是一个真正的赛博社群吗？其实 Rheingold 在早期的开创性研究中，已经对其所称的虚拟社群概念做出了一些经验上的界定，他将这种社群理解为一种在网络上兴起的集合体，而其主要特征包括：足够多的人，足够长时间的公共讨论，伴有人类情感，形成个人关系等等。❶比照这一界定，可以发现，News 拥有着较大的总体规模（五百人已是微信群成员数量之上限）；内含活跃的、长时间的且相对稳定的用户交流乃至争执；存在着用户个人观念与情绪的投射；许多用户在其中缔结了明确的，或是爱抑或是恨的个人关系……简言之，和大量冷清而缺乏交互性的微信群不同，

---

❶ Rheingold, H., "The Virtual Community", available from http://www.rheingold.com/vc/book, 1993.

News 符合一个赛博社群的各项要件。

其实，甚至是与基于微博（如新浪微博、腾讯微博等）或 BBS（如百度贴吧、知乎）等平台而建立的常见网络社群相比，作为微信群的 News 也更加具有社群特征。它由微信群这一相对封闭的技术平台所构建，这使其处于一种"半开放"状态，即个体必须受群内成员邀请方可加入社群，而这让 News 拥有了非常明确的"内—外"分野。比之外延较为开放、模糊，且用户流动性较快、较大的微博或 BBS，News 的成员网络更加内聚，更加稳定，故而也更明显地呈现出赛博社群的面貌。

（二）News 的用户聚合

那么，News 的社群成员为何会选择加入并驻留在这个赛博社群之中？纵观近年来各类主题的赛博社群研究，可以认为，某种地缘、族缘，乃至业缘、趣缘等方面的身份属性❶，或者某种特定的共同目标❷，往往在这一过程中起到了至关重要的作用。而对于 News 而言，社群用户的确是在这一逻辑下完成了对成员文化异质性的超越，实现了赛博社群的建构。

从表面上看，作为一个自我定位为新闻讨论的群组，News 在其组织性质上似乎带有某种"兴趣小组"的特征，即以共同兴趣为纽带的身份认同或可被推测为社群中用户聚合的原因。然而，笔者在线上田野中发现，在 News 真实的社群生活中，社群成员对新闻事件就事论事的严肃讨论，其实只是他们日常交互中颇为少见的一部分。事实上，News 并没有围绕新闻讨论运转，而该社群中的成员，也并未普遍表露出对新闻事件的共同

---

❶ Alexander, C. J., Adamson, A., Daborn, G., Houston, J., & Tootoo, V., "Inuit Cyberspace: The Struggle for Access for Inuit Qaujimajatuqangit", *Journal of Canadian Studies-Revue D Etudes Canadiennes*, 43(2), 2009, pp.220-249. Bernal, V., "Diaspora, Cyberspace and Political Imagination: the Eritrean Diaspora Online", *Global Networks-a Journal of Transnational Affairs*, 6(2), 2006, pp.161-179. Clarke, S., & Hiscock, P., "Hip-hop in a Post-insular Community Hybridity, Local Language, and Authenticity in an Online Newfoundland Rap Group", *Journal of English Linguistics*, 37(3), 2009, pp.241-261. Malina, A., & Jankowski, N. W., "Community-Building in Cyberspace", *Javnost-the Public*, 5(2), 1998, pp.35-48. Parham, A. A., "Diaspora, Community and Communication: Internet Use in Transnational Haiti", *Global Networks-a Journal of Transnational Affairs*, 4(2), 2004, pp.199-217.

❷ Choi, S., & Park, H. W., "An Exploratory Approach to a Twitter-Based Community Centered on a Political Goal in South Korea: Who Organized it, What They Shared, and How They Acted". *New Media & Society*, 16(1), 2014, pp.129-148. Menard-Warwick, J., Palmer, D. S., & Heredia-Herrera, A., "Local and Global Identities in an EFL Internet Chat Exchange". *Modern Language Journal*, 97(4), 2013, pp.965-980. Zuev, D., "The Russian Ultranationalist Movement on the Internet: Actors, Communities, and Organization of Joint Actions". *Post-Soviet Affairs*, 27(2), 2011, pp.121-157.

赛博全球村：的文化相遇

兴趣。这些在华外籍人士之所以在 News 之中聚集，其实更多来源于一种更为特殊的身份认同，即对其相较于本土中国人而言的"Laowai"（老外）身份的认同——这个中译英的独特词经常可见于 News 内部的日常交流。社群成员的这种"老外"认同与海外离散群体对母国的地缘或族缘性的身份认同有些近似，不过不同的是，这种认同并不是个体对自己从属于某个地区的认同，而恰是个体对自己不属于某个地区的认同。正是基于这种认同，来自世界各地的个人得以在中国的赛博空间中寻找到独特的纽带，并在微信群的技术框架中，建构出一个相对稳固的赛博社群。

（三）News 的内容规制

虽然 News 中的参与者均为在华外籍人士，但是，News 中的主要交流用语却不是中文，而仍然是英文。在社群讨论内容的规制方面，社群的管理者，亦即 News 的创始人，在微信群的公告栏中写下了关于该群内部发言的规范要求（图 11.1），翻译如下：

欢迎！

规则：无色情、广告、二维码●

新闻与政治闲谈不设限

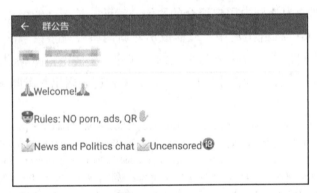

图 11.1　News 的公告栏

简言之，除了禁止社群成员发送色情和广告内容之外，该群主张的是更为自由丰富的讨论。而在实际操作中，News 的管理者也的确兑现了这

---

❶　有人倾向在 News 这类社群化的微信群中发布具有商业营销目的或宣传推广用途的二维码。人们扫码就可以加入其他的微信群，或与某人加为微信好友。这些二维码在微信群中的性质类似于线下空间中的"牛皮癣广告"。

一诺言。通常而言，对于发送了广告或色情信息的社群成员，管理者会视其情节轻重给予提醒或驱逐出群；而对于日常的讨论——无论其是否真的有关当前的时事——在绝大多数时候，管理员都不会以规制者的身份对用户行为做出任何限制乃至惩罚。当然，这里面也存在一些特例。例如，当一些社群成员在争执中"刷屏式"地连续发送了数量过多而内容过于激烈，乃至对他人的信仰或感情产生了过度的冒犯，并且同时完全打乱了微信群的正常沟通时，这些成员也会被驱逐出群。

这种倾向放任自流的内容规制原则，一方面使得大量通常被视为敏感、不当或引人反感的信息，都能够在 News 里得到分享和讨论。而另一方面，这种宽松的内容规制，也使得社群成员能够近乎无制约地展开激烈程度各不相同的讨论、辩论、争吵以至于彻底的人身攻击。News 对社群交流的放任态度，使其成了一个观测文化交互的绝佳场所。它形塑了一个外界规制力量相对较小的平台、一个分异的观点能够彼此互动的空间，这使其充分而完整地呈现出了全球多元文化在微信群的微小结构中自发而往复地接触与作用的过程。

三、休眠与喷发：赛博社群中的用户互动

上文介绍了 News 的基本情况，即其是一个基于"老外"认同而建构的，内容管理相对宽松的典型赛博社群。在日常运作中，News 成员的线上互动以日常闲聊为主。当然，其不时也夹杂一些专题性的讨论。这种互动的基本样态，可用"休眠"与"喷发"这组含义相反的意象予以类型化。即大体上，News 中的交流可以分为两种状态：第一种是社群用户相安无事而缺乏深度互动的持续性状态，本文称为休眠期；第二种是部分社群用户因某触发性事件而产生密集交流乃至争执的阶段性状态，本文称为喷发期。在线上交互中，News 的社群成员不断在这两种状态之间进行微妙的转换。其中的休眠期是整个 News 的日常基调，多元的文化观念在社群中聚集但疏远、并立且缺乏互动；而喷发期则是在这种基调中偶发的、猛烈但相对短暂的过程，在此期间，彼此各异的文化观念实质性地发生接触乃至碰撞。

（一）休眠期：文化观念的并立

休眠期是一种持续性的稳定过程，即微信群的日常互动除了喷发期之外，都处于休眠状态中。这种状态在时间上缺乏限定，有时持续几个小

时，有时持续数天；内容上缺乏主题性，都是零散信息。由于这一状态中的社群互动整体上缺乏戏剧化的事件，这让笔者很难透过某个具体案例来完整呈现这种状态的全貌。不过，我们仍可随机地摘录休眠期中的一些片段，如下文两例，来大致呈现 News 在休眠期中的风貌。

例一：处于休眠期的 News 一整天的成员交流（其一）❶

- 07：57，成员 A 发布了一张中国某地车展女模特走秀的动图。
- 09：25，群管理员发布了一张戏谑两位美国重要政坛人物的图片。半小时后成员 B 发布了两句话，表示他对其中一位的不信任。20 分钟之后，成员 C 发布了一小段评论，作为对成员 B 的回应。
- 14：10，成员 D@ 了成员 E，问到"What happened there"（哪里发生什么了），没有人回答他。这句话显得不知所云。
- 15：25，成员 F 发布了一个 26 秒的小视频，内容是中国某地地铁中的路人斗殴。成员 G 询问了视频内容，他简短回应了一句话。
- 16：17，成员 H 发布了一个 5 秒的小视频，是欧盟领导人会议期间发生摩擦的一瞬间。
- 16：42，成员 I 发布了一个中国妇女摆拍的恶搞动图。
- 17：37，成员 J 发布了一张手包的图片。
- 19：47，成员 J 又发布了一张搞笑动图，主角是一位穿着阿拉伯长袍的中东男人。
- 19：51，成员 I 又发布了一张搞笑动图，主角是一位德国的金发小孩。这段视频让另一位成员想起了 News 中的一位德国人，于是他 @ 了这位德国人 K，询问他在哪里。随后 K 现身，问他有何贵干，此人没有回答。反倒是有另外两位成员 L 和 M 冒了出来，各自与 K 简短地打了招呼 —— 上述四位成员在早先社群内的一次喷发期中，就宗教议题有过激烈的交锋，故他们彼此比较熟悉。

例二：处于休眠期的 News 一整天的成员交流（其二）

- 08：33，一位女性成员 A 照惯例在 News 中发出一张漂亮的动图，并问候"good morning everybody！"（大家早上好！），社群成员

---

❶ 为了保护当事人以及方便读者阅览，本文隐去案例中出场的各位 News 成员在微信群中的实际昵称，而按其在案例中的出场顺序，以英文字母为其编号。下文各例同理。

B 和 C 简单回了礼。而后整个上午，微信群都保持无人发言的安静。

- 12：09，成员 D 发送了一个带有性暗示的动图，大致是公交车上一中国男人挑逗一中国女人的摆拍视频。而后整个下午，微信群又一直保持无人发言的安静。
- 18：43，成员 E 发送了一份关于美国某政坛人物的文章的链接。
- 22：08，成员 F 发送了一段搞笑说唱视频：两位歌手化妆成两位美国政坛人物，在擂台上竞赛。
- 22：39，成员 G 发送了一个似是摆拍的中国人的搞笑动图：一位笨拙的医生在协助病人行走的过程中连续摔跤。
- 22：49，成员 H 发送了一个关于用火柴做趣味小实验的视频。
- 23：01，群管理员发送了两段"鬼畜视频"❶，均是恶搞美国政坛人物演讲的内容。
- 23：50，群管理员发布了某地度假节的广告（显然，News 中禁止广告的规定对管理员本人并不具有约束力）。随后，他用三句话回答了成员 I 的疑问。

正如上文两段记录所呈现的，虽然 News 的定位是较为严肃的新闻讨论，但在实际运作中，其内部的成员交流却并不聚焦于此。在休眠期中，微信群的整体气氛是轻松、通俗乃至娱乐化的。即便有一些牵涉新闻或时政的讨论，这些话语通常也都以调侃、玩笑与戏谑为主。上述两例所呈现的社群互动并非特殊的情景，而是 News 在休眠期中最为常见的状态。在这一时期，社群成员所发布的信息是稀松、缓慢、碎片化的。这些信息的内容包含且不限于：对全球或地方性新闻事件及政治活动的报道，对日常社会生活情景的碎片化呈现，有关宗教或信仰议题的宣传或批判，人生观、价值观与哲学理念的表达，异性或同性的性暗示与挑逗，带有暴力、血腥或猎奇色彩的场面，通俗化、娱乐化的戏谑与恶搞，商业性宣传推广与兼职招聘……用户分享的这些内容通常具有全球性的关切，不过，其一定程度上也有中国本土性内容的叠加。例如，News 的新闻讨论始终是与全球性议题相关的，社群成员基本不分享、不讨论发生在中国国内乃至其

---

❶ 一类风格独特的网络恶搞视频，通过对原始视频重新剪辑拼接，乃至变音或增加伴奏等再处理，制造出带有节奏感或者韵律感，或者类似于说唱乃至音乐的视频。

居住城市的新闻，但是，社群中发布的大部分具有性暗示意涵的视频，却往往又都是中国女子的表演。这些信息所使用的载体颇为丰富，主要包括文字、memes❶、图片、动图、视频、微信公众号文章、网页 URL、音乐、微信群红包、动态或静态的微信表情图片……简而言之，传统的文字文本只在 News 的互动中占据较小的一部分。

休眠期最关键也是最显著的特征，在于社群成员之间微弱而浅薄的互动。零星而不受关注的碎片信息会在微信群中缓慢而绵长地发布，这形成了赛博社群中的"背景噪音"。虽然成员们获取了这些信息，但他们并不会对这些信息做出充分反应，就如同线下社区里的人们忽视了他们身边的鸟鸣声、车流声或脚步声等"背景噪音"一样。在休眠期的 News 中，有些成员在微信群中发布了信息，而其他成员通常会选择不回复，或零星做出一两条简短而缺乏内容性的回应。这种浅薄的交流方式并不构成有效的互动，甚至连那些回应本身也变成了"背景噪音"的一部分。由此，虽然高度多元的全球文化观念被挤压并聚集在了 News 这个赛博社群中，但他们在休眠期中却呈现一种并立而不接触的状态。

（二）喷发期：文化观念的冲撞

相较于平缓而轻松的休眠期，喷发期是 News 中短暂而猛烈的社群交互过程。在这一过程中，社群成员持续而带有冲突性地对某些特定话题予以关注、讨论乃至深入交流，这使得大量分异而多元的文化观念发生了激烈的碰撞——这正是喷发期最重要且显著的特征。与休眠期类似，界定喷发期的时长同样是一个困难的事情。因为我们通常可在喷发期的内部，按其中互动的激烈程度再切分出更为细密的喷发期与休眠期——社群交互在休眠—喷发中的不断震荡，显示出了类似于几何学所谓分形的特征，即一个形状能够被切分为数个作为其本身缩小版的形状。

由于喷发期往往具有明确的主题性，这使得本文可以遴选出一个典型的例子，来展示这一阶段中 News 的社群互动。这次事件的起因，是当时海外一起引发了广泛国际关注的、针对同性恋者的枪击事件。该事件发生后，News 中的一位成员，即下例中的"成员 A"，在后续几天中一直零星

❶ 一种"具备某种众所周知的标志性特性的图片或照片（来源对象通常不知情），伴随着能够产生共鸣的文字信息"（Zittrain, J. L., "Reflections on Internet Culture". *Journal Of Visual Culture*, 13[3], 2014, pp.388-394）。在形式上，简言之就是一张图片上附一些精辟的文字，以表达某种特殊的感情。中文网络世界的词语"表情包"，含义与 memes 相近。

地就此事对枪手所信仰的宗教，即下例中所谓"宗教甲"提出指责。一开始，该成员的牢骚并未激起许多波澜，但其在随后的时间中逐渐激化，并在群内激起了一次巨大而漫长的冲突。

　　大量主题分异的信息拥挤在了 News 微信群的唯一信息界面上，形成了一片喧嚣混乱的场景。而事实上，因此次枪击事件而形成的激烈争论持续了整整五天之久，到第六日方才逐步冷却，并被随后发生的一次规模较小的喷发事件替代。其间，社群的参与者们大有"你方唱罢我登场"之态势，车轮战一般地加入到了混乱的讨论之中。在争吵最激烈的时刻，每小时都会有成百上千条信息不断地在微信群中涌现。笔者只要稍微离开手机一会儿，回来时便会在微信上看到 News 存在数百条未读信息的提示。当然，在整个五天的喷发周期中，社群成员也并不是每时每刻都在高密度地争执或互相辱骂。虽然社群在整个时间段里都处于喷发期之中，即挑衅的、攻击性的言论每隔一段时间便会被发出，激起一轮密集的争吵，但正如上文所言，这个喷发期的内部同样也穿插着一些每次持续时间不过几个小时，群内交互相对较为宁静的休眠期。其间，一些"背景噪音"，例如单位招聘信息、祝福节日的动图、具有性挑逗意味的视频，以及中国外籍人士管理新政等内容稀疏地被发送到群中，它们将那些更为集中和激烈的喷发期隔离开。

　　与休眠期内的互动相同，各种形式的信息载体在喷发期中仍然有着广泛的使用。但是在喷发期中，文字的使用率会大幅度提升。这是因为文字是网络交互中最容易组织和发送复杂内容的载体，只有使用这种载体，发言人才可能追上 News 在喷发期中飞速发展、向前滚动的信息流。与交流缺乏主题性的休眠期不同，居民在喷发期之中的密集互动一定是先围绕某个主题，或某个发表主题的人开始，然后在接下来的讨论中逐步向外延展，牵扯出更为繁复和多元的诸多议题，引导出更为游离和发散的讨论。如上例所呈现的，在这次争执中，社群成员的讨论首先围绕一桩海外的刑事案件，以及成员 A 借此事件而发难的行为展开。随后，很快地，对上述事件的探讨便牵引出了关于宗教教义和无神论的问题、恐怖主义的问题、民族主义问题、种族歧视的问题、世界强国对他国的欺压问题等等。我们可以继续用声音的隐喻来描述这种机理：如果休眠期中的信息如同"背景噪音"一般，那么引起喷发期的话语就是社群中震耳欲聋的爆炸；这个爆炸引起了用户的关注与参与，并如滚雪球一般激起愈发强烈的密集

互动。

就笔者在线上田野中所目睹，这些激起了喷发期的"原爆点"问题，通常要么与国际时局高度相关，要么本来就是国际性的争议话题，这其中便包括现任美国总统的上台与施政、英国的"脱欧"问题、土耳其的国内政治、东亚诸国的外交关系、恐怖主义与宗教、女权运动与女性地位、针对黑人的种族歧视、中医的科学性与中药的效用……某种意义上说，虽然 News 是一个纯"草根"而不带有国家背景的在华"老外"交流群，但其中发生的争论却俨然就是各国家或各族群间争端的投影。

在喷发期中，参与者的个人风格对于形塑 News 中的社群互动有着至关重要的作用，即 News 中的讨论会往什么方向发展，很大程度上取决于讨论的主导者个体的沟通水平、知识储备、性格偏好乃至空闲时间。这种随机性使得 News 的喷发期在具体表现上各有不同。其实，并不是 News 中所有的喷发期都会以无端谩骂收场。仍以这次因枪击案件而点燃的喷发期为例，在此次争执发生的第二天晚上，各方就相同论题而展开的讨论便十分理性而温和，这是因为辩论的参与者中有一位宽厚而充满沟通技巧的中年人始终调控着群内的氛围，而这使得异见各方免于在互相攻击中将敌对关系越推越高，故而讨论一直保持着平和。

四、微观线上互动中的技术与社会

（一）互联网社会研究的两种决定论

在上文的阐述中，本研究作为一项网络民族志工作，主要借用"休眠期"与"喷发期"两个比喻，呈现了基于微信的赛博社群 News 中时而稀松、时而激烈的用户互动情境。格尔茨认为，民族志研究能够"给社会学思想提供物质养料……给那些困扰当代社会科学的宏大概念，提供一种现实的合理性"❶。那么，本文对 News 中生动、细碎而混乱的互动现象的描述，又蕴含着对何种"宏大概念"的关切？笔者认为，News 成员兼受个人能动影响与信息技术制约而在赛博社群内交互，事实上展现出了"技术—社会关系"这一饱受争论的"宏大概念"在微观层面上的、介乎于两种极端决定论之间的辩证关系。

具体而言，人们在网络社会中的互动样态，即网民在线上空间中"做

❶ Geertz, Clifford, *Interpretation of Cultures: Selected Essays*, New York: Basic Books, 1973, pp.18-23.

什么、怎么做"究竟是被何种力量形塑的？站在不同的分析层次上，这一问题可以有不同的回答。但在最提纲挈领的层面上看，时下的讨论经常倾向于将其归因于"技术"与"社会"这两个呈二元对立之势的主体上。其中，强调技术对线上互动的形塑作用的通常被称为"技术决定论"；而强调社会形塑互动模式的种种思想，本文统称为"社会决定论"。

"技术决定论"将互联网社会理解为一种被技术的内在特征塑造的、不可避免的后果[1]，其认为技术"能够简单地将自身的逻辑印刻到社会关系之中"[2]，即其本身是一种主体性、决定性的因素，可以能动地作用于大众实践并形塑新的社会现象。有学者指出，这种观点在当代中国颇为流行，已被广泛应用于针对中国互联网的各类研究或报道。[3]而据库兹奈特所言，此观点亦常见于西方早期的数码媒体研究。[4]这种观点显然是偏颇的。早在 20 世纪末，一些西方学者就已经指出，互联网并没有创造出新的本质性产物，而只是放大了既有的社会行为的力量。[5]同理，项飙在其晚近对全球信息产业中的技术劳工的分析中更加明确地指出："信息技术通常被说成是当今人类社会所经历的一系列重要变革的主要动因之一……（这种估计）常常忽略了信息技术本身的社会性，即该技术是被谁、在什么条件下、出于什么目的而被创造和使用的等这些社会过程"。[6]"技术决定论"的简化立场，没有充分考虑社会行动者与社会实践的复杂特质。[7]而为了弥补这一内在问题，一些学者提出了与前述观

[1] Hrynyshyn, D., "Globalization, Nationality and Commodification: the Politics of the Social Construction of the Internet". *New Media & Society*, 10(5), 2008, pp.751–770.

[2] Agre, P. E., "Real-time politics: The Internet and the Political Process". *Information Society*, 2002, pp.311–331.

[3] 杨国斌：《连线力：中国网民在行动》，邓燕华译，桂林：广西师范大学出版社，2013 年，第 11—12 页。胡泳：《众声喧哗：网络时代的个人表达与公共讨论》，桂林：广西师范大学出版社，2008 年，第 23—24 页。

[4] 罗伯特·V. 库兹奈特：《如何研究网络人群和社区：网络民族志方法实践指导》，叶韦明译，重庆：重庆大学出版社，2016 年，第 28 页。

[5] Agre, P. E., "Yesterday's tomorrow", *Times Literary Supplement*, 1998, pp.3–4. Calhoun, C., "Community Without Propinquity Revisited: Communications Technology and the Transformation of the Urban Public Sphere", *Sociological Inquiry*, 1998, pp.373–397.

[6] 项飚：《全球"猎身"：世界信息产业和印度的技术劳工》，王迪译，北京：北京大学出版社，2012 年，第 158 页。

[7] Cabalin, C., "Online and Mobilized Students: The Use of Facebook in the Chilean Student Protests", *Comunicar*, 2014, pp.25–33.

赛博全球村：的文化相遇

点相悖的"社会决定论"。威尔逊与皮特森在一项网络人类学的早期研究中指出："连接互联网的电脑是文化的产品，它们存在于其出生的社会与政治世界之中，不能逃离这个世界的规则与规范。"❶ 这种观点很好地展示了"社会决定论"的理论倾向。简而言之，在"社会决定论"的视野里，信息技术是社会的塑造结果，是被取用和表达的机械化的对象，不具备本身的能动性。所以，能够影响互联网上网民交互的是社会本身，而不是作为客体的信息技术。

由此，"社会决定论"与"技术决定论"一道，组成了线上社会互动分析逻辑的两个基本端点。而正如杨国斌在其早先的专著中指出的："技术决定论"过度强调了技术作用，而"社会决定论"则将技术视为边缘力量，故都"将问题简单化了"。❷ 当代的互联网社会研究应该在这两种极端的决定论中寻找平衡，以处理其研究现象背后的技术与社会的纠缠关系。我们认为，技术与社会显然在"合力"影响着线上社会实践，故同时强调技术的内在性质与社会的全局特征对大众线上互动的双重影响是很有必要的。而进一步地，这种通常彼此缠绕以至于难以辨析的双重影响，又恰恰在 News 的日常交流，尤其是"喷发期"交流的一些微妙典型现象中，得到了直接而具体的呈现。通过抽取 News 中的四类现象，下文将着力呈现技术的内在特质与社会的外部力量在建构赛博社群的微观人际互动之形貌过程中的参与。

（二）News 社群互动中的技术与社会

首先，我们至少能看到两项展现技术参与 News 的互动样态建构的典型现象。第一类现象即是部分社群成员因冲突升级而导致的，却又总是失败的"约架"活动——社群成员使用微信定位功能亮明自身地理位置，希望见面打斗的活动，如上例三中成员 A 与成员 K 的互动所示。这种暴力解决争执的动议在 News 中发生了数次，但因为发生口角者所在位置通常天南地北，相隔遥远，斗殴从未真正发生，而相关当事人亦只能悻悻作罢。"约架"失败所展示的，是信息技术"横向跨地域连接"的内在特

---

❶ Wilson, S. M., & Peterson, L. C., "The Anthropology of Online Communities", *Annual Review Of Anthropology*, 2002, pp.449-467.

❷ 杨国斌：《连线力：中国网民在行动》，邓燕华译，桂林：广西师范大学出版社，2013 年，第 11—12 页。

征——所谓"用网络连接取代空间与物理临近性"❶——对社群互动的建构作用。一方面，可以发现信息技术确实压缩了社群成员因空间位置而产生的阻隔，使得分布于中国各地的个体得以超"本地化"地连接，进而构成社群并产生互动。而另一方面，这种经由信息技术中介的跨地理连接，又充当了保险丝的功能，确保了社群用户的物理上的不可及，即保证了社群的线上交流不会因为恶化至暴力冲突而中断，故而维持了社群互动的平稳与持续。

第二类现象，是部分社群成员失败的身份炫耀行为，如上例三中成员B、D、J 对成员 A 自夸的不屑。在 News 匿名化的交互里，无论是休眠期还是喷发期，通常而言，参与者都极少暴露自己的实际身份信息，包括年龄、性别、国籍、信仰、学历、收入、知识背景等等。但有时一些发言者也会尝试调动那些象征其某种权威身份的符号，以试图在社群互动中获得非平衡的位势。例如，一些社群成员为了强调自己在年龄、经济或知识水平方面的高等级，而在社群的互动中声称"连我女儿都比你大"，"我正在做非常成功的生意"，"你根本不知道我的教育背景"等等。可是，这种自我暴露式的身份炫耀，通常只会引起其他人的质疑、挖苦乃至讥讽，故而显得没有意义。"炫耀"失败所表现的，是互联网技术"纵向跨层级连接"的内在特性为社群互动带来的身份模糊与层级扁平化的后果。News 等线上社群的匿名性，以及成员间经互联网中介而形成的微弱关联，给予了参与者身份信息相对缺位的空间，这使得各种夸示都会因脱离情景而显得支离破碎，以至于缺乏说服力乃至震慑力。虽然线下社会的权力关系总是试图在线上互动中表现出来，但社群成员背景及其所在社会情景的暴露的不充分，压缩了成员间因社会身份或社会阶序而形成的区隔，这使得基于身份等级而言说的"炫耀"在扁平化的场景中成了无根之萍。

与此同时，上文对 News 之互动情境的梳理，也凸显出了至少两类展现社会因素参与 News 互动样态建构的现象。第一类现象，是喷发期内的社群互动与社会时局的高度关联。一方面，如前文所述，在 News 中点燃喷发期的关键话题，全部与国际社会中的敏感议题或热点新闻高度重合；而另一方面，社群成员对这些主题的争执，又俨然是那些宏大的国际性对

---

❶ DeNicola, Lane, "Geomedia: The Reassertion of Space within Digital Culture", in Heather A. Horst and Daniel Miller, ed., *Digital Anthropology*, London and New York: Berg, 2012, pp. 80–98.

"赛博全球村"的文化相遇

201

峙在微观层面的复刻——他们经常按照各自的国籍、族群或宗教背景选边站队，划立阵营，进而互相指责乃至谩骂。这些侨居中国的外籍人士，主动地在个体化且隐秘的线上交流中代表了各自国家、族群或宗教的立场，其互动情景俨然重现了当今国际社会的诸多对立局面，而他们均难以达成共识与和解。这一现象所展示的，是国际社会的宏大背景对网络社会中互动样态的建构作用。通过影响互动参与者的自我认同，它不仅设置了社群成员的讨论主题，还细密地设置了成员对主题的讨论模式。

第二类现象，是社群成员的个人特性对 News 的直接影响。上文已述，参与喷发期争执的 News 成员的个人特性，会深远影响喷发期中的社群互动情景，进而生成形式或结果完全不同的实践。出言不逊的虔诚信徒，会将宗教辩论化为谩骂与"约架"；性情暴躁的政治激进者，容易将新闻分享变为地缘政治式的争吵；而温和健谈的商务人士，则能将尖锐问题化为平静讨论。此外，News 管理员的个人性格，也对群内的互动生态起到了重要的作用。按其本人所述，其出生在军人家庭的背景，使其从小就逆反式地诞生了崇尚自由的性格，而这是其在管理 News 时主张对群内话语放任自流的重要原因。我们可以认为，个体特质是人们受其所在的社会情境之复杂影响的结果。经由个体在线上社群中的互动，这些社会力量得以投影到网络社会之中，并直接影响社群的互动形貌。

至此，通过探索 News 社群互动中四类具有典型意义的微观现象，即失败的"约架"，失败的"炫耀"，社会时局影响社群，个人特质影响社群；我们可以认为，信息技术结构与宏大社会情境，确实都在作用于微观层次的线上人际互动，它们分别在 News 中塑造了前两种与后两种现象。需要特别强调的是，技术和社会与其各自在 News 中形塑的现象具有逻辑上十分清晰的因果对应性，这种对应关系并没有交叉——我们无法找出合理的解释，以说明 News 中"约架"与"炫耀"的失败是由宏观社会因素而非技术导致，或社会时局与个人特质对社群的影响是由信息技术特征而非社会导致。由此，本研究认为，技术与社会对于形塑互联网社会的微观互动样态而言，具有平行的双重作用。两者在宏观层面上的确彼此缠绕，互相形塑，但在构造赛博社群中的具体现象时，正如本文案例所呈现的，这种平行关系是清晰的，即任何一个都不应被视为唯一的作用主体，任何一个又都不能视为另一个的组成部分或形塑结果。

虽然这种平行关系表现在一个有限场域的微观互动之中，但其也暗合于一种晚近的重要的科学人类学取向，即平衡地、对称地同时看待人类因素（"社会的"）与非人类因素（本研究中表现为"技术的"）在宏观社会建构中之营为。News 的经验材料显示，一方面，完全忽略人类在社会实践中的主体性，显然是过于激进的学术观点；而另一方面，虽然人文主义的惯常思维赋予了人类超越性的地位，但在信息技术深度发展，以至于其作为信息中介或人体"外脑"而在人类实践中扮演愈发关键的角色时，技术亦不可被简化理解——并不存在一种"决定论"式的关系，信息技术与参与信息时代的个人同为拉图尔意义上的"转义者"（mediator）[1]而彼此结合组网，共塑当代互联网社会之现实。居中看待微观现象中"无涉于人"的技术因素与"全涉于人"的社会因素，可使我们从认识论、方法论上推进赛博格人类学之探索，乃至于抵达晚近赛博格人类学[2]之新关切。

简而言之，基于对 News 的网络民族志研究，本文希望在互联网社会研究领域，强调技术与社会在微观层面的互联网交互情景共塑过程中的平行关系。在分析赛博空间中的社会事实的形塑动力之源时，研究者应分别考虑在这微观层面后的宏观社会背景与信息技术结构的平行作用，而不可将两者不假思索地混在一起。否则，我们对现象的捕捉将因理论视野的遮蔽而有所缺失——不是缺失对信息技术之颠覆性的理解，就是缺失对社会实践之穿透性的认识，而这便再次滑入了两种"决定论"偏颇的简化倾向与危险的归因误区之中。

---

[1] 拉图尔：《我们从未现代过——对称性人类学论集》，刘鹏、安涅思译，苏州：苏州大学出版社，2010年，第57—67、107—110页。

[2] 阮云星，高英策：《赛博格人类学：信息时代的"控制论有机体"隐喻与智识生产》，载《开放时代》2020年第1期。

"赛博全球村"的文化相遇

When Cultures Encounter Each Other in Cyber Global Village:

The Netnography of Technology−Society Relationship

Yingce Gao

Abstract: This paper is a netnographic study on a Wechat Group, *News*, a cyber community constructed on the *Laowai* identity by foreigners living in China. We found that there are two kinds of social interaction status within *News*, which are called rest period and effusive period respectively. In the rest period, diverse cultural concepts gather in the community but lack interaction. In the effusive period, different ideas contact directly or even collide violently. Reflecting on the deterministic tendency of Internet society research, the clear and intuitive empirical phenomena in *News* demonstrate the dual role of information technologies and social contexts in constructing micro−online interaction.

Keywords: society; technology; Wechat; netnography; cyber community

科幻世界的赛博格隐喻

——哲学人类学反思论考

周慧豪

摘要：人本主义价值观从近代以来成为世界主流，影响着人们的认知范式。新兴技术发展带来的诸如赛博格技术冲击着人们对自身的认知，以赛博格技术的产生为契机诞生的后人类主义的讨论场域，继承了后结构主义对人本主义的批判，同时也对古典认识论提出挑战。本文以科幻作品为试验场，验证历史和探索后人类主义对人的主体性批判，在此基础上否定旧人本主义伦理学在赛博格技术伦理领域的批判价值，并提出新伦理学的框架设想。此外，本文延续后结构主义的论调，探索原有的认知话语被解构后个体的生存意义，以自由意志为基础将个体的主体性诉诸唯意志论，肯定了人类自由意志的存在，并试图探寻个体价值的可能性。

关键词：主体性解构；赛博格；伦理学；个体价值

一、认知革命中人的主体性解构

在讨论赛博格技术伦理之前，笔者先回顾人本主义认识论的发展，引用后结构主义者的相关论调，结合一部科幻作品在现世意义上对"人"概念的挑战，思考并展现在历史的长流中人的主体性如何被建构，同时揭示在形而上学层面的理性主体被解构给传统伦理学带来的巨大冲击。

（一）《最终幻想 VII》——变革时代的人性崇拜

1.剧情简介

在一个架空的世界中，一家叫神罗的公司发现了埋藏在地底深处的某种外星生物遗体（杰诺娃），神罗公司使用细胞工程给人类移植杰诺娃的细胞，使身体能力得到强化的人成了高人一筹的战士。但大多数人因为排异反应而死，只有能够忍耐这种变化的人才能存活。萨菲罗斯就是唯一完美融合了杰诺娃细胞而变得无比强大的战士。原来萨菲罗斯是在胚胎时期

就通过细胞工程将人类细胞与杰诺娃细胞进行融合而诞生的完美寄生体，所以没有出现排异反应。后来丧心病狂的神罗公司为了批量生产强大的战士，就利用萨菲罗斯的细胞大量制造克隆人，其中许多复制品丧失自我而死。而主角克劳德就是无数复制体中的一员，之所以在幼年被神罗公司放弃是因为他不巧是所谓的"失败品"，他一直固执地追寻着萨菲罗斯。

克劳德在得知自己的真正身世以后，便以既非萨菲罗斯的复制品又非自己原本人格的状态生活着。而萨菲罗斯本人则是一个非常极端的特例，在得知自己的身世之前，他一直作为传说中的英雄人物活着，但最后得知真相的他却踏上了与人类背道而驰的道路。萨菲罗斯并没有被杰诺娃支配，反而掌握着主导权，控制了杰诺娃的行动，背叛并毁灭了神罗公司。萨菲罗斯作为人类科技的产物已经超出了人类的可控范围，此时的他认清了杰诺娃和人类还有古代土著人的区别，走上了灭世之道，同时成了克劳德等人最终的讨伐对象。

2. 评述

这个故事向我们展现了人类对"人性"的崇拜犹如对"神性"的崇拜一般，是出于对一种彼岸世界的理想型的向往。

萨菲罗斯作为人类在科研实验中最为成功的产物，完美地满足了人类对造物所有的期待。他就是人类意识中自身最完美的外化，是人性的彼岸。他无敌的强大近乎神，故事初期的他也如同人类对神的期望一样保护着人类，完成人类对他的所有要求，这便是萨菲罗斯神性的第一面。然而在体验故事的过程中笔者发现，萨菲罗斯是实实在在存在于世界上的个体，他虽然被定义为"神性的觉醒"，但终究是一个人，一个拥有广泛适用的自我意识与科学认知的个体，他所谓的神性不过是人们对他在身体和映像中的双重建构，并不是宗教意义上真正的神。于是这样一个建构的神与人类的决裂就发生在他认识到自己的真正身世和血脉的来源——细胞工程的产物——的时刻。萨菲罗斯的背叛很大意义上是受到意识形态的影响，因为这项工程创造出来的人会受到被移植细胞的控制，但强大的萨菲罗斯却没有被杰诺娃的细胞带来的这种思想奴役，并在意志上与杰诺娃融合到了一起，成了所有移植杰诺娃细胞的个体的终极崇拜，个体意志与意识形态的融合超越了一般个体的存在形式，形成了萨菲罗斯神性的第二面。

然而萨菲罗斯的存在终究是悲哀的，一个拥有神性的人，他既站在人性的彼岸世界，又是此岸世界的神。人的自我异化的神圣形象破灭以后，揭穿具有非神圣形象的自我异化，就成了新的使命。这也成就了故事的另一个主角，克劳德。

克劳德的人设中与萨菲罗斯的对立面像极了变迁时代中的普通人物，他内向，对强大充满了向往，又时时刻刻担心着周围的亲朋好友，害怕孤独却孤独地活着。克劳德确实不是神，甚至与神处在显著的对立面，但他却是普通人的英雄。他在寻回自己失去的记忆之后，并没有像萨菲罗斯一样因为基因工程的非人改造和杰诺娃细胞的支配而丧失自我，虽然也曾受到了很大的影响，毕竟"种族"和"血脉"意识在建构立场、选择价值观时具有潜移默化举足轻重的作用，但是他并没有被这些先天的桎梏支配，克劳德对应然性行为的理解打破了意识形态和社会常识形成的思想规律，能够遵从自己真正的想法不动摇，坚持自己的本心。这便是经典理论中形成理性主体所必不可少的前提：对自我的肯定。也就是说，对自我意识和自由意志的肯定，是人本主义伦理学的重要基础。

（二）认识范式与价值观

《最终幻想 VII》取得的巨大成功很大程度上取决于它在两个主角人设、两种截然不同的价值观念之间的碰撞。

同为两个经过细胞工程改造的"赛博格"式的个体，萨菲罗斯作为一个悲剧性的人造神，在自我意识层面上受制于一种认识范式，这种范式体现在两个方面：第一，萨菲罗斯以先天的使命感（来源于人造神的身份）和对古代生命根深蒂固的信仰限定了他的价值取向；第二，就是以身体的存在形式为基础寻找相似性或者类本质来定义自己的存在，这是一种以种族凝聚为基础建构的意识形态，导致了他选择与人类为敌的立场，最终被所有人抛弃，沦为反派。克劳德纵使在生物性的构成上更倾向于杰诺娃或者说与杰诺娃合二为一的萨菲罗斯，但是却能够在行为意志上定下自己的法则，就是保护现有的生命，与意图破坏生命、毁灭生态的事物为敌，他极具理性的独立个体性质的思考以及自由意志使他升华并超脱了一切经验主导的现成事物的外在必然性，这是生而为人所独有的天赋，也正是萨菲罗斯所做不到的，他并不具备人性。

这个故事很好地比喻了文艺复兴时期神本位被否定的思想，以及人性在理性主体建构时的重要地位，也印证了马克思所说的"真理的彼岸世界"应当是消逝的，凡人通过自我异化来确立的神圣形象，就属于"真理

的彼岸世界"。以萨菲罗斯做比喻的话，就是理想的抽象存在应当被"此岸世界的真理"来戳穿和批判。对比福柯对《堂吉诃德》的解读，萨菲罗斯被克劳德打下神坛，并引得观众（也就是玩家）叫好，一种以相似性为基础（神学的权力建构）的种类话语建构已经靠不住了，变成了幻想或者妄想，物仍然牢固地嘲笑人所相信的荒谬的同一性：物除了成为自己所是的一切以外，不再成为其他任何东西❶，这便是神学体系下人的话语被解构的第一步。萨菲罗斯仍然彷徨在旧的物表象的同一性中无法自拔，企图完成自己的"种族大义"，如同堂吉诃德迷失在旧骑士封建社会制度下，用彼时的一切事物的概念和联系的符号作为标杆，并以此为基础形成价值观来定义自己的行为法则，遭到了读者的嗤笑，这是福柯对文艺复兴时期人作为上帝的符号的批判。旧的神学话语体系的解构应当迎来新的知识型的建构法则，神的形象作为"真理的彼岸世界"已经被打破，对"此岸世界的真理"的批判才是合理的❷，在康德主义兴起之后，这种批判就成了人至高无上的理性主体性，对法、政治和道德的批判。在故事的乱世背景下，没有完整稳定的法和政治，社会的意识形态和每个人的行动法则却依旧能够应运而生，克劳德的行动虽然打破了由种族、认识体系的建构所界定的机械的行动规律，却也为万千活着的生命争取了生存的空间，此处不仅体现了他给社会和世界带来的价值，更重要的是体现了克劳德不可磨灭的实践理性才是真正通往彼岸世界之道路，这使他的主体性摆脱了机械经验的桎梏，这便是人性的光辉，被人本主义奉为最高理念供奉的存在。

（三）人的主体性

在人本主义价值观中，人的主体性是传统伦理学成立的基础。传统伦理学中关于理性主体的概念最早可以追溯到古希腊时期，亚里士多德在他的形而上学中归纳总结了包括柏拉图和苏格拉底在辩论世界的本源的时候提出的"理念"等论调。在中世纪，人的主体性概念成了神的符号，进入了人的理性主体发展的灰暗时期。经过了文艺复兴、启蒙运动之后的古典欧洲大陆理性主义让理性主体在哲学人类学上的发展进入了高潮。笛卡尔的"我思故我在"打响了理性主体存在的第一枪，到了康德哲学这里发展

---

❶ 米歇尔·福柯：《词与物：人文科学的考古学》，莫伟民译，上海：上海三联书店，2016年，第63页。

❷ 马克思：《黑格尔法哲学批判》第一卷《〈黑格尔法哲学批判〉导言》，中央编译局译，北京：人民出版社，1963年。

到了前所未有的高度。康德通过定义先天知性范畴和先天综合判断使得人的理性主体和先验自由成为可能，人作为理性主体摆脱了经验主义的桎梏，道德学成为可能，康德进而提出"人是目的"的理念，并成为人本主义的核心论调。本文提到的理性主体指的是到康德为止发展成熟的理性主体概念。

文中讨论的经典时期的伦理学是康德以及基于康德的人本主义伦理学，它源于康德哲学中的实践理性批判。康德在论证纯粹实践理性如何可能的时候，用到了两点基本前提，（1）人的理性主体是可能的，（2）人的自由意志是存在的，但是值得一提的是，他在定义这两个概念之前是对纯粹理性划了界的，以"先验"存在的形式去定义先天知性范畴、纯粹理性、人的自由。满足了这两个前提，人为自己的行为立法才是有意义的，不然就是受制于经验的影响，人就沦为经验世界的奴仆。以这种自我立法为基础，再符合普遍合理性的准则就成了道德律令。这就是康德伦理学的基本框架，他自己也称其为道德学，人本主义的伦理学观念就是继承他的核心观点发展而来的。

（四）福柯对人本主义认识论的解构

1. 知识型概念

尼采认为知识并非如柏拉图以降的西方哲学主流传统所认为的那样，是一种使我们摆脱尘世权力斗争，获得内在自由的东西，相反，知识本身正是权力或力量斗争的产物和工具。任何一种文化知识和真理的产生，都取决于权力。权力主体成功地把它们的意志强力加在客体上。❶

福柯在继承尼采谱系学的基础上提出了人会产生某种知识，是因为背后受到知识型的影响，知识型组织知识，让知识和思想形成联系，它代表了人在某一历史时期的思想规律，也代表了科学知识的秩序空间。福柯归纳指出，人类的历史上有三个历史时期，其中人的主体思想具有历史特征上的差异：文艺复兴前，人是神的仆人和符号；古典时期，人是一种可以被表象的表象体系；在近代时期，人的概念综合了生物性、语言、劳动关系等知识和经验关系出现在历史中，现在的人是现代性认知的结果。

实践语言让客观认识成为可能，它形成了认识的条件，与康德的先验

---

❶ 尼采：《权力意志——重估一切的价值的尝试》，张念东、凌素心译，北京：商务印书馆，1991 年。

领域相一致，但是他们在两个不同的基本要点上不同于这个领域。第一个差异（先验物位于客体旁边这个事实）说明了那些形而上学学说的起源，那些形而上学尽管具有后康德式年代学，却是作为"前批判"而出现的。事实上他们避免对在先验主体性层面上可能被揭示的认识条件做任何分析，但是，这些形而上学是从客观先验出发发展而来的，因此他们的批判与大写的批判具有同样的考古学土壤。第二个差异（这些先验物关涉后天综合这个事实）说明了"实证主义"的出现：人们倾向于将经验的表象建立在现有的经验基础之上去理解，这个经验的合理性和联系基于一个不可能阐明的客观基础——我们能认识现象，但不能认识实体；我们能认识规律，但不能认识本质；我们能认识规则性，但不能认识遵守规则性的存在。如此，从批判出发——更确切地说，从与表象相关的存在之位移出发，康德主义对之做了最早的哲学陈述——一个基本的单位相关性呈现出来了：主客二元对立之形而上学（康德的认识论），即未客体化基础的形而上学。在客体从不可知之物的基础到可认识物的合理性之间的进程中，实证主义发现了其证据，形成了批判哲学—实证主义—形而上学的谱系，在这种视角下，知识型正是知识的一种"实证"。

2. 理性主体随知识型而消解

福柯提出的"人之死"的概念，是指人类认知的知识型随着时代和权力关系的变化而处于不断的消解之中。基于尼采的权力谱系架构，知识不再是通往真理和目的的道路，而是权力和力量在斗争的时候可控制的描述真理的语言。这种语言附庸于权力，而权力体现在权力的作用关系中。即人们获得的知识本来应该是描述真理的，但实际上容易被权力建构，这就是历史间断性的知识型出现的原因，知识型理念也会随着历史和权力关系的变迁而处于不断的消解之中。

依附于知识型存在的概念将随着知识型的消解而被解构。理性主体概念的批判就成了首当其冲的批判目标，这种批判将撼动整个人本主义的知识框架和话语体系。即为了建立理性的主体性，理性主体的基础被先验定义了。康德赋予先天综合判断和先天知性范畴"先验"的概念，这种知识是被建构的，这些话语权力是依附在以理性主义为核心的当代欧洲大陆思想界的讨论框架下为之服务的。人类总是害怕自己丧失自由意志，也始终对未知充满恐惧，这种求知、渴望自由的意志潜在地影响了人的知识型框架，即形成了当时理性主义的知识型。当福柯将其建构性质剖开以后，理性主体便不复存在了，这也是尼采和福柯认为知识附庸于权力关系的来源，即理性是个体在非理性动力驱动下的经验经由表象的可能性被选择的剩余。

康德之所以伟大，不是因为他的《纯粹理性批判》有多少普适性的真理，而是他使那个时代的人从经验主义的桎梏中解脱了出来，人性重新散发理性和自由的光辉，并为道德成为可能铺路，诞生了道德哲学。然而用福柯的视角去解构他的理论后，就会面临一些挑战。主要体现在两方面：（1）人回归经验主体之后将在此陷入被经验奴役的困境，人失去自由；（2）所有的道德、非道德的行为将可以被依附于权力的话语解释，旧的伦理学失去意义。总结而言，就是作为个体而活的人失去一切先赋意义，同时经验和时间的有限性束缚了经验主体的扩张空间。人们急需寻找新的理论场域和伦理学框架来分析时代变革所面临的新的伦理问题以及人的行动意义、社会行动的意义问题，此即前文所探讨的新伦理学的必要性来源。

二、人本主义伦理学不适用于赛博格技术伦理

如果说权力之于人类历史好比技术之于人类文明，那么毫无疑问技术革新是推动社会形式变革的现世动力。借用福柯的一句话，"当代哲学完全就是历史"，我们研究的哲学话语需要围绕以技术伦理为核心的考究，也需要在历史视角中考察。在过去的哲学框架下，当我们探讨技术伦理的时候，主要是围绕着技术和价值这两者的关系来看，即技术必定带来价值，否则就没有诞生的意义，但是诞生的价值并不一定都是积极的，很多情况下存在争议。比如说赛博格技术带来的"人工定制"形式的生命，打破了原本"细胞生物"的认识框架，许多人都无法接受。伦理学始终讨论的是应然性的问题，过去的伦理学的讨论主体是人，即古典哲学意义上的理性主体，呈现出来的形式就是道德学的框架，即人为行为立法的应然性问题。但是当今伦理学面临两大困境：一是后现代的思潮对形而上的理性主体的解构，二是新技术打破了人的存在形式。新的伦理学如果继续要讨论以人为主体的应然性问题必然会遇到麻烦，即在旧的框架和逻辑下，以理性主体为先验条件无法解释主体本身。所以笔者认为当前需要做的是把伦理学的讨论视角从人与人、人与世界的交互关系转变到人类与世界、权力作用的交互关系上看待。

（一）赛博格技术的伦理问题综述

既然在旧的框架下，赛博格技术带来的价值问题是与原本的人类理性格格不入的，那就需要一种新的视角和知识范式来作为参考。笔者总结为以下脉络：新技术的价值导向，其实可以归结为新技术的权力依附，继而延伸出技术的责任以及社会公正问题。我们以作为细胞工程产物的人是否应当在社会中被认可这一从广义控制论诞生的伦理学命题作为例子来看，首先面临的是生物意义上的认知定义问题，其次是他们是否应该享受原本的生态圈中该物种所获得的正当权利问题也被披露出来，从技术及其价值角度来看，这样的技术毫无疑问具有很强的价值和利益导向，这就牵扯出掌握技术的权力主体。

福柯认为，人类的话语体系是随着知识型的变革而不断变化着的，知识型的来源是权力话语，在对人概念的理解上是这样，引申出的技术价值导向也是如此，每个历史阶段都体现了这种权力依附现象。现代社会不同于以往，其技术变革的速度是人类历史上任何社会都无法相比的。技术带来的生产力和生活方式的变革具有颠覆性可能，如果说福柯通过对语言的研究以形而上的方式解构人的概念，那么技术革命就从形而下的角度直接冲击着人的生存方式和概念认知。从维纳的控制论开始，人类就尝试用经验科学去解读人作为生命体存在于世间的形式。技术的发展已经使科学家对人的探索深入到身体内部的组织、细胞层面，甚至开始用基因工程等行为来"定制"人类。这种前所未有的产物对人们意识形态产生的冲击，使人们对前景充满怀疑，但是又缺乏一套适用的技术伦理的讨论框架，因为技术变革将会带来一套全新的生产方式，影响到社会组织形式、政府组织形式、意识形态等各种方面。一切讨论均具有片面性和猜测性，所以接下来本文将试析今后世界的新技术带来的伦理问题。现在请看未来世界的构想——《源代码》为读者展示的技术伦理的试验场。

（二）《源代码》中的伦理问题

1. 剧情简介

《源代码》是邓肯·琼斯执导，在 2011 年上映的电影作品。故事的主人公是柯尔特·斯蒂文斯上尉，他死于战争之中，尚未死亡的大脑被一个名叫"源代码"的政府实验项目选中，接上了一个特殊仪器得以存活。在科学家的监控下，利用特殊仪器，柯尔特可以反复"穿越"到一名在列车爆炸案中遇害的死者身体里，但每次只能回到爆炸前最后的 8 分钟。理论上，"源代码"并不是可以使过去的事情发生实质改变的时光机，只是科学家收集了列车中受害者的脑内信息，将其汇总成一个虚拟信息流，形成了一个事发前的场景让柯尔特去体验。柯尔特既无法改变历史，也不能阻止爆炸发生。之所以大费周折让前军人柯尔特"身临其境"，是因为制造这起爆炸的凶手高调宣称将再次在芝加哥市中心制造一次更大规模的恐怖袭击。柯尔特不得不加入这个计划，在"源代码"中一次次地"穿越"收集线索，并在这次爆炸前最后的时间内成功找到线索，帮助现实中的警方抓获元凶。

源代码计划大获成功，柯尔特却将继续献身于这一项造福万民的行动，寄生于特殊仪器中。当他开始慌张地意识到自己的悲剧未来时甚至连自杀都做不到，他的一切思考活动都受到科学家的监控。故事的最后还是古德温上校私自切断仪器供电，成全柯尔特的死亡。

2. 评述分析

其他的情节不予讨论，笔者想剖析的主要是一点：古德温上校是出于什么心态成全了柯尔特的死亡，以及观众对这种行为的态度。笔者收集了网评，几乎所有的观众评论都支持古德温上校的做法，认为政府科技部门的做法极其残忍、不人道。简而言之，所有的观众都是在现代社会生活的人，其意识形态都是以以往经验和当前主流的权力话语为基础的，所以就与当下所有人讨论的赛博格伦理问题一样，总体来看，基于人道主义的批评涉及赛博格技术所带来的伦理问题的几个方面，技术对人的边缘化、人沦为工具、人的概念受到挑战。这里可以将电影中的世界作为福柯讨论的人概念建构的知识型的试验场。赛博格技术不同于传统的科学技术，它对几千年来哲学界讨论的人的主体问题做了最直接、粗暴的"肢解"，伦理问题的讨论不得不重新寻找归宿。这个过程表现为解构原本的伦理学话语体系并重新建构，基于当下面临的问题，笔者进行技术伦理讨论场域中话语权力的溯源，并补充和修改新技术融入后新阶段的伦理讨论需要考虑的因素。

（三）旧理论视角

电影《源代码》讲述了现代科技利用肢体残废的人造就了一个人机复合体，并将其投入到社会性项目中的故事。这是一种典型的赛博格技术，其特征是保留原意识主体的意识，剥夺其一切自由行动的权利，并使其按照控制者的意志参与行动，简单的脉络就是如此。电影主角柯尔特上尉的

悲剧遭遇，直接向人们控诉了后人类主义下人的主体性权利遭到冲击的状况，这种冲击的来源是科学技术，也就是赛博格技术在身体性上对人类个体进行了破坏。这样残酷的行为对柯尔特的侵犯骇人听闻，以至于观众说科学家对他的改造是"非人"的，这种同情来源于人的同理心，是人们理性思考时在同一性和人类作为表象系❶所带来的关系中反观自身所做出的道德判断。这种同一性的来源可以追溯到经典时期人类对自身概念的定义方式，该定义的方式在结合当时人类经验后形成一种定义概念的思考范式，福柯将其称为"古典时期的知识型"❷。古典论调下对人的概念的主流定义主要来源于如下几种，精神（心灵）论、身心二元论、身体论等。在对身体和心灵的拓扑讨论中，有如叔本华的"身体是第一客体"命题❸来表明身体在主客体交互中的特殊地位。

福柯则归纳当时的人的概念知识型特征为：同一性与差异性表象的复合体，即通过理性思维去考察经验事实。理性思维存在的基础也是福柯主要剖析的对象，如此就不得不提古典时期哲学讨论的整体基调，基于启蒙运动的人本主义蓬勃发展，经验主义和理性主义的论战使得理论互相促进、逐渐成熟，理性主体概念在这种环境下迎来了前所未有的进展，到康德这里达到了无与伦比的高度。笔者认为福柯的知识型概念与康德的知性范畴概念二者之间有共通性，福柯定义知识型为人思考问题的参照范式和使知识可能的秩序空间；康德的知性范畴是纯粹理性利用先天判断力将感性杂多分类归纳的准则，为理性知识也就是科学知识提供了可能。❹这个层面上二者的功能类似。然而差异也很明显，康德的知性范畴是先天的，强调理性知识也就是科学知识的可能；而福柯的知识型更多地受意识形态和主观理念等非理性因素的影响，建构性很强。至此二者之间也迎来了质的区别，福柯不同于康德，知识型更多地体现为建构了一种意识形态上的知识秩序，笔者认为说是认知习惯更加准确。康德将这一范畴悬置，而福柯使其落地，这一行为本身在康德看来是对理性的僭越。康德的做法在当

❶ "表象系"是福柯《词与物》中阐述古典时期知识型时所提出的概念，即人是由各种表象知识交织出来的主体，是在各个领域起工具作用的分析符号。作为表象系的人的知识具有同一性与差异性原则，即脱离了相似性的思辨方式，从而以更缜密的思维去构造知识体系。

❷ 米歇尔·福柯：《词与物：人文科学的考古学》，第352页。

❸ 叔本华：《作为意志和表象的世界》，刘大悲译，哈尔滨：哈尔滨出版社，2015年，第17页。

❹ 伊曼努尔·康德：《纯粹理性批判》，邓晓芒译，杨祖陶校，北京：人民出版社，2004年。

时也遭到了许多思想家的批判，之后诞生了福柯利用知识型和认知规律具有同一的建构性来解构作为表象的表象系的人这种做法，挑战了人本主义的核心理念：在福柯的框架中，人本位的思想、理性主义建构的理性和天主教建构的神是同质的，都是依附于权力话语的知识型建构，这也成为后结构主义对人本主义提出挑战的根本思想来源。

在后结构主义看来，古典形而上学伦理学的讨论模式，都仅基于现有经验和历史阶段性地出现的知识型。赛博格技术的出现对人对自身的认知带来的影响，在表面上体现为破坏了身体在构成个体的时候扮演的角色，这种人机复合体中没有被改造的意识是否值得像人一样被同等看待形成一个严峻的问题，这类人机复合体该如何定义，他们的权利该如何保障是人类需要重新认知的。赛博格技术带来的背后影响在于，大环境的转变强行将现代性知识型对人的认知范式的影响拉回了古典知识型的影响范围之中，即回归了本质主义。人们不得不再次面对如何正确认识人是什么这一古典话题。传统的伦理学是建立在此基础之上的，如果人对自我的认知尚且模糊的话，人的自由意志和道德哲学便站不住脚，伦理学就无从谈起，这就是用传统视角来看待新技术问题时所表现的局限性。

（四）新理论的框架

新技术的诞生使得古典伦理学的讨论基调发生了变化。如果说按照旧的知识模式，需要产生一种新的知识型来作为支撑，这种知识型来源于整个社会环境、劳动关系、语言、理论空间等，这便是福柯归纳的第三种具有现代性特征的知识型。这种知识型逃不开历史经验、现代社会关系、政府组织形式和意识形态。当这些因素作为人对人本身认知的参照时，起到的作用与古典时期相似又有所区别。为什么这么说呢？古典时期人们认识自身的时候使用的方法都以个体的认识论为出发点，考察主客体之间交互的过程中心灵、身体的作用方式，具有本质主义的特征。到了现代社会，社会结构和功能的分化形成的人对经验的关系世界的思考冲击着以原本认识论为基础的理性个体的建构。人们不再考虑诸如存在性问题、认识的可能性等问题，更多地关怀存在者的交互关系，使概念的出发点从人的存在本身转到了人作为存在者的关系建构层面，这种归纳方式的特征体现了福柯理论中浓厚的海德格尔"此在式存在"的特色，形成了新的考察人这一概念的知识型，即本文所倡导的将新技术伦理学视角的主体从原本的理性个体上升到人类和权力主体与世界交互的研究中去。诚然，这样做也是将

人的定义彻底归纳为知识型的做法，让人之死在历史的进程中阶段性地发生。但是这样做，却可以为创造新的伦理话语秩序留下空间，即来自后人类主义的视角将原本的伦理学研究的问题从基于理念的应然性问题降格成了历史必然性问题，同时也是对古典形而上学的降格。显然原本的伦理学框架是不适用的。

1. 技术伦理的探究方法

技术是人类与世界交互的语言，伦理是人与世界交互的应然性法则。上文综述中提到，在讨论技术伦理的时候应该从技术的根源即技术与价值的关系出发。人们创造发明技术，其根本目的是为人类的生存和发展提供便利，这便是一项技术诞生最核心的价值取向。但是技术的诞生往往不仅限于核心价值，还伴随着一些附加作用：价值之间往往存在着矛盾和冲突，这些冲突的来源是技术背后的权力依附问题。比如说塑料工业的发展极大地便利了人们的日常生活，却破坏环境，影响可持续发展；再如工业革命极大推进了人类文明，却带来了人的异化、环境污染；基因工程在医学上创造了起死回生的奇迹，却饱受旧伦理学的诟病；赛博格技术在概念、形式上受到双重质疑等等情景——都是技术在价值世界所创造的矛盾的表现。

以往的研究将技术与价值二者之间的关系分为三种观点，分别是技术带来消极价值、技术带来积极价值、技术无关乎价值三种论调❶，具体内容不作展开。本文考察的是知识型话语建构问题，认为伦理学在建立评判框架的时候所使用的话语权力是基于特定时代的话语主体而建构的。当前来看，以人为本的旧伦理学必然会将与旧框架下的人不具有同一性的个体排除在外，从而使自身失去意义。如何解决这个问题，笔者认为既然技术从产生到投入应用无不伴随着某个人或者某些人的参与，那么对新技术伦理的探讨也应当将伦理学所研究的主体从人类个体上升到权力主体，建立一个跳出权力框架的话语环境来作为新伦理学的基础。就像福柯将话语作为权力的工具来考察一样，我们可以将技术作为人类与世界交互的话语来看待其伦理问题。

前人的研究在层次上很大程度地限定在了经济体系、政治权力的框架

❶ 葛风涛，李玉莉：《历史研究中"价值中立"的引入及其困境》，《廊坊师范学院学报（社会科学版）》，2013年第5期，第65—70页。

中，即把所有多元异质的因素归纳为社会系统和人的集合在这些层面上的运行规律，将人的知识可能性基础定义在符合经济学规律的结构关系中，并寻找一种实证。然而笔者认为，这些结构关系本身仍有规律可循，按照解释主义的原理仍旧可以继续还原，即以按照人的"意志"的诸多异质性现象作为基础展开讨论现象世界的行动意义，福柯和尼采将现象世界归纳为权力，行动的意义体现权力依附性。

对于以人的意志为基础而形成的具备合理性的社会发展历史，笔者总结了以下规律。

（1）技术的诞生是出于人类维护和发展自身的欲求，其核心价值应当是服务于权力主体。

（2）新技术的诞生所带来的附加价值在当代往往是具有不确定性的，即技术的价值影响了权力主体以外的组织或者个人，甚至是整个社会。这种情况在文明程度较低的社会更加明显，比如农耕技术会加速农业文明的进程，蒸汽机的发明导演了工业革命等。但是文明度更高的现代社会有更完善的理论体系和丰富的经验历史供思想家分析，他们会对技术价值进行更深入和具有前瞻意义的思考，并结合演绎和猜测做出指导性批判。

（3）社会系统的存在应有它的合理性，这体现在新技术带来的社会变迁可能是灾难性的，也可能是文明的进步，具体发展情况需要根据人类历史合理地判断和选择。比如工业革命后的旧达尔文式经济体无法维持，爆发了人类内部的矛盾，伴随着社会组织形式和意识形态变迁等各个维度的调整，留下了最具合理性的存在形式。整个过程是技术的权力主体（资本家）分割部分权力给客体（无产阶级）——这后来也成为马克思批判的一个立足点——本质上没有改变技术、权力、语言的关系。这里权力和语言的关系体现在意识形态中，并最终影响着当代伦理学的基础，从这个角度来看，旧的伦理学依旧服务于权力主体。

按照如此规律，新技术的产生和融入社会将在以下情形中发生：足够强大的权力主体为技术的推行提供动力支持；在推广后，新技术带来的社会变革能够经受人类社会历史和理性的考验和选择，最终能够满足人类社会维持和扩张的需要。所有的旧的伦理学在这种场域内的探讨均是毫无意义的，因为它们的理论根基是服务于旧的社会体系中的权力主体。伦理学应该考察的问题是，预测新的社会变迁所带来的后果是否符合人类社会系统运作的合理性，并规避风险。

2. 技术与伦理的本质

对于意识形态和社会事实之间的关系，马克思认为社会事实决定意识形态，"物质生活的生产方式制约着整个社会生活、政治生活和精神生活的过程"❶，笔者赞同他的观点，即意识形态是社会权力主体的话语，权力主体往往会通过话语建构来影响社会成员的价值观、世界观等先赋性因素。一切旧的理论、思想、社会变革均为权力主体作辩护，比如神权社会的神本位思想、古典时代人本位思想中的理性主体本位、结构社会的权力本位等，微观一点的比如打着社会主义旗号的威权、极权政府等，都能够建立一种意识形态来控制人的思想和价值取向，于是伦理学一产生就被蒙上了浓厚的建构色彩，旧伦理学是权力的话语，只有话语摆脱一切权力的束缚，具有自由的可能性，才能够作为在世代交接时具有客观前瞻意义的伦理学产生的基础。

现代社会的新技术作为权力主体特权享受的工具，具有很深的价值倾向性。那么作为权力主体话语的伦理学如何能够批判作为权力主体工具的技术呢？其实只需要时间。反观以往，伦理学所批判的技术无非是两种技术：第一种是已经存在并广泛应用，但带来的消极价值使技术的存在不具有人类发展合理性的；第二种是新型技术的雏形可能对未来社会带来巨大变革的。赛博格技术作为第二类的代表，须由时间检验其合理性，如果依旧能够满足人类保存自身和发展的需求的话，就能建立起合法性，并且诞生一套新的意识形态和伦理学框架来支持、维护它。

（五）技术与价值悲剧

如果说技术有绝对的价值衡量标准的话，无非是不断地增强了人类的生产力，然而现代社会产能过剩才是主旋律。跟以前比，在现代世界中，一项新的技术、一个新的研究不再是过去那样闭门造车就能完成的了，需要大量的人力物力和社会资源。这也映射出了一个倾向，就是技术、知识也具有马太效应，普通的个体在社会生产中被异化了。或许人会开始质疑自己的知识、倾尽一生的技术研究，这些在什么维度才能真正找到它所谓的意义和价值。

虽然用历史和全人类视角的权力主体框架能够正确认识技术变革带来的伦理和价值问题，但是难以避免的一点是，承受一切时代变革带来的风

---

❶　马克思，恩格斯：《马克思恩格斯选集》第 2 卷，北京：人民出版社，1995 年，第 32 页。

险也好、认知革命也好的终端是人类个体，个体在历史变革中承受着一切颠覆性的认知、失去信仰的迷茫、社会冲突的痛苦，到头来却是权力主体的玩物。不再有上帝做指引，没有了天赋人权的优待，失去了理性的高贵光环，个体的存在面临着灾难性的悲剧，即随着人类自身定义的消解，人失去了存在的意义，就像是滚滚长江中的一滴水，随波逐流。在这令人绝望的时代，每一个思考者都面临着来自世界和自身的拷问：个体的存在有何意义？人类也同时面临着来自历史的拷问：人的价值和存在的意义该何去何从？

三、个体价值再考

虽然"人类视角"可以补完有历史局限的伦理学的不足，但是每一个意识的出发点都是人类个体，所以人本主义虽然随着时代而消解了，可对人的关怀应当是每个时代的形而上学所思考的。福柯曾给出了人作为经验主体在不断的实践中以丰富自身经验为目的来寻求价值的主张，但其浓厚的经验主义特征和形而上学的缺席是无法让人接受的。

（一）一个复古的后现代背景

找到出路需要一种"复古"的后现代背景，现代的技术使得人们不得不重新考虑古典时期对人的定义，因此所有的古典理论的话语权力都将放到后现代的知识型框架中被再次考虑。之所以前文提到的技术伦理学有必要跳出权力语言的框架，是因为它研究的是权力关系本身，借助的是人类天赋的欲望和历史的经验总结，超脱一切个体的存在和当下的权力。因此，笔者在这里借用叔本华的理论，重新定义人的核心观念。叔本华认为人的核心是非理性的原意志，其作为生存意志成为一切行动的根本动机。笔者补充一点，就是自始至终人类的先赋因素不仅仅是生物性的冲动意志，还有对整个人类史的传承，这种传承继承了人类存在的合理性，它表现为个体理性。在此框架下，可以总结为个体理性是个体在非理性动力驱动下的经验经由表象的可能性被选择的剩余。如何理解这句话的意义呢？我们类比黑格尔精神现象学中从个体理性到人类理性的演变过程，人类整体存在形式的根本动力来源于人对满足自身需求的欲望产生的合理性的创造和变革。同时也是历史的选择让人类理性具有存在的合理性，否则就会被经验世界淘汰。若要填补古典理性的缺席所失去的人的理性能力，就必须有一种能够整合经验并指导人的意识的

合理力量来填补。这种力量如果完全来源于经验就解释不了"一切现实的东西是合乎理念的，一切合乎理念的东西都是现实的"这个黑格尔命题，但是理念本身在解构主义框架下又说不通，只能说是合理性，于是笔者在唯意志论中寻找答案。

正确地说，这种力量是意志（也就是非理性驱动力）在结合经验后受到的外界客体关系的检验。意志本身包含无穷可能性，无穷意志为自然界的经验所检验，形成了有限的选择，只有这些有限的选择被保留了下来，形成了合理性，也就是"真实存在的东西是合乎理念的"这种错觉，其实应该说是合乎经验和意志的双重选择。至此，古典的理性主义已经完全不适用了，人的道德和高尚的灵魂要成为可能依旧需要个体自由意志的存在，但传统的理性主体不再是关键。旧的伦理学和道德学起到的是束缚人的作用，因为它被并不存在的先天理性约束。而人们对理性的推崇已经到了痴迷的地步，这无异于前启蒙时代将神的旨意奉为理性，人们也把理性奉为神明，理性的约束不过是换了包装的神谕。新的道德学讨论框架应该基于一种以自由意志做出应然性判断的动力机制，即在合理性的有限选择内做出最符合非理性意志的选择。

（二）尼采的意志论和"理性"

尼采提出了惊世骇俗的反理性结论，意志的根源是非理性的，这点来自生命意志论，尼采的"理性"是基于经验作用于非理性的意志时，为有利于生命意志保存自我的选择而产生的一种趋势，其根本来源是生物性的意志，与原本的理性概念无关。尼采的理性是作为非理性意志的表现形式存在的，所以尼采赞同叔本华将人的核心概念定位为生命意志，并将其扩展为权力意志，意为主体为了追求权力而产生的欲望是意志的原动力。这点对福柯的影响很深，引导他发现了知识是权力的附庸并解构了旧的知识型。

尼采的意志不同的外化形式形成了他著名的"狄奥尼索斯"的酒神精神和"阿波罗"日神精神，分别代表了他理论中意志的非理性形式和理性形式。这里理性形式的根本来源是非理性意志，是尼采理论中的理性。在本文后文的阅读中，请读者注意它与古典理性之区别。

（三）科幻作品《尼尔：机械纪元》的简介

资料显示：在未来数千年的世界中，地球遭到外星生命的入侵，仅存的小部分人类逃亡到月球。人类创造了一批"尤尔哈"（YoRHa）机器人

部队，为反攻地球做着准备，这些尤尔哈通过月球服务器接收人类议会的命令，并忠心执行保护人类的任务。随着时间的推移，入侵地球的外星生命体也都灭绝，尤尔哈的敌人就是地球上外星生命创造的机械生命体（Android）。

随着尤尔哈部队经验的累积，程序进行不断的自我改进，每个个体都存在着不同的进化差异，甚至出现了有自我意识和情感能力萌芽的人工智能个体。而主角之一2B型尤尔哈机器人是一种类似于特工的存在，她混入普通部队的编制，实际秘密进行着组织交付的任务：杀掉产生自我意识的机器人和得知"真相"的机器人。

"真相"就是根本没有外星生命入侵地球，人类早就已经灭绝了，所谓的"月球人类议会"只是机械生命网络创造的一个骗局，并且地球上的机械生命体和尤尔哈部队是同类，都是人类创造出来的。他们最初收到的指令是"打败敌人""保护人类"，然而人类已不存在，人类的敌人也就不存在了。机械生命体网络为了执行最根本的指令，使机器人群体内部分化出了尤尔哈部队，并与剩余的Android为敌。月球服务器欺骗了所有的尤尔哈部队个体，并且为了能够控制真相不被泄露，月球服务器周期性地执行着毁灭所有尤尔哈部队并重新制造一批新部队的程序，这个程序在几千年内已经运行了14个周期了。

另一位主角9S是一个极富个性的尤尔哈侦察型机器人，他凭借卓绝的侦察能力在多次执行任务的过程中渐渐发现了真相的端倪，并被2B处决。被处决的9S失去了所有记忆，按照原来的模型被重新创造，并再次投入任务，这个过程也经历了十次。然而在不断的经历中，2B也渐渐地发生了变化，她对9S、Android们产生了不该属于机器人的情感——同情、怜悯、爱。最终在局势即将失控的时候，月球服务器开始执行第15次清洗尤尔哈部队的程序，2B为了保护9S战死。

在游戏的尾声，产生自我意识并得知真相的9S，踏上了反抗的道路。他与整个机械生命体网络为敌，为机器人争取获得自由和获得真相的权利，并最终战死，一切都将重置……

（四）先赋意义被解构的个体价值深渊

人类的历史上似乎也曾经历过相同的时期：一切对世界的终极解释被推翻，超验的绝对理念处于缺席状态。没错，已经发生过的是曾经的文艺复兴——神本位思想的解构，将要发生或者可能会发生的便是"人之

死"——理性主体的解构。当意识的存在不再依赖于神的指引，上帝的死让世界和人生失去被先天赋予的一切意义时，人认识到个体意识和世界的存在是偶然的，原本的世界源于同一性认知的神本位知识秩序是荒谬的，在此基础上，人的概念经历了第一次死亡。● 在这部作品中，就好比尤尔哈部队的精神领导者人类其实并不存在。同时福柯预言了人的概念在现代的第二次死亡，一切基于古典理性主义哲学的超验前提的这种话语只是服务于理性主义本身，根本就是混淆了存在者和存在的关系：理性作为存在本身不应该被建构，"此在式"的存在者才是应当适用于经验体系的，同理，对权力的研究不应该变成对权力的依附关系。当话语权力构成知识型，这些理念就会根深蒂固地植根于这一历史时期下的人的意识中。但是这就构成了另外一种"理性信仰"的世界观，这同样是荒谬的。以康德为例，纯粹理性批判之所以成功，是因为康德定义了超验的"先天综合判断"，这种可能性来源于理性个体拥有先天知性范畴和先天判断力。● 还有以黑格尔对古典哲学的总结，意识的最高等级便是"绝对精神"，这是典型的泛神论。虽然说康德为纯粹理性划界，为信仰留下了空间，其实理性存在本身就已经是信仰了。福柯指出这种话语体系一旦被解构，理性的人被贬为经验的人，对人一切行为的解释权将再次受到经验主义的主导，古典道德学也就无从谈起，人不再是一切行为的目的，人本位的思想将再次毁灭。所有以使命、信仰、生命的意义、意志自由为前提的存在皆为荒谬。

（五）意志论和自由意志的可能

毫无疑问，福柯将人的理性主体解构后诉诸经验，经验主体再次登上历史舞台。形而上学即将陷入康德前被经验奴役的危机，人的自由更变得无从谈起，好在存在主义为此留下了空间，意志论的诞生将人的自由诉诸意志。构成意志的原意志本身为非理性的。在理性跌下神坛，经验更是洪水猛兽的时代，非理性成了自由意志成为可能的唯一救命稻草。

笔者还是从存在主义意志论寻找自由意志的可能，当所有的"先天"都变成人类建构的"先天"，人对世界的表象所表现出的能动性便只能依靠于意志了。福柯受海德格尔的影响很深，在他看来，如果理性主体作为

---

❶ 米歇尔·福柯：《词与物：人文科学的考古学》，第323页。

❷ 伊曼努尔·康德：《判断力批判》，邓晓芒译，杨祖陶校，北京：人民出版社，2002年。

存在，那么能够被定义的应该是理性主义的存在者，是基于一切历史经验和关系等能被理论家考察的、理性主义存在的剩余面，也就是海德格尔所说的"此在"式理性。而意志作为人一切行动的原动力则更加普遍，结合经验就形成了能够解释人类理性的"合理性"，也即"此在式"理性。这种理论自始至终不以历史进程和人类经验为转移，具有历史的连续性和普遍性。此处的原动力便是尼采所推崇的"狄奥尼索斯"精神 ❶。

尼采通过考察希腊艺术形式发现了二元对立的酒神精神和日神精神，它们分别代表了希腊艺术中的迷狂（酒神）和理性（日神），尼采将其应用在其"权力意志"的理论框架下。尼采的权力意志与叔本华的生命意志本质相同，均是生命为了满足欲求而展现的原动力形式。尼采的权力意志更偏向于意识对权力的追求，叔本华的生命意志表现为意识对一切原始欲望的渴求。然而实际生活中的现实与意志追求的欲望必然存在落差，因为人的欲望通常趋于无限。正是这种欲望驱动着意志在外化为行为时的两种表现形式，即"日神"式完美的合理性愿景和"酒神"式迷狂忘却自我的无厘头冲动。酒神精神便是尼采哲学推崇的一种去本体化的癫狂，如同醉酒后不知我是谁、今夕是何夕，这种迷狂的意志将不会关心个人的主体性是否可能这种理性问题。尼采还用一个群体性行为的例子来打比方，当个体消融在群体之中，很轻易会被群体的思考方式、主义宣称同化，不经理性思考地接受这种群体性的狂欢。正如酒神节的时候所有居民上街把酒言欢、载歌载舞，暂时忘却了所有日神式理想与现实的矛盾。这种人类先天拥有的欲望表现形式作为构成意志的主要因素，无法用任何经验科学去解释。笔者认为，其成了意志自由的最后出路，也是唯一出路。

（六）存在主义带来的生命价值悲剧

但是这条出路充满了荆棘，因为迷狂过后便是从云端跌落的沉重现实。存在主义者大多悲观也正源于此，即使能够说明意志自由，但是自由带来的更多的是空虚。人的欲望无穷无尽，而现实不可能面面俱到，就算能够暂时满足欲望，新的欲望又会接踵而至。如此反复，人始终在欲望的煎熬中无法满足。诉诸酒神精神也只是暂时地麻痹自己，醒来后又要面对现实。所以说人的意志总是在欲求不满与自我麻醉之间摇摆，形成一个个无穷尽的循环，根本达不到所谓的终点。每一次努力的结果都毫无意义，

❶　尼采：《悲剧的诞生》，南京：译林出版社，2014 年，第 25 节。

科幻世界的赛博格隐喻

因为下一次欲求仍不知满足。也有人会通过构建一个虚伪的世界表象来达成日神式的完美幻象，如同《尼尔：机械纪元》中的机械生命体假造人类和为人类战斗的终极目标，最终却无法长久维持。这便是人失去一切来自上帝的束缚之后残留的自由意志所带来的悲剧，这种悲剧无法避免，因为生命的存在毫无意义。尼采认为所有的意识最后都会面临来自自身的拷问——存在的意义谓何，那就是虚无的深渊。

笔者在尼采的基础上做出补充，生命受到的存在价值拷问实际上来自对非理性原意志的拷问，生命找不到意义而陷入虚无深渊并不能归因为非理性原意志的欲求。根据前文的结论，合理性是个体在非理性动力驱动下的经验经由表象的可能性被选择的剩余，即原意志虽然是先天的，却是经过漫长的演化史所选择剩余的，其特征满足了一切个体在经验世界时的需求，是人可以通往幸福的选择空间，所以人真正的存在性悲剧来源于可能性和时间的丧失。个体意识的诞生符合如下特征：失去先天意义的建构，但却保留了先天可能性的剩余。这种可能性包括以下几个方面：意志本身的无限性、经验的有限性、整个人类进化历程中保留下来的原意志和有限经验作用外化的理性。

追求欲望的意志可以是生命意志和权力意志等。追求权力意志的目的是向人提供符合生命意志的更多可能性，即获得选择的权力。在人遵从意志而努力的过程中，必定会牺牲当下的某种权力而追求更高级的权力，人的一生为经验世界所勾勒，由人和人形成的关系世界的权力话语体系限制了意志选择的可能性，这便是合理性的选择权。当人的意志跳出有限经验的框架束缚后，就会陷入一种无限的欲望和有限的权力之间的矛盾，叔本华将其诉诸禁欲，即扼杀原意志的无限可能性而保持满足感。但这终究摆脱不了人的存在性悲剧，满足权力意志也好，不满足权力意志也好，扼杀权力意志也好，始终有一样东西是作为无法逆转的存在而丧失的，那就是时间，也是生命的剩余，是生物性本质对个体的定义。这种定义符合整个生物界繁衍的合理性，却违背个体生命意志，其在个体层面上体现为时间的丧失。于是当我们考察一个作为存在的人在经验世界的可能性空间时，不得不将时间作为这个空间的唯一不变的维度。随着时间矢度的变化，选择域也基于既有存在和经验关系而变化，整个过程体现为选择域随时间缩小，也就形成了人的一生。

四、结语

《斜阳》中刻画的和子与其母亲的没落贵族形象深入人心，日本军国主义走向末路的时候，她们失去了依靠的权力和经济来源，但是先前的精致生活所保留下来的习惯却未被改变，和子甚至把母亲沿袭的16世纪路易王室贵族随地小便的行为视为高雅的象征，这在读者看来十分荒诞。和子将生活作为符号保留了下来，政治权力、社会话语的转变没有改变她们对自身的认识，唯有到了生活像无情的刻刀逼近她的咽喉时才做出改变。她先是和母亲搬到乡下，又开始接受体力活，最后甚至意欲和先前自己嗤之以鼻的年迈富有画家结婚以解决经济问题。纵观整个经典形而上学的历史也是如此，它总是在一个历史背景下，用符号和权力去衡量人的同一性与差异性。从神本位的建立再到理性主体的篡位，形而上学似乎从来都是权力的话语，昔日的形而上学风光无限，但从来都是"上帝""理性""人性"的得力助手。尽管有很多人坚信旧的形而上学和人的主体性，但不得不面对越来越多的反对言论。贵族在王权稳固的时候是不容普通人质疑的，只有在王权没落后才会落魄。旧的哲学描述了整个人类历史的思想权力的变化，就像是一部没落贵族的自传，成为信奉者的颂歌。

本文论证了人类的存在是有先天可能性的剩余，然而过去的形而上学错把它当成人类的先验共性而把人回溯到历史，形而上学成了一部人的史学。但人的意义不仅仅有先天的部分，还有所有的先天都无法预料的人的意志在人生中绽放的可能性。人们更应该将本源回溯到当下，以实践者的形式去寻找存在的意义，为哲学人类学提供生存的空间。没有了神谕、古典理性、人本位的天赋光环，每个个体仅仅是存在于宇宙中的渺小生命悲剧之一，也许人应该低下高傲的头颅，卑微地活着。哲学也是一样，真理从来不应该是建构的幻象，高高在上的理性不应该使形而上学本身降格，形而上学应该继续存在于人的价值空间中为人的生命意义给出最终解释。技术的发展带来的人的异化，抑或是对认知的解构带来的悲剧，其实背后是人自身存在的问题，而非技术或者知识。技术和知识应当有它们存在的绝对空间，不容许人的话语来篡改，成为夜空中的星星。相应的，人们或眺望，或前赴后继，或粉身碎骨，都对它抱有期待，这就是人生的浪漫，是生命对世界的呐喊。

加缪在西西弗斯随笔集中描述的西西弗斯的"快乐"似乎也肯定了人

类的存在并不是虚无，人类行动的意义乃是生命意志的延展，其在加缪这里解释为反抗。当个体意识到失去纯粹天赋后（加缪将之比喻为西西弗斯窥得众神的秘密），并不会丧失行动意义，而是将生命意志更好地发挥出来，即使在目的缺席的情况下，对外界的适应或者说抗争本身就是一种行动意义。高傲的和子最后嫁给并不喜欢的富豪画家，却说"我们老家的家训是尊重艺术"；尼采则是将自己策划成超人，超脱平庸，用后天争取的权力超脱经验建构的桎梏，甚至成为真理的准绳；加缪不怀好意地告诉人们：西西弗斯是快乐的，但他自己何尝找到其他的可能性？人应该逃脱同一性，不再执着于一切服务于话语的知识，否则只要文明的进程取决于暴力、欺诈与非正义，我们就绝不可能高尚。形而上学提示我们认识到在生命悲剧中人的幸福如何可能，即便做不到，也要有声有色地谢幕，不要失掉悲壮与快慰。如果有人说，旧时代的理性主体也好，天赋价值也好都无所谓，那么这些讨论自然对他毫无意义；但是如果有人曾经为此而苦恼，为旧哲学的消逝而惋惜的话，即便新的伦理学尚未能给他带来完美的解答方案，他的迷惑至少说明在人类的身上，仍然存在着生而为人的骄傲，如何去解释这种骄傲，从某个时候开始已经不重要了吧。

A Cyborg Metaphor for the Science Fiction World:
Reflections on the Philosophical Anthropology
Huihao Zhou

Abstract: Humanistic values have become the mainstream of the world since modern times and it also influences people's cognitive paradigms. Recently, the development of new technologies, such as cyber technology, impacts people's cognition of themselves. Taking it as an opportunity, the post-humanist discussion field is cultivated through inheriting the post-structuralist criticism to Humanism and it also challenges the classical epistemology. This article uses science fiction works as a testing field to verify the history and explore post-humanism's critique of human subjectivity. On this basis, it denies the critical value of the old humanistic ethics in the field of cybertech ethics and proposes a new ethics framework. In addition, this article continues the argument of post-structuralism, explores the survival meaning of people after the original cognitive discourse was deconstructed. Based on free will, it tries to find subjectivity of individuals in Voluntarism by affirming the existence of human free will and tries to explore other possibilities of the individual value.

Keywords: subjective deconstruction; cyborg; ethics; individual value

科幻世界的赛博格隐喻

作者简介

（按本书文章先后顺序排列）

阮云星

京都大学法学博士，浙江大学社会学系教授、博士生导师。学术代表作：《中国の宗族と政治文化—現代「義序」郷村の政治人類学的考察》（东京：创文社，2005）、《民族志与社会科学方法论》（《浙江社会科学》2007年第2期）、《政治人类学：亚洲田野与书写》（第一主编，杭州：浙江大学出版社，2011）、《吸纳与赋权：当代浙江、上海社会组织治理机制的经验研究》（第一作者，杭州：浙江大学出版社，2016）、《赛博格人类学：信息时代的"控制论有机体"隐喻与智识生产》（第一作者，《开放时代》2020年第1期）、《类民族志范式：多点、共谋与"根状茎"》（第一作者，《广西民族大学学报》2020年第1期）等。

高英策

高英策，男，重庆人。浙江大学博士研究生。近年来主要对信息时代的个人—技术关系、个人—社会关系开展跨学科式探索。主要研究兴趣包括赛博格人类学、网络民族志、科技社会学等，此外，亦在文化政治、社会组织发展等领域有所涉猎。

晚近在《开放时代》《社会科学战线》《社会发展研究》等刊物发表多篇文章，并获"人大复印资料"转载。

贺曦

贺曦，男，重庆人。卡内基梅隆大学博士研究生。主要研究兴趣为模拟集成电路设计、模数转换器设计。近年主要研究课题牵涉脑机接口电路设计、神经元探针设计等方面。

李恒威

李恒威，男，1971年出生，中共党员。浙江大学哲学系、语言与认知研究中心教授、博士生导师。主要研究方向为认知科学哲学、意识科学、东方心学。出版专著2部、编著2部、译著十余部，在《中国社会科学》《哲学研究》《心理科学》《自然辩证法通讯》《自然辩证法研究》、*Constructivist Foundations*、*Open Journal of Philosophy*、*Frontiers of Philosophy in China*等期刊发表论文60余篇，主持国家社会科学基金2项，主持国家社科基金重大项目子课题2项，主持教育部重大攻关项目子课题1项，2009年获教育部"高等学校科学研究优秀成果奖"二等奖，2016年入选"浙江省151人才工程"第一层次。

王昊晟

王昊晟，男，1989年出生，中共党员。本科毕业于广东外语外贸大学（专业：英语教育），硕士毕业于浙江大学（专业：科学技术史）。2013年至2016年，就职于徐州工程机械集团。现就读于浙江大学哲学系，攻读科学技术哲学博士学位。研究方向为认知科学哲学、人工智能哲学。在《哲学研究》《社会科学战线》《浙江学刊》等期刊发表、转载论文8篇，参与浙江省教育厅课题1项。

闵勇

闵勇，男，江西南昌人，浙江大学计算机科学博士，浙江工业大学网络空间安全研究院副教授，团队负责人。长期从事网络科学、数据挖掘和社交媒体分析等领域的工作，特别关注现代人工智能技术对于信息传播和舆论形成的影响。承担、参与国家和省级科研项目数十项，在 *Nature Communication*、*Nature Climate Change*、*Physical Review E*、《科学通报》等国内外知名刊物发表学术论文数十篇，在互联网数据挖掘和分析领域取得多项专利。

江婷君

江婷君，女，浙江人，1996年生。2018年毕业于浙江工业大学计算机学院，同年保研至本校计算机学院继续学习、深造，研究方向为社交网络分析、数据挖掘。

金诚

金诚，浙江大学计算机博士，拼多多营销算法工程师，曾任腾讯游戏数据挖掘研究员。主要研究方向为复杂网络科学，在意见形成、网络增长、社交机器人等方面发表学术论文 6 篇，拥有专利 3 项。

李曲

李曲，男，湖北荆州人，1979 年出生。浙江大学计算机专业博士，现为浙江工业大学计算机学院讲师。主要研究兴趣为社交网络、数据挖掘、智能推荐系统。近年来主编和参与编写计算机相关教材 3 部，在《电子学报英文版》等期刊上发表论文多篇。

金小刚

金小刚，浙江大学计算机科学与技术学院副教授，浙江省公共政策研究院研究员，浙江大学优质教学奖一等奖获得者，浙江大学竺可桢学院两届最佳任课教授。其中 2001 年至 2002 年在韩国世宗大学从事博士后研究，2004 年 5 月至 2011 年 6 月兼浙江大学宁波理工学院信息学院副院长，2005 年入选浙江省新世纪 151 第三层次人才。担任杭州市人工智能学会副理事长、浙江省企业发展研究会副会长，杭州士兰微电子、宁波均普智能制造股份有限公司独立董事、杭州小码教育公司技术顾问。

以第一作者或通信作者在国内外学术刊物发表论文 60 余篇，他引 560 余次，其中 SCI 检索 40 篇和 EI 检索 10 篇，拥有软件著作权 1 项。主持国家自然科学基金 3 项，浙江省自然科学基金重点项目和面上项目各 1 项，教育部回国留学人员启动基金 1 项等。研究兴趣包括社会网络分析与社会计算、机器学习、人工智能等。

孙雨乐

孙雨乐，2014 年至 2018 年在浙江大学公共管理学院获取法学学士学位，2018 年至今在浙江大学光华法学院攻读法律硕士学位。在撰写本科学位论文时，伴随互联网发展的成长经历给予了其一定灵感，遂尝试用所学的学术理论与人类学田野的方法去探究自己非常熟悉的网络社区领域。本集所收录的这篇文章，就是在该毕业论文的基础上进一步修改所成，以期在之后有机会能继续探究这一新颖又鲜有人深挖的领域，互勉。

作者简介

陈佳栋

陈佳栋，男，浙江人，1996 年生。2014 年至 2018 年在浙江大学政治学系学习政治学与行政学，2018 年至 2020 年在浙江大学社会学系学习社会学。目前在江苏无锡工作。

主要的兴趣领域为政治社会学、历史社会学与人类学。本科毕业论文的研究对象是知乎网络社区的算命行为，即本集所收录的这篇文章。

王旭

王旭，男，苗族，贵州人，1993 年生。2016 年本科毕业于贵州师范大学政治学与行政学专业。2019 年硕士毕业于浙江大学社会学专业，研究方向为政治人类学（文化政治）。现为浙江大学社会学专业在读博士。

主要感兴趣的领域为政治人类学与都市人类学。硕士毕业论文的研究对象是中超联赛上海申花队的青年球迷群体，主要是从结构主义的微观视角，运用文化政治相关理论来解读青年球迷的亚文化行为，即本书所收录的文章（略有改动）。博士期间致力于都市人类学研究，主要关注的是中国城市化过程中的空间再生产议题。

杨艺凝

杨艺凝，女，陕西人，1996 年生。2014 年至 2018 年在西北大学社会工作专业就读，2018 年考入浙江大学社会学系攻读硕士研究生，方向为国家治理与社会治理，2020 年毕业。主要的研究兴趣为文化人类学与传媒社会学。本科毕业论文关注网络表情包的使用情况，硕士毕业论文关注"饭圈"文化，即本集所收录的这篇文章。

徐佳怡

徐佳怡，浙江大学政治学与行政学学士，浙江大学社会学硕士在读。主要的兴趣领域为政治社会学、STS、互联网人类学等。

石甜

重庆酉阳人，比利时（荷语）鲁汶大学社会与文化人类学系博士生，研究兴趣包括族群认同、跨国移民、难民安置和新媒体使用。本集收录的这篇文章为其博士论文的一部分田野资料。此外，石甜长期在中国西南地区以及东南亚进行田野调查，研究领域涉及非物质文化遗产、审美人类学等。未来可能转向非物质文化遗产与新媒体方面的研究。

周慧豪

周慧豪，男，浙江湖州人，2015 年就读于浙江大学社会学系。在文化学科方面钟情于西方社会思想史和西方哲学，早期对康德的三大批判颇感兴趣，后结合对结构主义的分析，在意志论领域发现人的思维具有"解释"和"结构化"两种相性。因此也对现代信息技术抱有很高的热情，认为计算机原理是人"结构化"思维的一个典型外化。2018 年受阮云星先生的影响走近赛博格人类学的土壤，它是人文学科和信息技术一个很好的交融场域。在此熏陶下，其尝试用哲学的话语去理解信息技术，并着重思考如何用伦理学来衡量新兴科技，同时展开对后信息时代价值问题的反思。

编后记

《人类学研究》第 13 卷 "赛博格人类学" 专辑编遂，掩卷记编后。

就专辑而言，《人类学研究》创办以降，除首卷（"汉人社会研究"专辑）外，即为今册。观两辑之"专题"，宛如缠绕古今文化"光谱"之两端 —— 传统（瑟维斯，1997[1985]）❶ 与前瞻（瑞德，2017[2015]；Descola，2013[2005]）❷，又似携手吟味晚近斯学之"三叠"——文化"基因"（萨林斯，2018 [2013]）❸、基因科技（拉比诺，1998[1996]）❹、融合·本体（韦尔斯莱夫，2020[2007]；Castro，2014[2009]）❺。妙哉，巧为象征，亦正所谓探秘发微、抛砖引玉、激荡学术之旨也。

本辑文化"光谱"之先端前瞻之论，一言以蔽之，"赛博格人类学"是也。笔者所谓之"赛博格人类学"，秉持结构性、开放性之科技文化论/多物种本体论人类学为纲要。问其结构面向，大要或可有三：一曰"实验室"人类学，一曰"赛博"人类学，一曰知识论、本体论之"赛博格"人类学（阮云星，2019）❻；问其异中之同，自有贯穿之主干原理，谅可谓迭代之"控制论"世界观（维纳，2018[1961]）❼。

此探索之辑，自念发至集成，一晃三载。直面当代高新科技的快速迭

---

❶ 埃尔曼·R.瑟维斯：《人类学百年争论 1860-1960》，昆明：云南大学出版社，1997[1985]，第 3—170 页。

❷ 托马斯·瑞德：《机器崛起：遗失的控制论历史》，王晓等译，北京：机械工业出版社，2017[2016]；Philippe Descola, *Beyond nature and culture*. Chicago: University of Chicago Press, 2013[2005].

❸ 马歇尔·萨林斯：《亲属关系是什么，不是什么》，陈波译，北京：商务印书馆，2018 [2013]。

❹ 保罗·拉比诺：《PCR 传奇：一个生物技术的故事》，朱玉贤译，上海：上海科技教育出版社，1998[1996]。

❺ 拉内·韦尔斯莱夫：《灵魂猎人：西伯利亚尤卡吉尔人的狩猎、万物有灵论与人观》，石峰译，北京：商务印书馆，2020[2007]；Eduardo Viveiros de Castro, *Cannibal Metaphysics: For a Post-Structural Anthropology*, the Universiry of Minnesota Press, 2014[2009].

❻ 阮云星：《学术的逻辑与学科的品格：浙江大学人类学学科建设回顾与展望》，载《百色学院学报》2019 年第 2 期，第 49—50 页。

❼ 诺伯特·维纳：《控制论：关于动物和机器的控制与传播科学（第二版）》（中文·英文双语版），陈娟译，北京：中国传媒大学出版社，2018[1961]。

代发展、急速社会化所引发的急剧文化变迁，有感于人类学智识生产范式转换面临严峻挑战，笔者不揣谫陋，妄于 2017 年在国内人类学界明确提起当代语境下的"赛博格人类学"研究议题。2016 年以来在浙江大学"文化人类学""政治人类学"等课程和"浙江大学人类学"系列讲座中，讲授、开设"赛博格人类学"相关内容，主持浙江大学人类学研究所"赛博格人类学：人工智能与智识生产"课题，倡导研究生、本科生开展有关科技与社会的人类学研究。本辑诸论即为浙江大学赛博格人类学学术共同体部分师生的探索之记录、研究之作品。

本辑之特色有二：曰"雏音"，曰"跨界"。

"雏音"稚嫩，楚楚动人。中国互联网普及刚 20 余年，"雏鸟"方为该原野之"原住民"。本辑四分之三的论文就出自他们之手。其中不少作品源自他们的本科、硕士优秀毕业论文。移动互联网生活无疑是他们原生"生命"的重要组成部分，他们的自主选题来自他们畅快、困顿或魔幻迷茫的被赛博搅动缠绕的生活。教学相长，作为师长的你，即使并非不知"网游"、"饭圈"、赛博"地球村"，可当你随着他们的探索进而悉知"网游"规训、足球迷赛博链接功能、何为"饭圈"之"情感能量"以及在华"老外"微信群"文明张力"之特征、旅欧苗族"离散族群"亚文化的全球赛博格机制，尤其是当你读到"网络算命"的政治学与文化学剖析、赛博格戏仿"飞天面教"之伯明翰青年亚文化理论分析、虚拟偶像"洛天依"的"赛博格"学理诠释以及数码科幻作品赏析中的哲学人类学反思新论时，你可能会意识到楚楚"雏音"推开的是一扇扇赛博格社会的未知天窗，赛博格社会智识生产的天空中，羽翼日丰、灼灼可人的他们可以期待。

"跨界"特色在本辑 3 篇转载的主题论文及诸多作品的生产过程中散发、浸染。阮云星、高英策论文承袭 STS 之"跨界"，并论述、强调赛博格学（控制论）原理对于贯通"混成"的重要，本文亦为本土语境的"赛博格人类学"议题提起后的首篇学术著述；李恒威教授团队以科学哲学专业背景的精微驳论，为赛博格人类学之论法的科学性与方法论、本体论拓展作了牵引；金小刚教授团队关于社交网络极化结构中过滤泡机制的控制实验研究，不但为我们披露了社交媒体极化黑箱里的内聚性图景和"赛博格"构成，其跨学科的实验社会科学研究法也为赛博格人类学研究提供了重要的控制实验等方法借鉴。此外，三个课题组的团队合作研究也是一种学科间、各自研究专长间的一加一大于二的酵酶"跨界";对于倚重"独狼"式研究传统的人类学,这种"跨界"对于跨学科、多点、更需团队式研究的赛博格人类学等当代"类民族志范式"(阮云星、崔若淋,2020)❶研究的探索和展开尤为重要。

欣慰的是,这种特色也已浸染在"赛博格人类学"研究的师门学术共同体之中。

老师、学弟好……读过了慧豪学弟的论文,自己理解学弟表达的主要理论脉络是:物质层面上技术对人的改造和理论层面上以福柯为代表的后结构主义对"人"的解构,让原有的人本主义伦理学框架失去了对技术的解释力,这篇文章尝试提出新的技术伦理讨论框架。学弟以技术无法摆脱价值色彩作为讨论前提,借由福柯的"话语—权力"讨论技术对权力主体的依附性。其中有趣的问题是,伦理学本身作为一种权力话语,如何对权力主体进行批判,重新寻找到个人的价值。学弟的观点是在"上帝死了"和"人死了"后,在理性主体被解构之后,只有"意志自由"才能带人们走出迷途。关于科幻作品和文学作品的部分我就不再赘述。

学弟论文中关于后结构主义对"人"的解构的部分对我很有启发。我觉得学弟的论文和其他学术论文的风格不同,学弟更多是面对现有的问题借由前人理论提出自己的构想,这种构想是观点的表达也是价值的选择。学弟给我看的是一条悲壮的道路,我们用生命意志对抗生活的荒诞,又陷入西西弗斯的悲剧。以上是我对这篇论文的理解,不知道有没有 get 到学弟这篇论文想表达的内容。我对论文的主要观点没有什么有效的建议,因为我个人认为价值的选择是无法论对错的;也没有发现哲学方面有什么常识性的错误。论文中部分句子有语病,我做了标注,学弟修改时可以留意。

上述转引只是师门团队智识生产互动、"酵酶"之一例。这样的互动也弥漫在赛博格人类学议题及本辑编辑时的师门团队以外的跨界互动之中。

本辑编遂,诸多谢意无法一一陈述。笔末,请允许先谢本辑驰援作者李恒威教授、金小刚教授以及他们的团队。李教授是我国科技哲学界知名

---

❶ 阮云星,崔若淋:《类民族志范式:多点、共谋与"根状茎"》,载《广西民族大学学报(哲学社会科学版)》2020 年第 1 期,第 21—25 页。

编后记

学者，在赛博格人类学课题立项前就曾莅临师门团队指导交流；金教授是人工智能领域知名专家、赛博格人类学课题跨学科团队（浙江大学计算机学院）理工科学者。感谢他们的研究指导、参与和对本辑的大作驰援。再谢本辑编辑后期的跨学科审稿人及协助编务的林舟教授（浙大地球科学学院）、姚源源博士（郑州大学外国语与国际关系学院）和姚馨博士生（浙江大学社会学系）。三谢《人类学研究》发起人庄孔韶教授及六位同人，感谢他们慷慨地将这份目前中国人类学界主要的学术出版物留给浙江大学人类学研究所，本辑的探索是否回应了先生和学界的期待，还请诸位读者明鉴、雅正。

编后掩卷，是为记。

阮云星

2020 年 7 月 31 日于紫金港

图书在版编目（CIP）数据

人类学研究 . 第十三卷 / 阮云星主编 . —杭州：
浙江大学出版社，2021.10
ISBN 978-7-308-21694-4

Ⅰ.①人… Ⅱ.①阮… Ⅲ.①人类学—研究 Ⅳ.
① Q98

中国版本图书馆 CIP 数据核字（2021）第 174884 号

人类学研究　第十三卷

阮云星　主编

责任编辑	伏健强	
责任校对	王　军　黄梦瑶	
出版发行	浙江大学出版社	
	（杭州天目山路148号　邮政编码310007）	
	（网址：http://www.zjupress.com）	
排　　版	北京楠竹文化发展有限公司	
印　　刷	浙江新华数码印务有限公司	
开　　本	710mm×1000mm　1/16	
印　　张	15.25	
字　　数	250千	
版 印 次	2021年10月第1版　2021年10月第1次印刷	
书　　号	ISBN 978-7-308-21694-4	
定　　价	75.00元	